大学物理学
习题讨论课指导
（第2版）

沈慧君 王虎珠

清华大学出版社
北京

内 容 简 介

本书为大学物理习题讨论课教学用书,是根据教育部高等学校物理基础课程教学指导委员会制订的大学物理教学基本要求,集作者数十年大学物理习题讨论课教学实践经验撰写而成。内容分力学(含狭义相对论)、静电学、稳恒电流磁场、热学、振动与波、光学和量子物理共七章。全书共收入各种类型的题目600多道,题题有详解。选题内容覆盖全部大学物理理论课教学要点,具有代表性。

上册各章节有简炼的"内容提要"和明确的"教学要求"。选题类型有围绕课程重点、难点、基本概念的课内讨论题、计算题,还有供读者复习选用的课后练习题。选题难易层次分明,能满足不同程度的教学需要。书后对课后练习题做了解答,可供参考。

下册内容是对上册的课内讨论题、计算题所做的详细解答。全书解题思路清晰、方法简炼,力求启发、引导、一题多解,并对学生多发性错误进行分析,注重培养逻辑思维及综合分析能力。

本书可供各类高校物理课师生使用,还可作为大学非物理专业、电大及成人自学考试物理课的辅助教材。

版权所有,侵权必究。举报:010-62782989,beiqinquan@tup.tsinghua.edu.cn。

图书在版编目(CIP)数据

大学物理学习题讨论课指导. 上册/沈慧君,王虎珠编写. —2版. —北京:清华大学出版社,2006.8(2025.1重印)
ISBN 978-7-302-13228-8

Ⅰ. 大… Ⅱ. ①沈… ②王… Ⅲ. 物理学-高等学校-习题 Ⅳ. O4-44

中国版本图书馆 CIP 数据核字(2007)第 014709 号

责任编辑:朱红莲　赵从棉
责任印制:曹婉颖

出版发行:清华大学出版社
　　网　　址:https://www.tup.com.cn, https://www.wqxuetang.com
　　地　　址:北京清华大学学研大厦A座　　邮　编:100084
　　社 总 机:010-83470000　　　　　　　　邮　购:010-62786544
　　投稿与读者服务:010-62776969,c-service@tup.tsinghua.edu.cn
　　质 量 反 馈:010-62772015,zhiliang@tup.tsinghua.edu.cn
印 装 者:涿州市般润文化传播有限公司
经　　销:全国新华书店
开　　本:140mm×203mm　　印张:11.375　　字　数:294千字
版　　次:2006年8月第2版　　　　　　　　印　次:2025年1月第9次印刷
定　　价:32.00元

产品编号:018774-04

第2版前言

大学物理课程对培养有自主创新能力的科技人才起着重要作用。自20世纪80年代中期以来,大学物理习题讨论课日益受到师生们的关注,它已成为学习大学物理课程不可或缺的重要组成部分。在习题讨论课中,学生通过独立思考、讨论和互相启发,可加深对概念和原理的理解。

《大学物理学习题讨论课指导》上、下册(第1版)是1991年正式出版的,十几年来前后重印了近二十次,被很多院校采用作为物理课的辅助教材。第2版在保持原有体系和特点的基础上,考虑到近年来物理课的发展,做了修改和补充。为了满足不同读者的要求,我们增补了多道新的题目,供大家选用。

本书由沈慧君统稿,在编写过程中,许多教师给予了热情帮助,陈惟蓉、吴念乐教授提供了他们开讨论课使用的题目,林静老师提供了部分新增题目并参加了编写。在此表示诚挚的感谢。

编 者

2006年3月于清华园

第1版前言

　　大学物理课是大学理工科的一门重要的基础理论课程。为了适应现代科学技术发展的需要，国内外各大学都在更新教学内容及改革教学方法方面做了不少努力。历年的教学经验证明"物理习题讨论课"这一教学环节在学生明确课程重点，掌握主要概念、基本定理、定律及其灵活运用诸方面起着举足轻重的作用。然而，目前国内外尚无适用于物理讨论课的教材。为此，我们编写本书，以供物理教师作为教学参考，同时也可供学生作为辅导自学用书。

　　本书参照工科大学物理基本要求而编写，其选题是在参考了国内外著名教材，经过多次筛选，反复推敲后编辑的。许多综合分析讨论题在知识内容、解题方法及对重要概念的理解、运用方面都具有典型意义。

　　全书分上、下两册。上册包括大学物理各章节的内容提要、教学要求、讨论题、计算题及课后练习等，共收入选题约 500 个左右。选题具有典型性、综合性，难易层次分明，选题目的明确，便于教师根据学生实际情况和不同教学要求选择使用。同时，还附有全部课后练习题的参考题解及计算题的参考答案供师生们参阅。下册内容是上册课内选题的详细题解。我们编写题解时，努力做到启发、引导、一题多解，并针对学生多发性错误进行分析，以期对培养学生提出问题、分析问题的能力，深入钻研问题及解题能力方面有所裨益，且望有助于教师改进教学方法。

　　本书初稿曾以讲义形式在清华大学工科物理课中试用，受到物理教师及学生的欢迎。现经编者修改、补充后重新编写。第 2, 4, 5, 6 章由沈慧君执笔,第 1, 3, 7 章由王虎珠执笔,全书由沈慧君统稿。编写过程中,张三慧教授审阅了全部稿件,逐题进行了校核修改。借此机会向在教学中试用本书初稿的师生们表示衷心的感谢。书中不妥之处,恳请读者批评指正。

编 者

1989 年 12 月于清华园

物理作业要求

为了清除"题海战术"和"完成物理作业就是学好物理的主要标志!"的思想影响,我们在普通物理学课程一开始必须强调:做一定数量的习题是为了熟练掌握、灵活运用基本物理概念和原理,提高分析、解决问题的能力。长期坚持认真地做每一道习题还有助于培养严谨的科学作风,提高清晰的论证和表达能力。

为了帮助同学们高标准地完成物理作业,兹提出如下要求。

(1) 认真复习:要求学生在课后复习(看笔记、教科书及参考书)时,要认真钻研,理解其内容,掌握其规律。一定要在复习好的基础上做作业,切不可急于赶作业,更不能满足于只会用中学里掌握的老方法来求解问题。

(2) 搞清题意:做题前一定要仔细审题,在搞清题意后,简要写出该题的已知条件和所求的物理量,或者完整地把题抄出。

(3) 画示意图:要认真地用直尺、圆规画出必要的示意图。如力学中应画受力图,建立坐标等。

(4) 明确根据:做作业时要根据物理概念和原理,作必要的分析说明,思路要清晰,论证要严谨,列方程要有根据。

(5) 先求文字解:对给明数据的计算题一定要养成先求得文字解的习惯。对文字解要作量纲检查及合理性分析。最后再代入数据,计算出数值结果,并注明单位。数值结果一般取三位有效数字。

(6) 讨论结果:对结果进行必要的讨论,常常可以加深对某一类物理问题的理解,起到举一反三的效果。

此外,还要求作业要书写工整,卷面干净悦目,对于书写潦草、不按要求解题的作业,教师可将其退回,要求重做。

下面以两则力学习题作为示范,供同学们参考。

例 1 一升降机以加速度 $a=1.22\mathrm{m/s^2}$ 上升。当上升速度为 $v_0=2.44\mathrm{m/s}$ 时,有一螺帽自升降机顶板上松落,升降机顶板与底板间距离 $h=2.74\mathrm{m}$。试求:(1)螺帽从顶板落到底板所需时间 t;(2)螺帽相对于地面下降的距离 d。

解 (1) 选如例 1 解图所示的坐标,当螺帽自顶板松落时,底板坐标为 y_0,顶板与螺帽坐标为 y_0+h,经过时间 t,底板与螺帽坐标分别为 y_1,y_2。由匀加速直线运动位移公式:

$$y_1-y_0=v_0t+\frac{1}{2}at^2$$

$$y_2-(y_0+h)=v_0t-\frac{1}{2}gt^2$$

当螺帽落到底板上时,$y_1=y_2$,由以上二式可得出

$$v_0t+\frac{1}{2}at^2=h+v_0t-\frac{1}{2}gt^2$$

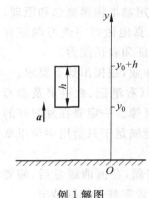

例 1 解图

由此解得

$$t=\sqrt{\frac{2h}{a+g}}=\sqrt{\frac{2\times2.74}{1.22+9.80}}=0.705\mathrm{s}$$

(2) $d=y_0+h-y_2=\frac{1}{2}gt^2-v_0t$

$\quad=\frac{1}{2}\times9.8\times(0.705)^2-2.44\times0.705$

$\quad=0.715\mathrm{m}$

例 2 如例 2 题图所示,质量为 M、倾角为 θ 的三角形木块 A 放在地面上,其底面与地面间的摩擦系数为 μ。A 上放一质量为

m 的木块 B,设 A,B 间无摩擦作用。求 B 下滑时,μ 至少为多大方能使 A 在地面上不动?

解 建坐标并画出 A,B 所受的力,如例 2 解图所示。

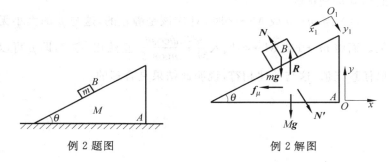

例 2 题图　　　　例 2 解图

对 A:由于在地面上不动,$a_A = 0$,由牛顿第二定律有

x 向:　　　　　$N'\sin\theta - f_\mu = 0$　　　　　①

y 向:　　　　　$R - Mg - N'\cos\theta = 0$　　　　　②

对 B:在 y_1 方向加速度为零,由牛顿第二定律有

$$mg\cos\theta - N = 0$$

即

$$N = mg\cos\theta$$

由牛顿第三定律有

$$N' = N = mg\cos\theta$$

由式①得

$$f_\mu = mg\cos\theta\sin\theta$$

由式②得

$$R = Mg + mg\cos^2\theta$$

A 不动时,f_μ 应为静摩擦力,故 $f_\mu \leqslant \mu R$,由此得

$$\mu \geqslant \frac{m\sin\theta\cos\theta}{M + m\cos^2\theta}$$

即 μ 至少等于此数才能使 B 下滑时 A 不动。

讨论与分析：

（1）μ 应该是个纯数（无量纲），而 $\dfrac{m\sin\theta\cos\theta}{M+m\cos^2\theta}$ 是个纯数，所以此结果量纲正确。

（2）当 $m\to 0$ 或 $M\to\infty$ 时，M 应该是静止的，这与 μ 的大小无关。而将 $m\to 0$ 或 $M\to\infty$ 代入 $\dfrac{m\sin\theta\cos\theta}{M+m\cos^2\theta}$，正给出 $\mu\geqslant 0$，即 μ 可以取任意正值，这与前述相符，说明此结果是合理的。

目　录

第1章　力学 ·· 1
  1.1　运动学 ·· 1
  1.2　牛顿定律 ······································ 8
  1.3　功、动能、动量、角动量定理 ············· 16
  1.4　动量守恒定律、角动量守恒定律、机械能
       守恒定律及其综合应用 ···················· 23
  1.5　刚体的定轴转动 ···························· 31
  1.6　狭义相对论运动学 ························· 42
  1.7　狭义相对论动力学 ························· 50

第2章　静电学 ······································ 55
  2.1　电场强度 ···································· 55
  2.2　电势 ·· 60
  2.3　静电场中的导体 ···························· 65
  2.4　静电场中的电介质和电容 ················ 69

第3章　稳恒电流磁场 ···························· 76
  3.1　磁感应强度 B（毕奥-萨伐尔定律）······ 76
  3.2　安培环路定理 ······························ 82
  3.3　磁力 ·· 88
  3.4　电磁感应 ···································· 95
  3.5　磁介质、自感、互感 ······················ 106

3.6 位移电流、麦克斯韦方程组 ·············· 112
*3.7 电磁场的相对性 ························ 116

第4章 热学 ································· 121
4.1 气体动理论 ··························· 121
4.2 热力学第一定律 ···················· 129
4.3 热力学第二定律 ···················· 138

第5章 振动与波 ···························· 145
5.1 简谐振动及其合成 ················· 145
5.2 机械波的产生与传播 ·············· 156
5.3 波的叠加与干涉 ···················· 164

第6章 光学 ································· 173
6.1 光的干涉 ······························ 173
6.2 光的衍射 ······························ 181
6.3 光的偏振 ······························ 189

第7章 量子物理 ··························· 198

课后练习参考解答 ························ 207
计算题参考答案 ··························· 334

第1章 力　　学

1.1 运　动　学

一、内容提要

1. **参照系**　用以确定物体位置所用的物体称为参照系。
2. **运动函数（或运动方程）**
   位置矢量　用以确定质点位置的矢量：
   $$r = r(t) = x(t)\hat{x} + y(t)\hat{y} + z(t)\hat{z}$$
   位移矢量　质点在一段时间 Δt 内位置的改变：
   $$\Delta r = r(t + \Delta t) - r(t)$$
3. **速度与加速度的定义**
   速度　质点位置矢量对时间的变化率：
   $$v = \frac{dr}{dt}$$
   加速度　质点速度对时间的变化率：
   $$a = \frac{dv}{dt}$$
4. **抛体运动**

   位置　　　$x = v_0 \cos\theta \cdot t, \quad y = v_0 \sin\theta \cdot t - \frac{1}{2}gt^2$

   速度　　　$v_x = v_0 \cos\theta, \quad v_y = v_0 \sin\theta - gt$

   加速度　　$a_x = 0, \quad a_y = -g$

5. 圆周运动

角速度 $$\omega = \frac{\mathrm{d}\theta}{\mathrm{d}t} = \frac{v}{R}$$

角加速度 $$\alpha = \frac{\mathrm{d}\omega}{\mathrm{d}t}$$

加速度 $$\boldsymbol{a} = \boldsymbol{a}_t + \boldsymbol{a}_n$$

法向加速度 $a_n = \dfrac{v^2}{R} = R\omega^2$，方向沿半径指向圆心。

切向加速度 $a_t = \dfrac{\mathrm{d}v}{\mathrm{d}t}$，方向沿轨道切线。

6. 伽利略速度相加定理 一质点相对于两个相对作平动的参照系的速度之间的关系为

$$v = v' + u$$

式中，v 与 v' 分别表示质点相对参照系 xOy 与 $x'O'y'$ 的速度；u 表示参照系 $x'O'y'$ 相对于 xOy 的速度。

二、教学要求

1. 本节为首次习题课，应明确做题要求，严格做题步骤。要强调培养良好的科学作风以及提高清晰的论证与表达能力，为以后的学习打下良好的基础。

2. 提倡课堂讨论，鼓励学生上课时积极发表不同意见，以达到开拓思路、共同提高的目的。避免只会用中学所掌握的方法去解决问题。

3. 加深对位置、速度、加速度等概念的理解，明确它们的相对性、瞬时性、矢量性。

4. 复习巩固中学学过的一维匀加速运动、自由落体运动及抛体运动的规律。

5. 加深对切向加速度和法向加速度概念的理解，并能灵活运用。

6. 正确应用伽利略速度变换式解决实际问题。

三、讨论题

1. 一质点作抛体运动(忽略空气阻力),如图 1.1 所示。回答下列问题。

质点在运动过程中:

(1) $\dfrac{\mathrm{d}v}{\mathrm{d}t}$ 是否变化?

(2) $\dfrac{\mathrm{d}\boldsymbol{v}}{\mathrm{d}t}$ 是否变化?

(3) 法向加速度是否变化?

(4) 轨道何处曲率半径最大?其数值是多少?

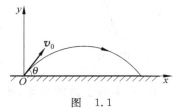

图 1.1

2. $\left|\dfrac{\mathrm{d}\boldsymbol{v}}{\mathrm{d}t}\right|=0$ 的运动是什么运动? $\dfrac{\mathrm{d}|\boldsymbol{v}|}{\mathrm{d}t}=0$ 的运动是什么运动?

3. 设质点的运动方程为 $x=x(t), y=y(t)$。在计算质点的速度和加速度时有人先求出 $r=\sqrt{x^2+y^2}$,然后根据 $v=\dfrac{\mathrm{d}r}{\mathrm{d}t}$ 和 $a=\dfrac{\mathrm{d}^2 r}{\mathrm{d}t^2}$ 求出结果;也有人先计算出分量,再合成求解,即 $v=\sqrt{\left(\dfrac{\mathrm{d}x}{\mathrm{d}t}\right)^2+\left(\dfrac{\mathrm{d}y}{\mathrm{d}t}\right)^2}$, $a=\sqrt{\left(\dfrac{\mathrm{d}^2 x}{\mathrm{d}t^2}\right)^2+\left(\dfrac{\mathrm{d}^2 y}{\mathrm{d}t^2}\right)^2}$。你认为哪种方法正确?为什么?

4. 在图 1.2 的图(a),(b)中,分别标出 $\Delta \boldsymbol{r}, \Delta r$ 与 $\Delta \boldsymbol{v}, \Delta v$。

图 1.2

5. 质点 P 沿如图 1.3 所示曲线运动,轨迹由 A 至 B,r 为某时刻位矢,下列各式代表什么? 在图中标出。

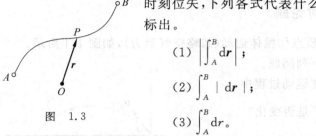

图 1.3

(1) $\left|\int_A^B \mathrm{d}\boldsymbol{r}\right|$;

(2) $\int_A^B |\mathrm{d}\boldsymbol{r}|$;

(3) $\int_A^B \mathrm{d}r$。

*6. 一竖直上抛的小球,相对固定在站台上的坐标系 xOy(y 轴竖直向上),其运动方程为:$x=0, y=v_0 t - \frac{1}{2}gt^2$。现在一沿 x 轴正向匀速运动的火车上建立坐标 $x'O'y'$,x' 与 x 轴、y' 与 y 轴分别平行,且 $t=0$ 时原点 O' 与原点 O 相重合

(1) 求在 $x'O'y'$ 坐标系中小球的运动方程。

(2) 求在 $x'O'y'$ 坐标系中小球的运动轨道。

(3) 分别求出在 xOy 与 $x'O'y'$ 坐标系中小球加速度的大小和方向。

7. 对曲线运动的认识有下面两种说法,试判断其是否正确:

(1) 物体作曲线运动时必定有加速度,加速度的法向分量必不为零。

(2) 物体作曲线运动时,速度方向必定沿着运动轨道的切线方向,速度的法向分量为零,因此其法向加速度也必定为零。

四、计算题

1. 一质点由静止开始作直线运动,初始加速度为 a_0,以后加速度均匀增加,每经过 τ 秒增加 a_0,求经过 t 秒后质点的速度和运动的距离。

2. 在离船的高度为 h 的岸边，绞车以恒定的速率 v_0 收拖缆绳，使船靠岸，如图 1.4 所示。求当船头与岸的水平距离为 x 时，船的速度与加速度，并讨论以下几个问题。

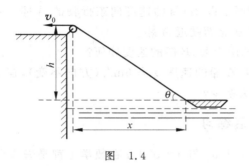

图 1.4

(1) 缆绳上各点的速度相同吗？

(2) 有人认为船的速度为 $v = v_0 \cos\theta$（θ 为缆绳与水平面间的夹角）对不对？为什么？

(3) 还有人认为，若设船为运动的质点，以岸上滑轮处为原点，则 $v_0 = \left|\dfrac{\mathrm{d}\boldsymbol{r}}{\mathrm{d}t}\right|$，这种看法对不对？$v_0$ 的物理意义是什么？

3. "物理作业要求"中例 1 是以地面为参照系求解的，若以升降机为参照系求解结果又如何？并比较讨论其结果。

4. 在地面上某处用枪瞄准挂在射程之内一棵树上的靶。当子弹射离枪口时，靶恰好自由下落。试证明子弹总能正好击中自由下落的靶。

5. 一质点在水平面内以顺时针方向沿半径为 2m 的圆形轨道运动。此质点的角速度与运动时间的平方成正比，即 $\omega = Kt^2$（SI 制），式中 K 为常数。已知质点在第 2s 末的线速度为 32m/s，试求 $t = 0.50$s 时质点的线速度与加速度。

6. 火车停止时，侧窗上雨滴轨迹向前倾斜 θ_0 角。火车以某一速度匀速前进时,侧窗上雨滴轨迹向后倾斜 θ_1 角,火车加快以另一速度匀速前进时侧窗上雨滴轨迹向后倾斜 θ_2 角,求火车加快前后的速度之比。

7. 在湖面上以 3m/s 的速度向东行驶的 A 船上看到 B 船以 4m/s 的速度从北面驶近 A 船。

(1) 在湖岸上看,B 船的速度如何?

(2) 如果 A 船的速度变为 6m/s(方向不变),在 A 船上看 B 船的速度又为多少?

五、课后练习

1. $v = v_x + v_y$ 与 $v = v' + u$ 在数学上都是矢量合成,在物理上有何差别?

2. 一质点沿 x 轴运动,其加速度为 $a = 4t$(SI 制),当 $t = 0$ 时,物体静止于 $x = 10$m 处。试求质点的速度、位置与时间的关系式。

$$\left[v = 2t^2;\ x = \frac{2}{3}t^3 + 10 \right]$$

3. 已知一质点的运动方程为 $r = 2t\hat{x} + (2 - t^2)\hat{y}$(SI 制)。

(1) 画出质点的运动轨迹。

(2) 求出 $t = 1$s 和 $t = 2$s 时质点的位矢。

(3) 求出 1s 末和 2s 末的速度与加速度。

$$\left[\begin{array}{l} r_1 = 2\hat{x} + \hat{y},\ r_2 = 4\hat{x} - 2\hat{y};\ v_1 = 2\sqrt{2}\text{m/s},\ \theta_1 = -45°, \\ v_2 = 2\sqrt{5}\text{m/s},\ \theta_2 = -63°26';\ a = -2\hat{y} \end{array} \right]$$

4. 路灯离地面高度为 H,一个身高为 h 的人,在灯下水平路面上以匀速度 v_0 步行,如图 1.5 所示。求当人与灯的水平距离为 x 时,他的头顶在地面上的影子移动的速度的大小。

$$\left[v = \frac{H}{H - h} v_0 \right]$$

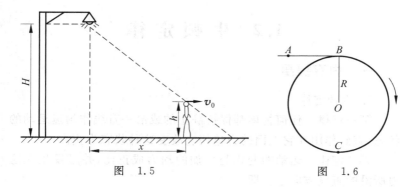

图 1.5　　　　　　　　图 1.6

5. 质点作曲线运动,运动方程为 $S=S(t)$,有人得出如下结论:质点运动的速度和加速度分别为 $v=\dfrac{\mathrm{d}S}{\mathrm{d}t}, a=\dfrac{\mathrm{d}v}{\mathrm{d}t}=\dfrac{\mathrm{d}^2 S}{\mathrm{d}t^2}$。该结论正确吗?为什么?

6. 一大炮发射出的炮弹具有初速率 v_0,要击中坐标为 (x,y) 的目标,炮筒的仰角应为多少?

$$\left[\theta=\arctan\left(\dfrac{v_0^2 \pm \sqrt{v_0^4 - 2v_0^2 gy - g^2 x^2}}{gx}\right)\right]$$

7. 如图 1.6 所示,一卷扬机的鼓轮自静止开始作匀角加速转动,水平绞索上的 A 点经 3s 后到达鼓轮边缘上的 B 点处。已知 $\overline{AB}=0.45\mathrm{m}$,鼓轮半径 $R=0.5\mathrm{m}$。求 A 点到达最低点 C 时的速度与加速度。　　　$[v=0.636\mathrm{m/s}, a=0.814\mathrm{m/s}^2, \theta=82°57']$

8. 轮船中的罗盘指出船头指向正北,船速计上指出船速为 20km/h。若水流向正东,流速为 5km/h,问船对地的速度是多少?驾驶员需将船头指向何方才能使船向正北航行?此时船对地的速度是多少?　　　$[v=20.6\mathrm{km/h}, \theta=14°2', 北偏东;$
$v=19.4\mathrm{km/h}, \theta'=14°29', 北偏西]$

1.2 牛顿定律

一、内容提要

1. 牛顿定律

第一定律 任何物体都保持静止的或沿一直线作匀速运动的状态,直到作用在它上面的力迫使它改变这种状态为止。

第二定律 运动的变化与所加的动力成正比,并且发生在这力所沿的直线方向上。即

$$F = \frac{dp}{dt}, \quad p = mv$$

当质量 m 为常量时,可得

$$F = ma$$

在直角坐标系中,有

$$F_x = ma_x, \quad F_y = ma_y, \quad F_z = ma_z$$

对于平面曲线运动,有

$$F_t = ma_t, \quad F_n = ma_n$$

第三定律 对于每一个作用总有一个与之相等的反作用,或者说,两个物体之间对各自对方的相互作用总是相等的,而且指向相反的方向。即

$$F_{12} = -F_{21}$$

2. 应用问题中常见的几种力

重力 $P = mg$

正压力与支持力 $N = -N'$

绳的拉力 T

弹簧的弹力 $f = -kx$

滑动摩擦力 $f_k = \mu_k N$

静摩擦力 $f_s \leqslant \mu_s N$

3. 非惯性系与惯性力

质量为 m 的物体,在平动加速度为 $\boldsymbol{a}_0$ 的参照系中受的惯性力为

$$\boldsymbol{F}_0 = -m\boldsymbol{a}_0$$

在转动角速度为 ω 的参照系中,惯性离心力为

$$\boldsymbol{F}_0 = mr\omega^2 \hat{\boldsymbol{r}}$$

二、教学要求

1. 深入理解牛顿三定律的基本内容。

2. 掌握常见力的性质和计算方法,能熟练分析物体的受力情况。

3. 熟练掌握用牛顿定律与运动学综合解题的基本思路,即:认物体,看运动,查受力(画受力图),列方程(一般用投影式),并能科学地、清晰地表述。

4. 初步掌握在非惯性系中求解力学问题的方法;理解惯性力的物理意义,并能用以解决简单的力学问题。

三、讨论题

1. 质量分别为 m_1, m_2, m_3 的三个物体如图 1.7 所示放置,求:

(1) 当它们匀速下降时,每个物体各受多大合力? 匀速上升时又各受多大合力?

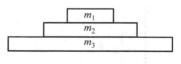

图 1.7

(2) 当它们自由下落时,每个物体各受多大合力? 如以匀加速度 a 上升或下降时,又各受多大合力?

(3) 当它们静止在桌面上时,每个物体受力的情况又怎样?

2. 指出在图 1.8 所示的各种情况中,作用在物体 A 上的静摩

擦力的方向,并由此总结出应如何判断静摩擦力的方向。

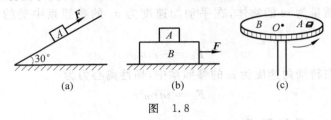

图 1.8

(1) 如图 1.8(a)所示,拉而未动,但拉力 F 小于 A 物体重量的一半;或拉而未动,但拉力 F 大于 A 物体重量的一半。

(2) 如图 1.8(b)所示,A 随 B 一起加速运动。

(3) 如图 1.8(c)所示,小木块 A 随圆盘 B 一起匀速转动,或 A 随 B 一起加速运动。

3. 如图 1.9 所示,用水平力 F 把物体 M 压在粗糙的竖直墙面上并保持静止,当 F 逐渐增大时,则物体 M 所受的静摩擦力:

(1) 恒为零。

(2) 不为零,但保持不变。

(3) 随 F 成正比地增大。

(4) 开始随 F 增大,达到某一最大值后,就保持不变。

在以上的各结论中,选择正确的答案。

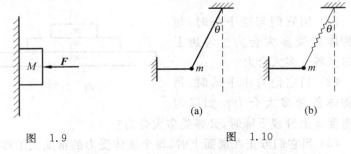

图 1.9　　　　　　图 1.10

4. 质量为 m 的小球如图 1.10 悬挂并处于平衡,图(a)中小球的上端为绳索,图(b)中小球的上端为弹簧,二者的水平方向均为绳索。试分析当剪断水平绳索的瞬间,(a),(b)两种情况小球 m 所受力各为何?

5. 如图 1.11 所示,一单摆挂在木板的小钉上(单摆的质量≪木板的质量),木板可沿两竖直无摩擦的轨道下滑。开始木板被托住,使单摆摆动。当摆球未达到最高点时,移开支撑物,木板自由下落,则在下落过程中,摆球相对于木板:

(1) 作匀速率圆周运动。

(2) 静止。

(3) 仍作单摆摆动。

(4) 作上述情况之外的运动。

以上四个结论哪个正确?

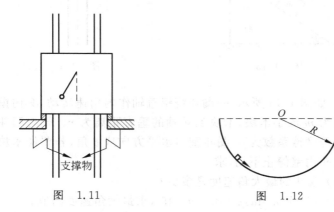

图 1.11   图 1.12

6. 如图 1.12 所示,设物体沿着光滑圆形轨道下滑,在下滑过程中,下面哪种说法是正确的?

(1) 物体的加速度方向永远指向圆心 O。

(2) 物体的速率均匀增加。

(3) 物体所受的合外力大小变化,但方向永远指向圆心。

(4)轨道的支持力大小不断增加。

四、计算题

1. 质量为 M、倾角为 θ 的三角形木块,放在水平面上,另一质量为 m 的方木块放在斜面上,如图 1.13 所示。如果所有接触面的摩擦忽略不计,分别以地面与三角形木块 M 为参照系计算方木块 m 相对 M 的加速度。

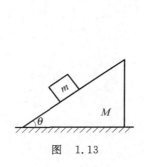

图 1.13

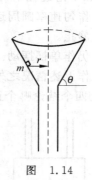

图 1.14

2. 如图 1.14 所示,一漏斗绕铅直轴作匀角速转动,其内壁有一质量为 m 的小木块,木块到转轴的垂直距离为 r。m 与漏斗内壁间的静摩擦系数为 μ,漏斗壁与水平方向成 θ 角,若要使木块相对于漏斗内壁静止不动,求:

(1)漏斗的最大角速度是多少?

(2)若 $r=0.6\text{m}, \mu=0.5, \theta=45°$,求最大角速度的值。

3. 两个物体 A 和 B 叠放在倾角 $\theta=37°$ 的斜面上且静止,如图 1.15 所示。已知 $m_A=1\text{kg}, m_B=1\text{kg}, A,B$ 间的摩擦系数 $\mu_1=0.5, B$ 与斜面间的摩擦系数 $\mu_2=0.2$。求释放后物体 A 与 B 的加速度及 A 和 B 之间的摩擦力。

4. 物体 A,B 的质量分别为 $m_A=2\text{kg}, m_B=3\text{kg}$。物体 A 放在水平桌面上,它与桌面的摩擦系数为 $\mu=0.25$,物体 B 和物体 A

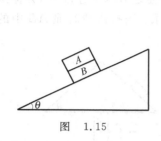
图 1.15

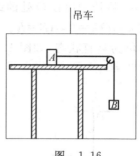
图 1.16

用轻质细绳并跨过一质量不计的定滑轮相连。桌子固定在一吊车内,如图 1.16 所示。试求下列两种情况下绳子的张力:

(1) 吊车以 $a_0=2\text{m/s}^2$ 的加速度竖直向下运动。

(2) 吊车以 $a_0=2\text{m/s}^2$ 的加速度水平向左运动。

5. 以初速度 v_0 斜抛一质量为 m 的物体,空气阻力大小与物体速率成正比,比例系数为 A,v_0 与水平方向夹角为 θ。求 m 到达最高点时的速度。

6. 一条质量为 M 且分布均匀的绳子,长度为 L,一端拴在转轴上,并以恒定角速度 ω 在水平面上旋转。设转动过程中绳子始终伸直,且忽略重力与空气阻力,求距转轴为 r 处绳中的张力。

*7. 如图 1.17 所示,有一条长为 L、质量为 M 的均匀分布的链条成直线状放在光滑的水平桌面上。链子的一端有极小的一段被推出桌子边缘,在重力作用下从静止开始下落,试求:

(1) 链条刚离开桌面时的速度。

(2) 若链条与桌面有摩擦并设摩擦系数为 μ,问链条必须下垂多长才能开始下滑?

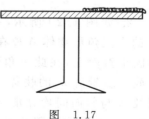
图 1.17

8. 悬挂于房顶 O 处的细绳 OAB 上的 A 点有质点 m_1，B 点有质点 m_2，$OA=l_1$，$AB=l_2$。现打击 m_1 使之有水平速度 v_0，并保持细绳仍为竖直状态，如图 1.18 所示。求：当打击瞬时绳 AB 中的张力 $T=?$

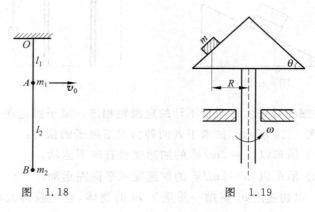

图 1.18　　　　　　　　图 1.19

五、课后练习

1. 如图 1.19 所示，在圆锥体表面放置一个质量为 m 的小物体，圆锥体以角速度 ω 绕竖直轴匀速转动，轴与物体间的距离为 R。为了使物体 m 能在锥体该处保持静止不动，物体与锥面间的静摩擦系数至少为多少？并简单讨论所得的结果。

$$\left[\mu=\frac{g\sin\theta+\omega^2 R\cos\theta}{g\cos\theta-\omega^2 R\sin\theta}\right]$$

2. 如图 1.20 所示，一质量为 M 的小三角形物体 A 放在倾角为 α 的固定斜面上，在此三角形物体上又放一质量为 m 的物体 B，A 与 B 间及 A 与斜面间均光滑接触，设开始时，A 与 B 均为静止状态。当 A

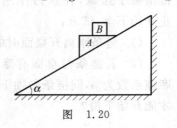

图 1.20

沿斜面下滑时,求 A,B 相对地面的加速度。

$$\left[a_A=\frac{(M+m)g\sin\alpha}{M+m\sin^2\alpha},\text{沿斜面向下};\right.$$

$$\left.a_B=\frac{(M+m)g\sin^2\alpha}{M+m\sin^2\alpha},\text{竖直向下}\right]$$

3. 一质量为 m 的木块,放在木板上。画出当木板与水平面间的夹角由 0°变化到 90°的过程中,木块与木板之间摩擦力 f 随 θ 角的变化曲线。设 θ 角变化过程中摩擦系数 μ 不变。

4. 如图 1.21 所示,水平面上有一质量为 $M=51$kg 的小车,其上有一定滑轮,通过绳在滑轮两侧分别连有质量为 $m_1=5$kg 和 $m_2=4$kg 的物体 A 与 B。其中物体 A 在小车水平台面上,物体 B 被悬挂,整个系统开始处于静止。求以多大的力作用于小车上,才能使物体 A 与小车之间无相对滑动(设各接触面均光滑,滑轮与绳的质量不计,绳与滑轮间无滑动)。 [$F=784$N]

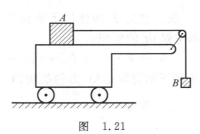

图 1.21

*5. 有一条单位长度质量为 λ 的均质细绳,开始时盘绕在光滑的水平桌面上,现以一恒定的加速度 a 竖直向上提绳。当提起的高度为 y 时,作用在绳端的力为多少?若以一恒定速度 v 竖直向上提绳时,仍提到 y 高度,此时作用在绳端的力又是多少? [$F_1=\lambda(g+3a)y$; $F_2=\lambda(gy+v^2)$]

6. 牛顿第二定律可表达为 $\boldsymbol{F}dt=d(m\boldsymbol{v})$,有人把它用于正在

自由空间($F=0$)发射的火箭,因火箭质量随时间变化,可看作是变质量物体,得$F\mathrm{d}t=m\mathrm{d}v+v\mathrm{d}m=0$,由此可求得火箭速度$v(t)=\dfrac{m_0 v_0}{m(t)}$。这是否正确?为什么?试分析说明。

7. 用定滑轮提升质量为 M 的重物,绳索与滑轮间的摩擦系数为 μ,绳与滑轮接触的两个端点 A,B 处的半径对轮心的张角为 θ,如图 1.22 所示,设绳索质量不计。现欲提升重物 M,至少需要多大的力,即$T_B=?$ [$T_B=Mge^{\mu\theta}>Mg$]

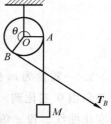

图 1.22

1.3 功、动能、动量、角动量定理

一、内容提要

1. **功的定义** 质点在力 F 的作用下有位移 $\mathrm{d}r$,则力做的功 $\mathrm{d}W$ 定义为力 F 和位移 $\mathrm{d}r$ 的标积:

$$\mathrm{d}W = F \cdot \mathrm{d}r = F\mathrm{d}r\cos\varphi$$

对质点在力作用下的有限运动,力做的功为

$$W_{AB} = \int_A^B F \cdot \mathrm{d}r$$

2. **动能定理**

质点的动能定理 合外力对质点做的功等于质点动能的增量:

$$W_{AB} = E_{kB} - E_{kA}$$

质点系的动能定理 外力对质点系做的功与内力对质点系做的功之和等于质点系总动能的增量:

$$W_{外} + W_{内} = E_{kB} - E_{kA}$$

3. 一对力的功

两个质点间一对内力做功之和为

$$W_{AB} = \int_A^B \boldsymbol{f} \cdot \mathrm{d}\boldsymbol{r}_{21}$$

它只决定于两质点的相对路径。

4. 保守力　做功与相对路径形状无关的一对力,或沿相对的闭合路径移动一周做功为零的一对力。

5. 势能　对保守内力可引进势能概念。一个系统的势能 E_p 决定于系统的位形,定义为

$$-\Delta E_\mathrm{p} = E_{\mathrm{p}A} - E_{\mathrm{p}B} = W_{AB}$$

取 B 点为势能零点,即 $E_{\mathrm{p}B}=0$,则

$$E_{\mathrm{p}A} = W_{AB}$$

引力势能　$E_\mathrm{p} = \dfrac{-Gm_1 m_2}{r}$,以两质点无穷远分离时为势能零点。

重力势能　$E_\mathrm{p} = mgh$,以物体在地面为势能零点。

弹簧的弹性势能　$E_\mathrm{p} = \dfrac{1}{2}kx^2$,以弹簧的自然伸长为势能零点。

6. 动量定理　合外力的冲量等于质点(或质点系)动量的增量。

对质点　　　　　　$\boldsymbol{F}\mathrm{d}t = \boldsymbol{p}_2 - \boldsymbol{p}_1$

对质点系　　　　　$\boldsymbol{F}\mathrm{d}t = \boldsymbol{P}_2 - \boldsymbol{P}_1$

$$\boldsymbol{P} = \sum_i \boldsymbol{p}_i$$

在直角坐标系中有

$$F_x \mathrm{d}t = P_{x2} - P_{x1}$$
$$F_y \mathrm{d}t = P_{y2} - P_{y1}$$
$$F_z \mathrm{d}t = P_{z2} - P_{z1}$$

7. 质心的概念

质心的位矢

$$r_C = \frac{\sum_i m_i r_i}{m}$$

或

$$r_C = \frac{\int r \mathrm{d}m}{m}$$

8. 质心运动定理　质点系所受的合外力等于其总质量乘以质心的加速度,即

$$F = m a_C$$

9. 角动量定理

质点的角动量　对于某一定点有

$$L = r \times p = m r \times v$$

角动量定理　质点所受的合外力矩 M 等于它的角动量 L 对时间的变化率:

$$M = \frac{\mathrm{d}L}{\mathrm{d}t} \quad \left(M = \sum_i r_i \times F_i\right)$$

二、教学要求

1. 熟练掌握功的定义及变力做功的计算方法。
2. 深入理解动能定理的物理意义,并用以计算问题。
3. 在中学学习的基础上,进一步掌握动量和冲量的概念以及动量定理,并能灵活运用以解决问题。
4. 掌握质点的角动量的物理意义,能用角动量定理计算问题。
5. 初步掌握质心和质心运动规律。

三、讨论题

1. 一物体自高为 h 处沿光滑表面由静止开始下滑。试分析

当表面分别为直的、凹的、凸的三种情况时(图 1.23),物体滑到底部的动能是否相同?动量是否相同?

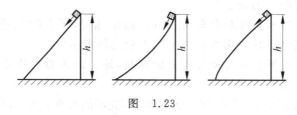

图　1.23

2. 判断下列有关角动量的说法的正误。
(1) 质点系的总动量为零,总角动量一定为零。
(2) 一质点作直线运动,质点的角动量一定为零。
(3) 一质点作直线运动,质点的角动量一定不变。
(4) 一质点作匀速率圆周运动,其动量方向在不断改变,所以角动量的方向也随之不断改变。

3. 一水平传送皮带受电动机驱动,保持匀速运动。现在传送带上轻轻放置一砖块,则在砖块刚被放上到与传送带共同运动的过程中,应该是:
(1) 摩擦力对皮带做的功与摩擦力对砖块做的功等值反号。
(2) 驱动力的功与摩擦力对砖块做的功之和等于砖块获得的动能。
(3) 驱动力的功与摩擦力对皮带做的功之和为零。
(4) 驱动力的功等于砖块获得的动能。
(5) 以上结论都不对。
试选择出你认为正确的结论,并说明理由(包括你认为不正确的理由)。

4. 一列火车以速度 u 作匀速直线运动,车中一人以速度 v(相对火车)抛出一质量为 m 的小球。试回答下列问题:
(1) 在地面上的人认为在刚抛出瞬时小球的动能应是

$$E_k = \frac{1}{2}mu^2 + \frac{1}{2}mv^2$$

此结论对吗？为什么？

（2）当车上的人沿车前进方向抛小球时，车上的人看抛出小球过程所做的功是多少？地上的人看又是多少？

（3）当车上的人竖直向上抛球时，地上的人看抛出小球过程做的功是多少？

5. 如图 1.24 所示，有一小物体放在光滑的水平桌面上，有一绳其一端连接此物体，另一端穿过桌面上的一小孔。该物体原以一定的角速度在桌面上以小孔为圆心作圆周运动。在小孔下缓慢地往下拉绳过程中，物体的动能、动量、对小孔的角动量是否变化？为什么？

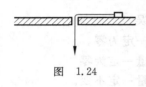

图　1.24

四、计算题

1. 如图 1.25 所示，绳子一端固定，另一端系一质量为 m 的小球，并以匀角速度 ω 绕竖直轴作圆周运动，绳子与竖直轴的夹角为 θ。已知 A,B 为圆周直径上的两端点，求质点由 A 点运动到 B 点，绳子的拉力的冲量。这冲量是否等于小球的动量增量？为什么？

2. 如图 1.26 所示，质量为 M 的滑块正沿着光滑水平地面向

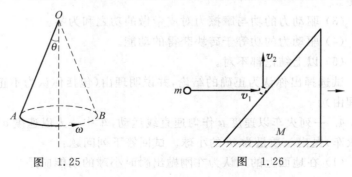

图　1.25　　　　　　　　图　1.26

右滑动。一质量为 m 的小球水平向右飞行,以速度 v_1（相对地面）与滑块斜面相碰,碰后竖直向上弹起,速度为 v_2（相对地面）。若碰撞时间为 Δt,试计算此过程中滑块对地面的平均作用力和滑块速度的增量。

3. 一条均匀链条,质量为 m,总长为 l,成直线状放在桌面上,设桌面与链条之间的摩擦系数为 μ。现已知链条下垂长度为 a 时,链条开始下滑,试用动能定理计算链条刚好全部离开桌面时的速率。

*4. 在坐标系 xOy 中,有一质量为 m 的静止物体,现有一恒力 $\boldsymbol{F}=F\hat{\boldsymbol{x}}$ 作用其上 Δt 时间。另有一坐标系 $x'O'y'$ 相对于 xOy 以 $\boldsymbol{u}=-u\hat{\boldsymbol{x}}$ 作匀速运动,试回答以下问题:

（1）在这两个坐标系中力 $\boldsymbol{F}$ 的功是否一样？各为多少？

（2）试验证在此两个坐标系中,动能定理是否都成立？

5. 如图 1.27 所示,有一倔强系数为 k 的弹簧,水平放置于桌面上,一端固定,另一端连接一质量为 M 的物体,物体与桌面间的摩擦系数为 μ_k。已知当弹簧为原长时物体具有速度 v_0,问此后在物体移动距离为 l 的过程中:

（1）摩擦力做多少功？

（2）作用在物体上的弹性力做多少功？

（3）作用在物体上的其他力做多少功？

（4）对物体做的总功是多少？

（5）若已知 M, v_0, μ_k 及 k,求 l 的最大值。

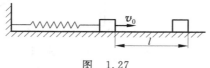

图 1.27

6. 质点在力的作用下由位置 r_a 运动到位置 r_b,经过的路程为 S,如图 1.28 所示。如果力函数分别为:$\boldsymbol{f}_1=k\hat{\boldsymbol{r}}$ 或 $\boldsymbol{f}_2=k\hat{\boldsymbol{v}}$,其

中 k 为常数，$\hat{r}$，$\hat{v}$ 分别是沿矢径和速度方向的单位矢量。

(1) 分别求两种力 f_1，f_2 在该过程所做的功。

(2) 说明 f_1 和 f_2 哪个是保守力。

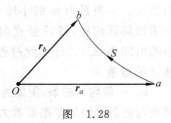

图 1.28

五、课后练习

1. 一滑块沿倾角 $\alpha=30°$ 的斜面向上滑，初速 $v_0=2\text{m/s}$，滑块与斜面间的摩擦系数 $\mu=0.3$。求：

(1) 滑块在斜面上向上滑行的距离是多少？

(2) 滑块下滑回到斜面底部时的速度是多少？

[0.269m；1.12m/s]

2. 在光滑的水平桌面上，水平放置一固定的半圆形屏障，有一质量为 m 的滑块以初速度 v_0 沿切线方向进入屏障一端，如图 1.29 所示，设滑块与屏障间的摩擦系数为 μ。试证明当滑块从屏障另一端滑出时，摩擦力所做的功为 $W_f=\frac{1}{2}mv_0^2(e^{-2\mu\pi}-1)$。

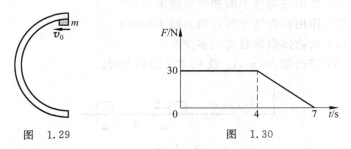

图 1.29   图 1.30

3. 在水平地面上有一质量 $m=10\text{kg}$ 的木箱，其上作用一水平拉力 F，木箱由静止开始运动。若拉力的大小随时间变化的关系如图 1.30 所示，即 t 由 $0\sim 4\text{s}$ 时 $F=30\text{N}$；t 由 $4\sim 7\text{s}$ 时，F 自

30N 均匀减小到零。已知木箱与地面间的摩擦系数 $\mu=0.2$，试求：

（1）$t=4$s 时刻木箱速度。

（2）$t=7$s 时刻木箱速度。

（3）$t=6$s 时刻木箱速度。

[取 $g=10$m/s^2 则,(1)4.00m/s;(2)2.50m/s;(3)4.00m/s]

4. 一吊车底板上放一质量为 10kg 的物体，当吊车底板加速上升时，其加速度大小为 $a=3+5t$(SI)，求 2s 内吊车底板给该物体的冲量大小及 2s 内物体动量增量的大小。

$$[I_N=356\text{N}\cdot\text{s}, \Delta p=160\text{N}\cdot\text{s}]$$

*5. 一质量均匀分布的柔软细绳竖直地悬挂着，绳的下端刚好触到水平桌面上。如果把绳的上端放开，绳将落在桌面上。试证明在绳下落的过程中，任意时刻作用于桌面的压力等于已落到桌面上的绳重量的 3 倍。

6. 两个质量均为 m 的质点，用一根长为 $2a$ 的质量可以忽略不计的轻杆相连，构成一个简单的质点组。如图 1.31 所示，两质点绕固定轴 $O'z$ 以匀角速度 ω 转动，轴线通过杆的中点 O 与杆的夹角为 θ，求质点组对 O 点的角动量大小及方向。

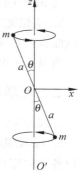

图 1.31

$$[L=2ma^2\omega\sin\theta]$$

1.4 动量守恒定律、角动量守恒定律、机械能守恒定律及其综合应用

一、内容提要

1. **动量守恒定律** 当一个质点系所受的合外力为零时，这一质点系的总动量保持不变。即

当 $\sum \boldsymbol{F}_{外} = 0$ 时,　　　　$\sum \boldsymbol{p}_i = \sum m_i \boldsymbol{v}_i = $ 常矢量

此定律在直角坐标系中的投影式为

当 $\sum F_x = 0$ 时,　　　　$\sum m_i v_{ix} = p_x = $ 常量

当 $\sum F_y = 0$ 时,　　　　$\sum m_i v_{iy} = p_y = $ 常量

当 $\sum F_z = 0$ 时,　　　　$\sum m_i v_{iz} = p_z = $ 常量

2. 角动量守恒定律　如果对于某个固定点,质点所受的合外力矩为零,则此质点对该固定点的角动量矢量将保持不变。即

当 $M = 0$ 时,　　　　$\boldsymbol{L} = $ 常矢量

3. 机械能守恒定律　在只有保守内力做功的情况下,系统的机械能保持不变。

当 $W_{外} + W_{内非} = 0$ 时,　　　　$E = E_k + E_p = $ 常量

二、教学要求

1. 会正确分析与区分各守恒定律的守恒条件。

2. 深入理解三个力学守恒定律的物理意义,并能熟练地分别应用各守恒定律解决问题。

3. 能联合应用三个守恒定律解决简单的力学问题,并掌握分析求解综合问题的基本方法。

三、讨论题

1. 在汽车顶上悬挂一单摆(即一细绳的一端固定在车顶上,另一端系一小球)。当汽车静止时,在小球摆动的过程中,小球的动量、动能、机械能以及对细绳悬点的角动量是否守恒?为什么?当汽车作匀速直线运动时,以地面为参照系,小球的动量、动能、机械能又如何?

2. 试判断下述说法的正误。

(1) 不受外力作用的系统,它的动量和机械能必然同时都

守恒。

（2）内力都是保守力的系统，当它所受的合外力为零时，它的机械能必然守恒。

（3）只有保守内力作用又不受外力作用的系统，它的动量和机械能必然都守恒。

再分析以下的实例。

例1 如图 1.32 所示，一轻质弹簧放在水平光滑平面上，一端与墙固定相连，另一端系一小球，今拉长弹簧后再放手，在小球振动过程中，弹簧与小球系统的动量、动能与机械能守恒吗？

图 1.32   图 1.33

例2 如图 1.33 所示，在速度 $v=$ 常量的小车参照系 S'（惯性系）中，看弹簧振子在光滑水平面上的振动过程，该系统的机械能是否守恒？

3. 如图 1.34 所示，分别讨论各分图：

（a）细绳一端系一小球 m，另一端固定在 P 点，m 在水平面内作圆周运动，圆心为 O；

（b）在光滑水平面上两质点 m_1，m_2 与轻弹簧组成弹簧振子系统沿水平面振动；

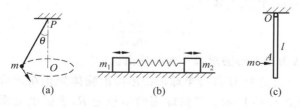

(a)   (b)   (c)

图 1.34

(c) 匀质细杆长 l，一端与顶部的光滑固定轴 O 连接处于竖直位置，质量为 m 的小球以水平方向与杆碰撞，碰撞接触点 A 与 O 相距为 x。

试分析以上三种情况中，各系统动量、角动量、能量是否守恒？对(c)求出 x 为多少时系统的动量守恒？

4. 在下列几种情况中，机械能守恒的系统是：

(1) 当物体在空气中下落时，以物体和地球为系统。

(2) 当地球表面物体匀速上升时，以物体与地球为系统（不计空气阻力）。

(3) 子弹水平地射入放在光滑水平桌面上的木块内，以子弹与木块为系统。

(4) 当一球沿光滑的固定斜面向下滑动时，以小球和地球为系统。

5. 在实验室内观察到相距很远的一个质子（质量为 m_p）和一个氦核（质量为 $4m_p$），沿一直线相向运动，速率都是 v_0，求二者能达到的最近距离 R。

本题有如下解法：

以质子、氦核为一系统，因仅有保守力（库仑力）的功，故系统机械能（其中势能为库仑电势能）守恒。则有

$$\frac{1}{2}m_{He}v_0^2 + \frac{1}{2}m_p v_0^2 = \frac{2ke^2}{R}$$

将 $m_{He}=4m_p$ 代入上式后有

$$R = \frac{4ke^2}{5m_p v_0^2}$$

你认为以上解法对吗？说明理由。

6. 一质量为 M 具有半球形凹陷面的物体静止在光滑水平桌面上，如图 1.35 所示。凹陷球面的半径为 R，表面也光滑。今在凹陷面的上缘 B 处放置一质量为 m 的小球，释放后，小球下滑。

有人为了求出当小球下滑至最低处 A 时，M 物体对小球的作用力 N，列出了如下的方程：

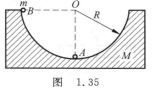

图 1.35

分别以 v_1 和 v_2 表示小球到 A 点时，它和 M 物体的速度。由小球与物体系统水平方向动量守恒可得

$$mv_1 + Mv_2 = 0 \qquad ①$$

小球、物体、地球系统机械能守恒，则有

$$\frac{1}{2}mv_1^2 + \frac{1}{2}Mv_2^2 = mgR \qquad ②$$

再根据牛顿第二定律有

$$N - mg = m\frac{v_1^2}{R} \qquad ③$$

试指出上述方程哪个是错的？错在何处？说明理由，并改正之。

四、计算题

1. 一质量为 M、倾角为 θ 的斜面，放在光滑水平面上，物体 m 从高为 h 处由静止开始无摩擦地下滑，如图 1.36 所示。求物体 m 从 h 处滑到底端这一过程中对斜面做的功 W，及斜面后退的距离 S。

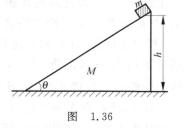

图 1.36

2. 一轻绳绕过一质量可以忽略不计且轴光滑的滑轮，质量为 M_1 的人抓住绳的一端 A，而绳的另一端 B 系了一个质量为 $M_2(=M_1)$ 的物体，如图 1.37 所示。今人从静止开始加速上爬。试用守恒定律求当人相对于绳的速度为 u 时，B 端物体上升的速度为多少？

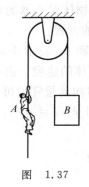
图 1.37

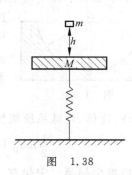
图 1.38

3. 如图 1.38 所示的一竖直弹簧,一端与质量为 M 的水平板相连接,另一端与地面固定,其倔强系数为 k。一个质量为 m 的泥球自距板 M 上方 h 处自由下落到板上,求以后泥球与平板一起向下运动的最大位移?本题的整个过程能用一个守恒定律来求解吗?

4. 如图 1.39 所示,在光滑水平地面上有一质量为 m_B 的静止物体 B,在 B 上有一个质量为 m_A 的静止物体 A,二者之间的摩擦系数为 μ。今对 A 施一水平冲力使之以速度 v_A(相对于地面)开始向右运动,并随后又带动 B 一起运动。问 A 从开始运动到相对于 B 静止时,在 B 上移动了多少距离?

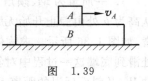
图 1.39

5. 将地球看作是半径 $R=6400\text{km}$ 的球体,一颗人造地球卫星在地面上空 $h=800\text{km}$ 的圆形轨道上,以 $v_1=7.5\text{km/s}$ 的速度绕地球运动。今在卫星外侧点燃一火箭,其反冲力指向地心,因而给卫星附加一个指向地心的分速度 $v_2=0.2\text{km/s}$。求此后卫星轨道的最低点和最高点位于地面上空多少千米?

6. 在一辆小车上固定装有光滑弧形轨道,轨道下端水平,小

车质量为 m，静止放在光滑水平面上。今有一质量也为 m、速度为 v 的铁球，沿轨道下端水平射入并沿弧形轨道上升某一高度，如图 1.40 所示，然后下降离开小车。

（1）求球离开小车时相对地面的速度多大？
（2）球沿弧面上升的最大高度 h 是多少？

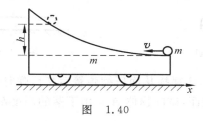

图 1.40

五、课后练习

1. 由轻质弹簧和两小球 m_1，m_2 组成的系统放在光滑水平面上，当拉长弹簧后松开手。在 m_1，m_2 往复运动的过程中，以光滑水平面为参考系，试问系统的动量、动能、机械能是否改变？

2. 质量为 $(m+M)$ 的炮弹，发射速度与水平面成 α 角，大小为 v_0，到最高点炸成 m，M 两块，m 相对 M 以速度 u 水平向后飞出，求炮弹炸后 M 飞过的水平距离。 $\left[\left(v_0\cos\alpha+\dfrac{m}{m+M}u\right)\dfrac{v_0\sin\alpha}{g}\right]$

3. 一个倔强系数为 k 的竖直弹簧，一端固定，另一端挂一个质量为 M 的圆盘，另有一质量为 m 的圆环在圆盘上方 H 处，如图 1.41 所示。今令圆环自由下落并与圆盘粘在一起振动，求振动的振幅。 $\left[A=\sqrt{\dfrac{m^2g^2}{k^2}+\dfrac{2m^2gH}{k(m+M)}}\right]$

4. 质量为 m_A 的物体 A 由高度为 h 处自由下落，与一质量为 m_B 的物体 B 作完全非弹性碰撞。物体 B 由一倔强系数为 k 的轻弹簧和地面上另一质量是 m_C 的物体 C 连接着，如图 1.42 所示。现要

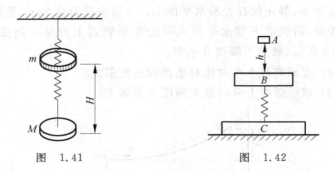

图 1.41　　　　　　　　图 1.42

使物体 A 与物体 B 碰撞从而压缩弹簧后又反弹时,恰好能将下端的物体 C 提离地面,试问物体 A 自由下落的高度 h 应为多少?

$$\left[h=\frac{g}{2km_A^2}[(m_A+m_B)(m_B+m_C)(m_B+m_C+2m_A)]\right]$$

5. 质量为 M 的木块 A 放在光滑的水平桌面上,现有一质量为 m、速度为 v_0 的子弹水平地射向木块,子弹在木块内行经距离 d 后,相对于木块静止。此时木块在水平面上滑过的距离为 S,速度为 v_1,如图 1.43 所示。设子弹在木块内受的阻力 F 是恒定的,有人在计算 S 的大小时,列出以下方程:

对子弹有
$$-Fd = 0 - \frac{1}{2}mv_0^2 \qquad ①$$

对木块有
$$FS = \frac{1}{2}Mv_1^2 - 0 \qquad ②$$

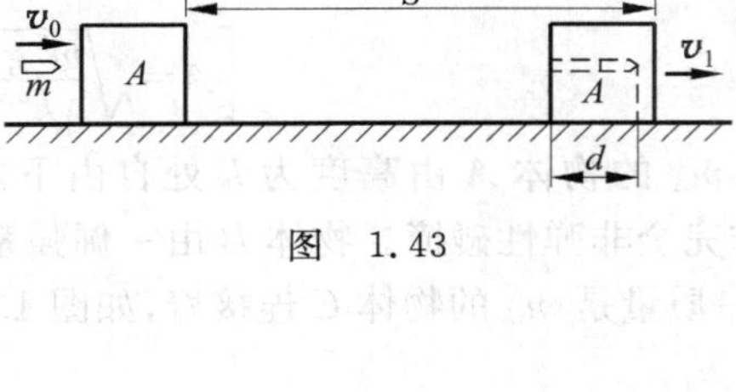

图 1.43

$$mv_0 = (M+m)v_1 \qquad ③$$

以上三个方程正确吗？为什么？若有错误方程请改正。

6. 有一半圆形的光滑槽，质量为 M，半径为 R，放在光滑桌面上。一个小物体质量为 m，可以在槽内滑动。开始时半圆槽静止，小物体静止于 A 处，如图 1.44 所示，试求：

（1）当小物体滑到 C 点处（θ 角）时，小物体 m 相对槽的速度 v'，槽相对地的速度 V。

（2）当小物体滑到最低点 B 时，槽移动的距离 S_1。

$$\left[v' = \sqrt{\frac{(M+m)2gR\sin\theta}{(M+m)-m\sin^2\theta}}, V = \frac{m\sin\theta}{M+m}\sqrt{\frac{(M+m)2gR\sin\theta}{(M+m)-m\sin^2\theta}}; \right.$$
$$\left. S_1 = \frac{m}{M+m}R \right]$$

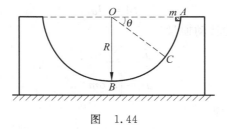

图 1.44

1.5 刚体的定轴转动

一、内容提要

1. 描述刚体定轴转动的物理量及运动学公式

角速度 $\qquad \omega = \dfrac{d\theta}{dt}$

角加速度 $\qquad \alpha = \dfrac{d\omega}{dt}$

距转轴 r 处质元的线量与角量的关系

$$v = r\omega$$
$$a_t = r\alpha$$
$$a_n = r\omega^2$$

匀角加速转动公式

$$\omega = \omega_0 + \alpha t$$
$$\theta = \omega_0 t + \frac{1}{2}\alpha t^2$$
$$\omega^2 - \omega_0^2 = 2\alpha\theta$$

2. 刚体定轴转动定律

刚体所受的外力对转轴的力矩之和等于刚体对该转轴的转动惯量与刚体的角加速度的乘积,即

$$M = J\alpha$$

3. 刚体的转动惯量

$$J = \sum m_i r_i^2$$
$$J = \int r^2 \, dm$$

平行轴定理

$$J = J_C + md^2$$

4. 刚体转动的功和能

力矩的功 $A = \int_{\theta_1}^{\theta_2} M d\theta$

转动动能 $E_k = \frac{1}{2} J \omega^2$

刚体的重力势能 $E_p = mgh_C$

5. 刚体机械能守恒定律:只有保守力的力矩做功时,刚体的转动动能与势能之和为常量。

$$\frac{1}{2} J\omega^2 + mgh_C = 常量$$

6. 刚体角动量定理：对一固定轴的合外力矩等于刚体对该轴的角动量对时间的变化率。

$$M_z = \frac{dL_z}{dt}$$

$$L_z = J_z \omega$$

7. 刚体角动量守恒定律：刚体（系统）所受的外力对某固定轴的合外力矩为零时，则刚体（系统）对此轴的总角动量保持不变。

$$\sum J_z \omega = 常量$$

二、教学要求

1. 掌握描述刚体定轴转动的角位移、角速度和角加速度等概念及联系它们的运动学公式。

2. 掌握刚体定轴转动定律，并能应用它求解定轴转动刚体和质点联动的问题。

3. 会计算力矩的功、刚体的转动动能、刚体的重力势能，能在有刚体作定轴转动的问题中正确地应用机械能守恒定律。

4. 会计算刚体对固定轴的角动量，并能对含有定轴转动刚体在内的系统正确应用角动量守恒定律。

三、讨论题

1. 刚体绕一定轴作匀变速转动，刚体上任一点是否有切向加速度？是否有法向加速度？切向和法向加速度的大小是否变化？

2. 有两个力作用在一个有固定轴的刚体上：

(1) 这两个力都平行于轴作用时，它们对轴的合力矩一定是零。

(2) 这两个力都垂直于轴作用时，它们对轴的合力矩可能是零。

(3) 当这两个力的合力为零时，它们对轴的合力矩也一定是零.

(4) 当这两个力对轴的合力矩为零时,它们的合力也一定是零.

上述说法中哪些正确,为什么?

3. 写出下列刚体对 O 轴的转动惯量(O 轴垂直纸面):

(1) 半径为 R、质量为 M 的均匀圆盘连接一长为 L、质量为 m 的均匀直棒,如图 1.45 所示.

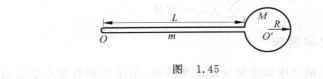

图 1.45

(2) 有一直棒长为 L,其中 $\dfrac{L}{2}$ 长的质量为 m_1(均匀分布),另 $\dfrac{L}{2}$ 长的质量为 m_2(均匀分布),如图 1.46 所示.

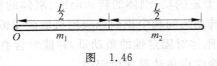

图 1.46

4. 一个质量均匀分布的物体可以绕定轴作无摩擦的匀角速转动. 当它受热或受冷(即膨胀或收缩)时,角速度是否改变? 为什么?

5. 一个内壁光滑的圆环形细管,正绕竖直光滑固定轴 OO' 自由转动. 管是刚性的,转动惯量为 J. 环的半径为 R,初角速度为 ω_0,一质量为 m 的小球静止于管内最高点 A 处,如图 1.47 所示,由于微小干扰,小球向下滑动.

试判断小球在管内下滑过程中,下列三种说法是否正确,并说明理由.

(1) 地球、环与小球系统的机械能不守恒;

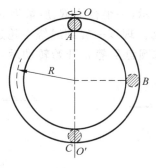

图 1.47

(2) 小球的动量不守恒；
(3) 小球对 OO' 轴的角动量守恒。

四、计算题

1. 一个质量为 M、半径为 R 的均匀球壳可绕一光滑竖直中轴转动。一根不形变的轻绳绕在球壳的水平最大圆周上，又跨过一质量为 m、半径为 r 的均匀圆盘，此圆盘具有光滑水平轴，然后在下端系一质量也为 m 的物体，如图 1.48 所示。求当物体由静止下落 h 时，其速度多大？

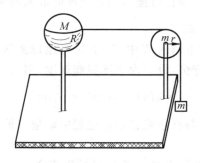

图 1.48

2. 如图1.49所示,一半径为 R、质量为 m 的均匀圆盘,可绕水平固定光滑轴转动。现以一轻细绳绕在轮边缘,绳的下端挂一质量为 m 的物体,求圆盘从静止开始转动后,它转过的角度和时间的关系。

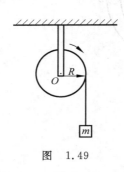

图 1.49

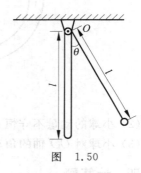

图 1.50

3. 指出本题解答中的错误,并给出正确的解法。

题目:长 l、质量为 m 的均匀细杆可绕通过其上端的水平光滑固定轴 O 转动,另一质量亦为 m 的小球,用长也为 l 的轻绳系于上述的 O 轴上,如图1.50所示。开始时杆静止在竖直位置,现将小球在垂直于轴的平面内拉开一定角度,然后使其自由摆下与杆端相碰撞(设为弹性碰撞),结果使杆的最大偏角为 $\frac{\pi}{3}$,求小球最初被拉开的角度 θ。

解 在小球下落过程中,对小球与地球系统,因仅有重力做功,所以机械能守恒,设 v 为小球碰前速度,则有

$$mgl(1-\cos\theta) = \frac{1}{2}mv^2 \qquad ①$$

由于对小球与杆系统在碰撞过程中动量守恒,所以有

$$mv = mv' + ml\omega \qquad ②$$

式中,v' 为小球碰后速度;ω 为棒碰后角速度。

又因为是弹性碰撞,故机械能也守恒,所以又有

$$\frac{1}{2}mv^2 = \frac{1}{2}mv'^2 + \frac{1}{2}\left(\frac{1}{3}ml^2\right)\omega^2 \qquad ③$$

碰后杆上升过程,对杆与地球系统机械能守恒,因而有

$$\frac{1}{2}\left(\frac{1}{3}ml^2\right)\omega^2 = \frac{1}{2}mgl\left(1-\cos\frac{\pi}{3}\right) \qquad ④$$

由式①,②,③,④解得

$$\cos\theta = \frac{2}{3}$$

即

$$\theta = \arccos\frac{2}{3}$$

4. 有一细棒长为 l,质量为 m_1 均匀分布,静止平放在滑动摩擦系数为 μ 的水平桌面上。它可绕通过其端点 O 且与桌面垂直的固定光滑轴转动。另有一水平运动的小滑块,质量为 m_2,以水平速度 v_1,从左侧垂直于棒与棒的另一端 A 相碰撞,碰撞时间极短。小滑块在碰撞后的速度为 v_2,方向与 v_1 相反,如图 1.51 所示。求从细棒在碰后开始转动到停止转动的过程中所经过的时间。

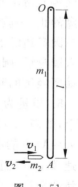

图 1.51

5. 由讨论题 5 求出当小球滑到环的水平直径的端点 B 时,环的角速度为多少?小球相对于环的速度为多少?当小球滑到最低处 C 点时,环的角速度及小球相对于环的速度又各是多少?

6. 两个质量分别为 m 与 M 的小球,位于一固定的、半径为 R 的水平光滑圆形沟槽内。一轻弹簧被压缩在两球间(未与球连接),用线将两球缚紧,并使之静止,如图 1.52 所示。

(1) 今把线烧断,两球被弹开后沿相反方向在沟槽内运动,问此后 M 转过多大角度会与 m 相碰?

(2) 设原来储存在被压缩的弹簧中的势能为 U_0,问线断后两球经过多长时间发生碰撞?

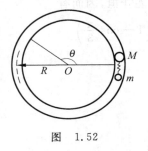

图 1.52

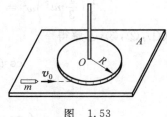

图 1.53

7. 半径为 R、质量为 M 的匀质圆盘,可绕通过其中心 O 的竖直固定光滑轴在粗糙的水平面 A 上转动,摩擦系数为 μ。初始时圆盘静止,一质量为 m 的子弹以速度 v_0 沿圆盘切线打入圆盘,并嵌在圆盘边缘上与圆盘一起转动,如图 1.53 所示。求:(1)子弹嵌入圆盘后,圆盘开始转动的角速度;(2)从圆盘开始转动到停止转动所经历的时间(子弹的摩擦阻力矩忽略不计)。

8. 质量为 M、长为 l 的匀质细杆,无约束地平放在光滑水平面上,如图 1.54 所示。一质量为 $m=M/3$ 的小球在该平面上以速度 v_0 垂直于杆身与杆端作弹性碰撞。求:碰后杆的角速度。

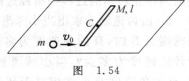

图 1.54

五、课后练习

1. 一电动机的电枢每分钟转 1800 圈,当切断电源后,电枢经 20s 停下。试求:

(1) 在此时间内电枢转了多少圈?

(2) 电枢经过 10s 时的角速度以及电枢周边的线速度、切向加速度和法向加速度(设电枢半径 $r=10\text{cm}$)。

[300 圈;$30\pi/\text{s},3\pi\text{m/s},-0.3\pi\text{m/s}^2,90\pi^2\text{m/s}^2$]

2. 设有一均匀圆盘,质量为 m,半径为 R,可绕过盘中心的光滑竖直轴在水平桌面上转动。圆盘与桌面间的滑动摩擦系数为 μ。若用外力推动它使其角速度达到 ω_0 时,撤去外力,求:

(1)此后圆盘还能继续转动多长时间?

(2)上述过程中摩擦力矩所做的功。

$$\left[t=\frac{3R\omega_0}{4\mu g}; W_f=-\frac{1}{4}mR^2\omega_0^2\right]$$

3. 半径为 R 的均匀细圆环,可绕通过环上 O 点且垂直于环面的水平光滑轴在竖直平面内转动,若环最初静止时直径 OA 沿水平方向,如图 1.55 中所示。环由此位置下摆,求 A 到达最低位置时的速度。 $\left[v_A=2\sqrt{gR}\right]$

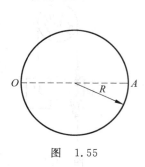

图 1.55

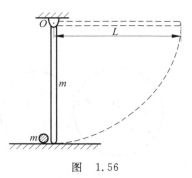

图 1.56

4. 长为 L 的均匀细杆可绕过端点 O 的固定水平光滑轴转动。把杆抬平后无初速地释放,杆摆至竖直位置时刚好和光滑水平桌面上的小球 m 相碰,如图 1.56 所示,球的质量和杆相同。设碰撞是弹性的,求碰后小球获得的速度。 $\left[\frac{1}{2}\sqrt{3gL},\text{水平向左}\right]$

5. 质量分别为 M_1,M_2,半径分别为 R_1,R_2 的两均匀圆柱,可分别绕它们本身的轴转动,二轴平行。原来它们沿同一转向分别以 ω_{10},ω_{20} 的角速度匀速转动,然后平移二轴使它们的边缘相接触,如图 1.57 所示。求最后在接触处无相对滑动时,每个圆柱的角速度 ω_1,ω_2。

对上述问题有以下的解法:

在接触处无相对滑动时,二圆柱边缘的线速度一样,故有

$$\omega_1 R_1 = \omega_2 R_2 \qquad ①$$

二圆柱系统角动量守恒,故有

$$\omega_{10} J_1 + \omega_{20} J_2 = J_1 \omega_1 + J_2 \omega_2 \qquad ②$$

其中

$$J_1 = \frac{1}{2} M_1 R_1^2, \quad J_2 = \frac{1}{2} M_2 R_2^2$$

由以上二式就可解出 ω_1,ω_2。你对这种解法有何意见?

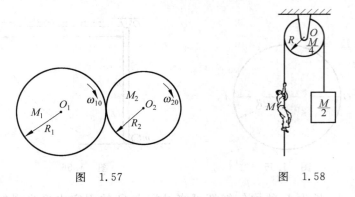

图 1.57　　　　　　　图 1.58

6. 一轻绳绕过一半径为 R、质量为 $\dfrac{M}{4}$ 的滑轮。质量为 M 的人抓住了绳的一端,而在绳的另一端系了一个质量为 $\dfrac{M}{2}$ 的重物,如图 1.58 所示。求当人相对于绳匀速上爬时,重物上升的加速度是

多少? $\left[\dfrac{4}{13}g\right]$

7. 质量为 M、半径为 R 的匀质圆盘可绕过其中心 O 且与盘面垂直的光滑固定轴在竖直平面内旋转,如图 1.59 所示,粘土块(质量 m)以初速度 v_0 斜射在静止的圆盘顶端 P 点,并与圆盘粘合。v_0 与水平面夹角为 $\theta=60°$,$M=2m$。求:当 P 点转到与水平 x 轴重合时,圆盘的角速度和轴 O 对圆盘的作用力。

$$\left[\dfrac{1}{4R}\sqrt{v_0^2+16gR};\ m\sqrt{\left(\dfrac{v_0^2}{16R}+g\right)^2+\left(\dfrac{5}{2}g\right)^2}\right]$$

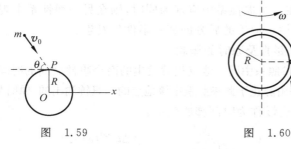

图 1.59　　　　　图 1.60

8. 本节讨论题 5 中,若选圆环参考系,考虑小球的运动。讨论:(1)功能原理是否成立?(2)设小球到达图 1.60 所示位置时速度为 v',有人列式为 $mgR=\dfrac{1}{2}mv'^2$,此式是否正确?说明理由。

9. 在半径为 R、具有光滑竖直固定中心轴 O 的水平匀质圆盘上,有一人静止站立在距转轴为 $R/2$ 处,人的质量是圆盘质量的 $1/10$,开始时盘载人对地以匀角速度 ω_0 在水平面内逆时针方向转动。当此人相对于盘以匀速率 v 沿顺时针方向作圆周运动时,如图 1.61 所示:(1)求圆盘对地的角速度 $\omega=$?(2)欲使圆

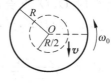

图 1.61

盘对地静止,此人应沿着半径为 $R/2$ 的圆周相对盘的运动速率 v_1 的大小和运动方向为何?

$$\left[\omega=\omega_0+\frac{2v}{21R};\ v_1=\frac{21R\omega_0}{2},\ 逆时针方向\right]$$

1.6 狭义相对论运动学

一、内容提要

1. 同时性的相对性:沿两个惯性系相对运动方向上发生的两个事件,若在一个惯性系中表现为同时,则在另一惯性系中观察总是在前一惯性系运动的后方的那一事件先发生。

2. 时间膨胀及原时的概念

在某一参照系中同一地点先后发生的两个事件之间的时间间隔为原时,它是由静止于此参照系中该地点的一只钟测出的,原时最短。

运动钟变慢称为时间膨胀效应:

$$\Delta t = \frac{\Delta t'}{\sqrt{1-u^2/c^2}} \quad (\Delta t' \text{ 为原时})$$

3. 长度缩短及原长的概念

棒静止时测得的长度叫棒的静长或原长。运动的棒沿运动方向的长度比原长短,这是同时性的相对性的必然结果。

$$l = l'\sqrt{1-u^2/c^2} \quad (l' \text{ 为原长})$$

4. 洛伦兹变换:设 S, S' 两个参照系如图 1.62 所示,在 $t=t'=0$ 时 O, O' 重合,同一事件在 S, S' 中的时空坐标分别为 (x, y, z, t) 与 (x', y', z', t'),其变换式为

$$x' = \frac{x-ut}{\sqrt{1-u^2/c^2}}, \quad y' = y, \quad z' = z, \quad t' = \frac{t-\frac{u}{c^2}x}{\sqrt{1-u^2/c^2}}$$

逆变换式为

1.6 狭义相对论运动学

$$x = \frac{x' + ut'}{\sqrt{1 - u^2/c^2}}, \quad y = y', \quad z = z', \quad t = \frac{t' + \frac{u}{c^2}x'}{\sqrt{1 - u^2/c^2}}$$

速度变换式为

$$v'_x = \frac{v_x - u}{1 - \frac{uv_x}{c^2}}, \quad v'_y = \frac{v_y\sqrt{1 - u^2/c^2}}{1 - \frac{uv_x}{c^2}}, \quad v'_z = \frac{v_z\sqrt{1 - u^2/c^2}}{1 - \frac{uv_x}{c^2}}$$

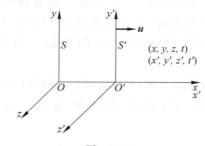

图 1.62

二、教学要求

1. 理解同时性的相对性，并能用以分析问题。
2. 会判断原时和非原时，并能相互推算。
3. 理解长度的测量和同时性的相对性的关系，能正确应用相对论长度缩短公式。
4. 正确理解和应用洛伦兹坐标变换公式，了解相对论的时空观的意义。
5. 正确应用相对论速度变换公式。

三、讨论题

1. 根据相对论的时空观，讨论以下几种说法：
（1）在一惯性系中，两个同时的事件在另一惯性系中一定不同时。

（2）在一惯性系中,两个不同时的事件满足什么条件才可以找到另一惯性系使它们成为同时的事件?

（3）在一惯性系中,在不同地点发生的两个事件,满足什么条件才可以找到另一惯性系使它们成为在同一地点发生的事件?

2. 列车静长 l_0,以速度 u 沿车身方向相对地面运动。若在车尾 B 处发一闪光,此闪光经车头 A 处的反射镜反射后回到车尾 B。设在地面参考系测量:闪光从车尾 B 到车头 A 的时间为 Δt_1 和从车头 A 返回到车尾 B 所需的时间为 Δt_2。对下述两种解法求 Δt_1,Δt_2,试判断正误。

（1）在地面测量:光向 A 运动,与车的相对速度为 $(c-u)$;返回到 B 的过程,与车的相对速度为 $(c+u)$,所以 $\Delta t_1 = \dfrac{l_0}{c-u}$, $\Delta t_2 = \dfrac{l_0}{c+u}$。

（2）在地面测量:车长为运动长,应缩短;而光速不变,故有 $\Delta t_1 = \Delta t_2 = \dfrac{l_0}{c\gamma}$, $\gamma = \dfrac{1}{\sqrt{1-\dfrac{u^2}{c^2}}}$。

3. 两个惯性系 S_1 和 S_2,其中 S_2 相对 S_1 以速度 u 沿 $+x$ 方向运动。已知一细棒与 x 轴平行,在 S_1 系中,细棒以速度 v_1 ($\neq u$)沿 $+x$ 方向运动,在该系中测量细棒长度为 l_1,在 S_2 系中测量细棒长度为 l_2。你能比较 l_1, l_2 的大小吗?说明你的分析。

4. 一火车以恒定速度通过隧道,火车和隧道的静长是相等的。从地面上看,当火车的前端 b 到达隧道的 B 端的同时,有一道闪电正击中隧道的 A 端(图 1.63)。试问此闪电能否在火车的 a 端留下痕迹?

5. 有人推导在 S 系中运动的棒的长度变短时,用了下面的洛伦兹变换式,即

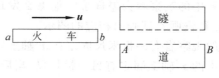

图 1.63

$$\Delta x = \frac{\Delta x' + u\Delta t'}{\sqrt{1-\dfrac{u^2}{c^2}}}$$

令 $\Delta t' = 0$,则

$$\Delta x = \frac{\Delta x'}{\sqrt{1-\dfrac{u^2}{c^2}}}$$

这样就得出运动长度 Δx 比静止长度 $\Delta x'$ 长了的结论。试指出错误在何处?

*6.(1) 如图 1.64(a)所示,S 系中的观察者看到当钟 A 与钟 A' 相遇时,两钟指示为零,而且钟 B 与钟 A 一样也指示为零。问 S' 系中的观察者将有怎样的看法?并画出相应的图示。

(2) S 系中的观察者看到当钟 A' 与钟 B 相遇时,B 钟指示数值比 A' 钟大,故他得出"运动时钟 A' 变慢"的结论,如图 1.64(b)

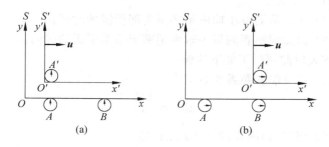

图 1.64

所示。此时 S' 系中的观察者会怎样看？他怎么发现时钟 B（运动时钟）比钟 A' 走得慢呢？试画出相应的图示。

7. S 系中的观察者有一根米尺固定在 x 轴上，其两端各装一手枪。在 S' 系中的 x' 轴上固定有另一根长尺，当后者从前者旁边经过时，S 系中的观察者同时扳动两手枪，使子弹在 S' 系中的尺上打出两个记号。试问在 S' 系中这两个记号之间的距离是小于、等于，还是大于 1m？

四、计算题

1. 一列静止长度为 $l_0=0.5\text{km}$ 的火车，以 $u=100\text{km/h}$ 的速度在地面上匀速直线前进。在地面上的观察者看到两个闪电同时击中火车头尾，在火车上的观察者测出的这两个闪电的时间差是多少？

2. 在惯性系 S 中的同一地点发生的 A, B 两个事件，B 晚于 A 4s，在另一惯性系 S' 中观察 B 晚于 A 5s，求：
（1）这两个参照系的相对速度为多少？
（2）在 S' 系中这两个事件发生的地点间的距离有多大？

3. 一宇宙飞船的原长为 L'，以速度 u 相对于地面作匀速直线运动。有个小球从飞船的尾部运动到头部，宇航员测得小球的速度恒为 v'，试求：
（1）宇航员测得小球由尾至头部所需的时间。
（2）地面观察者测得小球由尾部至头部所需的时间。
有人对此题做了如下的解：
（1）设飞船参照系为 S'，则

$$\Delta t' = \frac{L'}{v'}$$

（2）用与（1）同样的方法求 Δt，即

$$\Delta t = \frac{L}{v}$$

式中,L,v 为在地面参照系 S 中测出的飞船长度与小球速度。根据运动长度缩短的概念

$$L = L'\sqrt{1-\frac{u^2}{c^2}}$$

由相对论速度变换可得

$$v = \frac{u+v'}{1+\frac{uv'}{c^2}}$$

则有

$$\Delta t = \frac{L'\sqrt{1-\frac{u^2}{c^2}}}{u+v'}\left(1+\frac{uv'}{c^2}\right)$$

你认为以上的计算对吗?为什么?你是如何计算的?

4. 飞船以 $0.6c$ 的速度沿地面接收站与飞船连接的方向向外匀速飞行,飞船上的光源以 $T_0 = 4s$ 的周期发出光脉冲。求地面接收站收到的脉冲周期。

5. 一艘飞船和一颗彗星相对地面分别以 $0.6c, 0.8c$ 的速度相向而行,在地面上观测,再有 5s 二者就要相撞,问:

(1) 飞船上看彗星的速度是多少?

(2) 从飞船上的钟看,再经过多长时间二者将相撞?

6. 一装有无线电发射和接收装置的飞船,正以速度 $u = \frac{3}{5}c$ 飞离地球,当宇航员发射一个无线电信号后并经地球反射,40s 后飞船才收到返回信号,试求:

(1) 当信号被地球反射时刻,从飞船上测量地球离飞船有多远?

(2) 当飞船接收到地球反射信号时,从地球上测量,飞船离地球有多远?

7. 设想有一飞船以 $0.8c$ 的速度在地球上空飞行。如果这时从飞船上沿速度方向抛出一物体,该物体相对于飞船的速度为

$0.9c$，问在地面上的人看来该物体速度多大？

*8. 两惯性系 S,S'，S' 相对 S 以速度 $u=0.6c$ 运动。它们各自有两个自己的同步钟 A,B 和 A',B'。在 S 系测量：A 与 B' 相遇时 A 和 B' 均指零；A 与 A' 相遇时，A 指 2:00，且此时 B 与 B' 恰好也相遇，如图 1.65 所示。求：

(1) A 与 A' 相遇时，A' 钟的指示；

(2) B 与 B' 相遇时，此两钟的指示。

图 1.65

五、课后练习

1. 选择正确的结论。

(1) 如图 1.66 所示，地面上的观察者认为在地面上同时发生的两个事件 A 和 B，在相对地面运动的火箭上的观察者看来：

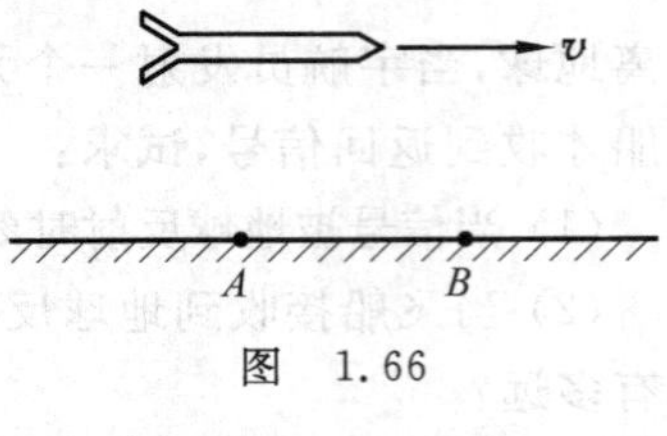

① A 早于 B。

② B 早于 A。

③ 无法判断。

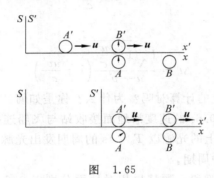

图 1.66

(2) 若子弹水平地飞出枪口为事件 A，子弹打在靶上为事件 B，则在沿子弹运动方向匀速运动的任何参照系中测量：

① 子弹飞行的距离都小于地面观察者测出的距离。

② 事件 A 总是早于事件 B。　　　　　　　　　[②；②]

2. 有一宇航员乘速度为 $10^3\,\mathrm{km/s}$ 的火箭由地球前往火星，宇航员测出他经 40 小时到达火星，求此时间和地面上的观测者所测得的相应时间的差。并验证这差值不超过 1s。

3. 在地面上 A 处发射一炮弹后，经 $4\times10^{-6}\,\mathrm{s}$ 在 B 处又发射一炮弹，A,B 相距 800m，问：

(1) 在什么样的参照系中将测得上述两个事件发生在同一地点？

(2) 试找出一个参照系，在其中测得上述两个事件同时发生。

$$[u=2.00\times10^8\,\mathrm{m/s}；找不到]$$

4. 在 S' 系中一根米尺与 $O'x'$ 轴成 30°角，如果要使这一米尺与 S 系的 Ox 轴成 45°角，则

(1) 试问此 S' 系应以多大速度 u 相对于 S 系运动？（设 $x'y'z'O'$ 与 $xyzO$ 坐标系对应轴均平行）

(2) 在 S 系中测得米尺的长度是多少？

$$[u=0.816c；l=0.707\mathrm{m}]$$

5. 在实验室中测出，电子 A 以速度 $2.9\times10^8\,\mathrm{m/s}$ 向右运动，而电子 B 以速度 $2.7\times10^8\,\mathrm{m/s}$ 向左运动。求 A 电子相对 B 电子的速度是多少？　　　　　　　　　　　　　$[2.99\times10^8\,\mathrm{m/s}]$

*6. 固定在 S 系的 x 轴上的两只同步钟 A,B 相距 $3\times10^7\,\mathrm{m}$，固定在 S' 系的 x' 轴上的两只同步钟为 A',B'，如图 1.67 所示。S' 系以 $\dfrac{3}{5}c$ 的速度沿 x 轴正向运动。在某一时刻，在 S 系中观察 A 与

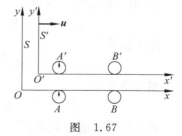

图 1.67

A'钟、B 与 B'钟同时相遇,且此时 A 与 A'钟同时指零,求:

(1) 在 S 系中观察,此时刻 B 和 B'钟的示值各是多少?

(2) 在 S'系中观察,A 和 A'钟相遇时,B 和 B'钟的示值各是多少?

(3) 在 A' 与 B 钟相遇时,在 S 系中观察到 A' 和 B 钟的示值各是多少?

(4) 在 A' 和 B 钟相遇时,在 S'系中观察到 A 和 B'钟的示值各是多少?

$$[B(0), B'(-7.50\times 10^{-2}\text{s}); B(6.00\times 10^{-2}\text{s}), B'(0);$$
$$A'(0.133\text{s}), B(0.167\text{s}); A(0.107\text{s}), B'(0.133\text{s})]$$

1.7 狭义相对论动力学

一、内容提要

1. 相对论质量与速度关系

$$m = \frac{m_0}{\sqrt{1-v^2/c^2}} \quad (m_0 \text{ 为静止质量})$$

2. 相对论动量

$$\boldsymbol{p} = m\boldsymbol{v} = \frac{m_0 \boldsymbol{v}}{\sqrt{1-v^2/c^2}}$$

3. 相对论能量　粒子的总能量

$$E = mc^2$$

静止能量

$$E_0 = m_0 c^2$$

相对论动能

$$E_k = E - E_0 = mc^2 - m_0 c^2$$

相对论动量能量关系式

$$E^2 = p^2c^2 + m_0^2 c^4$$

相对论动量、能量变换式

$$p_x' = \gamma\left(p_x - \frac{\beta E}{c}\right), \quad p_y' = p_y$$

$$p_z' = p_z, \quad E' = \gamma(E - \beta c p_x), \quad \gamma = \frac{1}{\sqrt{1-\dfrac{u^2}{c^2}}}$$

二、教学要求

理解相对论质量、动量、动能、能量等概念和公式,并能正确进行有关计算。理解相对论动量、能量变换。

三、讨论题

1. 试讨论下列物理量在经典物理与相对论中有何区别:长度、时间、质量、速度、动量、动能。

2. 有一粒子静止质量为 m_0,现以速度 $v=0.8c$ 运动,有人在计算它的动能时,用了以下的方法。

首先计算粒子质量:

$$m = \frac{m_0}{\sqrt{1-\dfrac{v^2}{c^2}}} = \frac{m_0}{0.6}$$

再根据动能公式,则有

$$E_k = \frac{1}{2}mv^2 = \frac{1}{2}\frac{m_0}{0.6}(0.8c)^2 = 0.533 m_0 c^2$$

你认为这样的计算正确吗?为什么?

3. 牛顿力学中的变质量问题(如火箭问题)和相对论中的质量变化问题有何不同?

4. 有一静止质量为 m_0、带电量为 q 的粒子,其初速度为零,在均匀电场 E 中加速。在时刻 t 时它所获得的速度是多少?如果不考虑相对论效应,它的速度又是多少? 这两个速度间有什么关系?

四、计算题

1. 有一加速器将质子加速到 76GeV 的动能。试求：
(1) 加速后质子的质量；
(2) 加速后质子的速率。

2. 有一静止质量为 m_0 的粒子,具有初速度 $v=0.4c$。
(1) 若粒子速度增加 1 倍,它的动量为初动量的几倍?
(2) 若要使它的末动量等于初动量的 10 倍,问末速度应是初速度的几倍?

3. 两个静止质量都是 m_0 的小球,其中一个静止,另一个以速度 $v=0.8c$ 运动。在它们作对心碰撞后粘在一起,求碰后合成小球的静止质量。

4. 计算如下两个问题：
(1) 一弹簧的倔强系数为 $k=10^3 \text{N/m}$,现将其拉长了 0.05m,求弹簧对应于弹性势能的增加而增加的质量。
(2) 1kg 100℃ 的水,冷却至 0℃ 时放出的热量是多少? 水的质量减少了多少?

5. 把一个静止质量为 m_0 的粒子由静止加速到速率为 $0.1c$ 所需做的功是多少? 由速率 $0.89c$ 加速到速率为 $0.99c$ 所需做的功又是多少?

6. 有一 π^+ 介子,在静止下来后衰变为 μ^+ 子和中微子 ν,三者的静止质量分别为 m_π, m_μ 和 0。求 μ^+ 子和中微子 ν 的动能。

*7. 在光源静止的参考系中,光的频率为 ν,一接收器正沿着二者的连线向着光源匀速运动,速率为 u,从光的量子性即光子观点出发,求接收器接收到的光的频率。

五、课后练习

1. 试计算动能为 $\frac{1}{4}$ MeV 的电子的运动速度(已知电子的静止能量为 0.5MeV)。 $[v=0.745c]$

2. 观察者甲携带一长度为 l、横截面积为 S、质量为 m 的直棒,以 $\frac{4}{5}c$ 的速度沿棒长方向相对于观察者乙运动,则甲、乙测得此棒的密度各为多少?有人解答:甲测得此棒的密度为 $\rho_甲 = \frac{m}{lS}$;乙测得此棒的密度为 $\rho_乙 = \frac{m}{l'S} = \frac{m}{\frac{3}{5}lS} = \frac{5m}{3lS}$。你认为以上的计算对吗?为什么?

3. 静止质量为 M_0 的粒子,在静止时衰变为静止质量为 m_{10} 和 m_{20} 的两个粒子。试求静止质量为 m_{10} 的粒子的能量 E_1 和速度 v_1。
$$\left[E_1 = \frac{(M_0^2 + m_{10}^2 - m_{20}^2)c^2}{2M_0}, \right.$$
$$\left. v_1 = \frac{c\sqrt{M_0^4 + m_{10}^4 + m_{20}^4 - 2M_0^2 m_{10}^2 - 2M_0^2 m_{20}^2 - 2m_{10}^2 m_{20}^2}}{M_0^2 + m_{10}^2 - m_{20}^2} \right]$$

4. 一个粒子的动能等于它的静止能量时,它的速率是多少? $\left[v=\frac{\sqrt{3}}{2}c\right]$

5. 一个粒子的动量是按非相对论动量算得的 2 倍,问该粒子的速率是多少? $\left[v=\frac{\sqrt{3}}{2}c\right]$

6. 频率为 ν 的一光子与静止的自由电子作弹性碰撞而散射,如图 1.68 所示。(1)试分析散射角为 θ 的散射光,其频率 ν' 与 ν

比较如何变化?(2)光子的能量为 $h\nu$,以光子和电子为系统,由动量守恒、能量守恒以及相对论动量能量关系求出 ν' 与 ν 的关系。

图 1.68

$$\left[\nu'<\nu;\ \nu'=\frac{\nu}{1+\frac{h\nu}{m_0c^2}(1-\cos\theta)}\right]$$

第2章 静 电 学

2.1 电场强度

一、内容提要

1. 电场强度　　$E = \dfrac{F}{q_0}$

2. 点电荷场强公式　　$E = \dfrac{q}{4\pi\varepsilon_0 r^2}\hat{r}$

3. 场强叠加原理　　$E = \sum\limits_i E_i$

用叠加法求电荷系的电场强度：

$$E = \int_q \dfrac{\mathrm{d}q}{4\pi\varepsilon_0 r^2}\hat{r}$$

4. 电通量　　$\Phi_e = \int_S E \cdot \mathrm{d}S$

5. 高斯定理　　$\oint_S E \cdot \mathrm{d}S = \dfrac{1}{\varepsilon_0}\sum q_{内}$

二、教学要求

1. 掌握电场强度和电通量的概念，建立电场"分布"概念。
2. 掌握用点电荷场强公式及场强叠加原理求场强的方法。
3. 确切理解高斯定理，并掌握用高斯定理求场强的方法。

三、讨论题

1. 下列说法是否正确？试举例说明。

(1) 静电场中的任一闭合曲面 S，若有 $\oint_S \boldsymbol{E} \cdot \mathrm{d}\boldsymbol{S} = 0$，则 S 面上的 $\boldsymbol{E}$ 处处为零。

(2) 若闭合曲面 S 上各点的场强为零时，则 S 面内必未包围电荷。

(3) 通过闭合曲面 S 的总电通量，仅仅由 S 面所包围的电荷提供。

(4) 闭合曲面 S 上各点的场强，仅仅由 S 面所包围的电荷提供。

(5) 应用高斯定理求场强的条件是电场具有对称性。

2. 有一对等量异号电荷 $\pm q$ 如图 2.1 所示。

(1) 定性画出电力线分布。

(2) 求通过 S_1, S_2, S_3, S_4 各面的电通量。

图 2.1　　　　　　　图 2.2

3. 三个相等的点电荷置于等边三角形的三个顶点上，以三角形的中心为球心作一球面 S，如图 2.2 所示，能否用高斯定理求出其场强分布？对 S 面高斯定理是否成立？

4. 在真空中有两个相对的平行板，相距为 d，板面积均为 S，分别带 $+q$ 和 $-q$ 的电量。有人说，根据库仑定律，两板间的作用为 $f = q^2/4\pi\varepsilon_0 d^2$；又有人说，因 $f = qE$，而 $E = \sigma/\varepsilon_0$，$\sigma = q/S$，所以

$f = q^2/\varepsilon_0 S$。以上说法对不对？为什么？

5. 证明静电场的电力线在无电荷处不会中断。

6. 有一个球形的橡皮气球，电荷均匀分布在其表面上，试分析该球在被吹大的过程中，下列各处的场强怎样变化？

（1）始终在气球内部的点。

（2）始终在气球外部的点。

（3）被气球表面掠过的点。

四、计算题

1. 在半径为 R，高为 $2R$ 的圆柱的中心处放置一点电荷 q，求通过此圆柱侧面的电场强度通量。

2. 用细的、不导电的塑料棒弯成半径为 50cm 的圆弧，棒两端点间的空隙为 2cm，棒上均匀分布着 3.12×10^{-9} C 的正电荷，求圆心处场强的大小和方向。（先想想怎样求 E？能否利用已学过的均匀带电细圆环及点电荷的场强公式？）

3. 一层厚度为 0.50cm 的无限大平板，均匀带电，体电荷密度为 1.0×10^{-4} C/m³，求电场分布。（提示：利用电荷分布的对称性。）

4. 已知均匀带电球壳，内、外半径分别是 R_1, R_2，带电量为 Q。分别利用高斯定理与用均匀带电球面的电场叠加，求场强分布，并画出 E-r 图。

5. 长为 l，线电荷密度为 λ 的两根相同的均匀带电细塑料棒，沿同一直线放置，两棒近端相距为 l，如图 2.3 所示，求两棒间的静电相互作用力。

图 2.3

6. 在半径为 R_1、体电荷密度为 ρ 的均匀带电球体内，挖去一个半径为 R_2 的球体空腔，如图 2.4 所示，空腔中心 O_2 与带电球中心 O_1 间的距离为 a，且 $R_1 > a > R_2$。求空腔内任一点的电场强度 E（先想想用什么方法求解此题，若用叠加法，试提出怎样叠加。若用高斯定理来解，试指出如何分析对称性）。

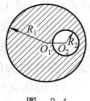

图 2.4

五、课后练习

1. 电量为 q 的点电荷的场强公式为 $E = \dfrac{q}{4\pi\varepsilon_0 r^2}\hat{r}$，问：点电荷 q 所在处 ($r=0$) 的 E 怎样计算？

2. 一面电荷密度为 σ 的"无限大"平面，已知距离该平面为 d 处的 P 点的场强 E 的一半是由该平面中以 P 点的垂足为中心、半径为 R 的圆面上的电荷所产生，求圆半径 R。 $[\sqrt{3}d]$

3. 半径为 R 的带电细圆环，线电荷密度 $\lambda = \lambda_0 \cos\varphi$，其中 λ_0 为常数，φ 为半径 R 与 x 轴夹角，见图 2.5，求圆环中心处的电场强度。 $\left[-\dfrac{\lambda_0}{4\varepsilon_0 R}, -\hat{x}\ 向\right]$

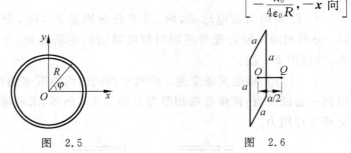

图 2.5　　　　　　图 2.6

4. 一点电荷 Q 处于边长为 a 的正方形平面的中垂线上，Q 与平面中心 O 点相距 $a/2$，见图 2.6，求通过正方形平面的电

通量 Φ_e。
$$\left[\frac{Q}{6\varepsilon_0}\right]$$

5. 真空中有一半径为 R 的均匀带电球面,总电量为 Q,在球面上挖去一小面积 ΔS(包括其上的电荷)。求挖去 ΔS 后,球心处的电场强度(假设挖去 ΔS 并不影响球面上的电荷分布)。
$$\left[-\frac{Q\Delta S}{16\pi^2\varepsilon_0 R^4}\right]$$

6. 在点电荷 q 的电场中,取半径为 R 的圆形平面,q 在垂直于圆平面并通过圆心 O 的轴线上 P 点处,$OP=h$,求通过该圆平面的电通量。
$$\left[\frac{q}{2\varepsilon_0}\left(1-\frac{h}{\sqrt{h^2+R^2}}\right)\right]$$

7. 一半径为 R 的无限长带电圆柱,其体电荷密度为 $\rho=\rho_0 r(r\leqslant R)$,$\rho_0$ 为常数。求场强分布。
$$\left[\frac{\rho_0 r^2}{3\varepsilon_0}(r\leqslant R), \frac{\rho_0 R^3}{3\varepsilon_0 r}(r\geqslant R)\right]$$

8. 两条平行的无限长均匀带电直导线,相距为 d,线电荷密度分别为 $+\lambda$ 和 $-\lambda$,求:
(1)两线构成的平面的中垂面上的场强分布。
(2)两直导线单位长度的相互作用力。
$$\left[\frac{\lambda d}{2\pi\varepsilon_0\left(\frac{d^2}{4}+y^2\right)};\frac{-\lambda^2}{2\pi\varepsilon_0 d},-\hat{x}\,\text{向}\right]$$

9. 写出以下电荷分布的场强公式,画出 E-r 曲线。

场源电荷	场强公式	E-r 曲线
点电荷 q		
均匀带电球面(Q)		
均匀带电球体(ρ)		
无限长均匀带电直线(λ)		
无限长均匀带电圆柱面(σ)		

续表

场源电荷	场强公式	E-r 曲线
无限长均匀带电球体(ρ)		
无限大均匀带电平面(σ)		
⋮		

2.2 电　　势

一、内容提要

1. 静电场是保守场 $\qquad \oint_L \boldsymbol{E} \cdot \mathrm{d}\boldsymbol{l} = 0$

2. 电势差 $\qquad U_1 - U_2 = \int_{P_1}^{P_2} \boldsymbol{E} \cdot \mathrm{d}\boldsymbol{l}$

   电势 $\qquad U_P = \int_P^{P_0} \boldsymbol{E} \cdot \mathrm{d}\boldsymbol{l}$　（P_0 是电势零点）

   电势叠加原理 $\qquad U = \sum_i U_i$

3. 点电荷的电势 $\quad U = \dfrac{q}{4\pi\varepsilon_0 r}$　（无穷远处为电势零点）

   电荷连续分布的带电体的电势

   $$U = \int_q \frac{\mathrm{d}q}{4\pi\varepsilon_0 r}（无穷远处为电势零点）$$

4. 场强 $\boldsymbol{E}$ 与电势 U 的微分关系 $\quad \boldsymbol{E} = -\nabla U$

5. 电荷 q 在外电场中的电势能 $\quad W = qU$

   移动电荷时电场力做的功

   $$A_{12} = q(U_1 - U_2) = W_1 - W_2$$

二、教学要求

1. 理解静电场的保守性。

2. 理解电势差、电势的概念,掌握利用场强线积分和电势叠加法求电势的方法。

3. 理解电势梯度的意义,并能利用它由电势求电场强度。

三、讨论题

1. 下列有关电场强度 E 与电势 U 的关系的说法是否正确?试举例说明。

(1) 已知某点的 E 就可以确定该点的 U。

(2) 已知某点的 U 就可以确定该点的 E。

(3) E 不变的空间,U 也一定不变。

(4) E 值相等的曲面上,U 值不一定相等。

(5) U 值相等的曲面上,E 值不一定相等。

2. 带电量 Q 相同、半径 R 相同的均匀带电球面和非均匀带电球面,其球心处的电势是否相同(以无穷远处为电势零点)? 二者球内空间的 E,U 分布有何区别?

3. 在与面电荷密度为 σ 的无限大均匀带电平板相距为 a 处有一点电荷 q,如图 2.7 所示,求点电荷至平板垂线中点 P 处的电势 U_P。

有人用电势叠加法计算 P 点电势:

$$U_P = \frac{q}{4\pi\varepsilon_0 \cdot \frac{a}{2}} - \frac{\sigma}{2\varepsilon_0} \cdot \frac{a}{2} = \frac{q}{2\pi\varepsilon_0 a} - \frac{\sigma a}{4\varepsilon_0}$$

以上计算是否正确? 试说明理由。

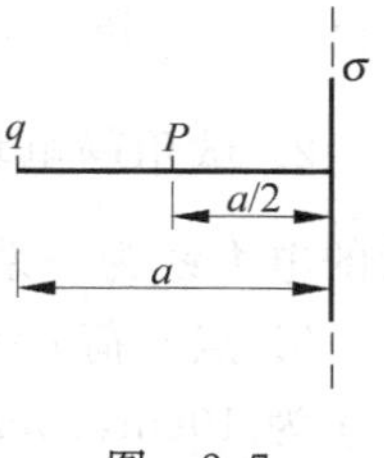

图 2.7

4. 在无限大带电平面和无限长带电直线的电场中,确定场中各点电势时,能否选无穷远处为电势零点? 为什么?

5. 写出以下电荷分布的电场的电势分布,画出 U-r 曲线。

场源电荷	电 势	U-r 曲线
点电荷 q		
均匀带电球面(Q)		
均匀带电球体(ρ)		
无限长均匀带电直线(λ)		
无限大均匀带电圆柱面(σ)		
无限长均匀带电圆柱体(ρ)		
无限大均匀带电平面(σ)		
⋮		

四、计算题

1. 三个点电荷 q_1, q_2, q_3 沿一条直线分布,如图 2.8 所示。已知其中任一点电荷所受合力均为零,且 $q_1 = q_3 = Q$。求在固定 q_1,q_3 的情况下,将 q_2 从 O 点移到无穷远处,外力需做功 $W = ?$

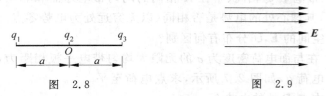

图 2.8   图 2.9

2. 试用静电场的环路定理 $\left(\oint_L \boldsymbol{E} \cdot \mathrm{d}\boldsymbol{l} = 0\right)$ 证明如图 2.9 所示的电力线为一系列不均匀分布的平行直线的静电场不存在。

3. 点电荷 $q = 10^{-9}$ C,与它在同一直线上的 A, B, C 三点分别距 q 为 10 cm, 20 cm, 30 cm, 如图 2.10 所示。若选 B 为电势零点,求 A, C 两点的电势 U_A, U_C。

图 2.10

4. 求无限长均匀带电圆柱体的电势分布,并画 U-r 图。已知圆柱体半径为 R, 体电荷密度为 ρ。

5. 两个无限长均匀带电、半径为 a 的圆柱筒,轴间距为 $2d$,线电荷密度分别为 $\pm\lambda$, 求:

(1) 圆柱筒外任一点的电势。

(2) 两圆柱筒内侧二表面之间的电势差 $\Delta U = U_b - U_c = ?$（图 2.11(a)）（先考虑电势零点能否选在无限远处？电势零点选在哪里最方便？怎样选积分路径较方便？）

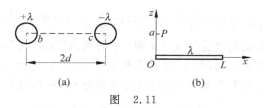

图　2.11

6. 已知长为 L、均匀带电为 Q 的细棒（图 2.11(b)），求 z 轴上一点 $P(0,a)$ 的电势 U_P 及场强 E_P 的 z 轴分量 E_z（要求用 $\boldsymbol{E} = -\nabla U$ 来求场强）。

五、课后练习

1. 点电荷 $-q$ 位于圆心处，A,B,C,D 位于同一圆周上的四点，如图 2.12 所示。分别求将一试验电荷 q_0 从 A 点移到 B,C,D 各点电场力的功。　　　　　　　　　　　　[0]

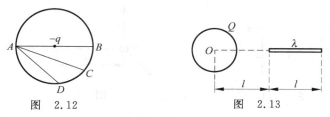

图　2.12　　　　　　　　图　2.13

2. 半径为 R 的均匀带电球面，带电量为 Q，沿半径方向上有一均匀带电细线，线电荷密度为 λ，长度为 l，细线近端离球心的距离为 l，如图 2.13 所示。设球和细线上的电荷分布固定。求细线在电场中的电势能。　　　　　$\left[\dfrac{Q\lambda}{4\pi\varepsilon_0}\ln 2\right]$

3. 真空中一均匀带电细圆环,线电荷密度为 λ,求其圆心处的电势 $U_0=?$ $\left[\dfrac{\lambda}{2\varepsilon_0}\right]$

4. 一半径为 R 的均匀带电球体,带电量为 q,求电势分布。
$$\left[\dfrac{q}{8\pi\varepsilon_0 R}\left(3-\dfrac{r^2}{R^2}\right)\ (r<R),\ \dfrac{q}{4\pi\varepsilon_0 R}\ (r=R),\ \dfrac{q}{4\pi\varepsilon_0 r}\ (r>R)\right]$$

5. 电荷面密度分别为 $+\sigma$ 和 $-\sigma$ 的两块"无限大"均匀带电平行大平面如图 2.14,与 x 轴垂直相交于 $x_1=a$,$x_2=-a$ 两点,设 $x=0$ 点 O 处为电势零点,求空间的电势分布,并画出 U-x 曲线。
$$\left[-\dfrac{\sigma a}{\varepsilon_0}\ (-\infty<x\leqslant -a),\ \dfrac{\sigma x}{\varepsilon_0}\ (-a\leqslant x\leqslant a),\right.$$
$$\left.\dfrac{\sigma a}{\varepsilon_0}\ (a\leqslant x\leqslant +\infty)\right]$$

6. 已知电偶极子 $\boldsymbol{P}=q\boldsymbol{l}$ 的电势分布公式 $U=\dfrac{1}{4\pi\varepsilon_0}\times\dfrac{p\cos\theta}{r^2}$,求场强分布$\left(\text{提示}:E_r=-\dfrac{\partial U}{\partial r},\ E_\theta=-\dfrac{1}{r}\dfrac{\partial U}{\partial \theta},\ E_\varphi=-\dfrac{1}{r\sin\theta}\dfrac{\partial U}{\partial \varphi}\right)$。
$$\left[\dfrac{p}{4\pi\varepsilon_0 r^3}(2\cos\theta\hat{\boldsymbol{r}}+\sin\theta\hat{\boldsymbol{\theta}})\right]$$

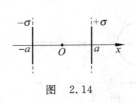

图 2.14

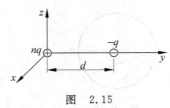

图 2.15

7. 有两个点电荷带电量分别为 nq 和 $-q(n>1)$,相距 d,如图 2.15 所示。试证电势为零的等势面为一球面,并求出球面半径及球心坐标(设无穷远处为电势零点)。 $\left[\dfrac{nd}{n^2-1},\left(0,\dfrac{n^2 d}{n^2-1},0\right)\right]$

2.3 静电场中的导体

一、内容提要

1. 导体的静电平衡条件：
$$E_{内}=0$$
$$E_{表面}\perp 导体表面，导体是个等势体$$

2. 静电平衡的导体上电荷的分布：
$$q_{内}=0，导体内处处净电荷为零$$
$$E_{表面}=\sigma/\varepsilon_0$$

3. 计算有导体存在时的静电场分布的基本依据：
(1) 导体静电平衡条件；
(2) 电荷守恒；
(3) 高斯定理。

4. 静电屏蔽：金属空壳的外表面上及壳外的电荷在壳内的合场强总为零，因而对壳内无影响。

二、教学要求

1. 理解导体静电平衡的条件。
2. 掌握有导体存在时的电场和导体电荷分布的计算。

三、讨论题

1. 将一个带电量为 $+q$、半径为 R_B 的大导体球 B 移近一个半径为 R_A 而不带电的小导体球 A，试判断下列说法是否正确？并说明理由。
(1) B 球电势高于 A 球。
(2) 以无限远为电势零点，A 球的电势 $U_A<0$。
(3) 带电的 B 球在 P 点的场强等于 $q/4\pi\varepsilon_0 r^2$，r 为 P 点距 B

球球心的距离,且 $r \gg R_B$。

(4) 在 B 球表面附近任一点的场强等于 σ_B/ε_0,$\sigma_B = q/4\pi R_B^2$。

2. 怎样能使导体净电荷为零,而其电势不为零?

3. 怎样使导体有过剩的正(或负)电荷,而其电势为零?

4. 怎样使导体有过剩的负电荷,而其电势为正?

5. 带电量为 Q 的导体薄球壳 A,半径为 R,壳内中心处有点电荷 q,已知球壳电势为 U_a,则壳内任一点 P(距球壳中心为 r)的电势 $U_P = \dfrac{q}{4\pi\varepsilon_0 r} + U_a$,此结论是否正确?试分析之。

6. 如图 2.16 所示,导体 1 在导体 2 的空腔内,导体 1 带正电 Q_1,空腔导体 2 带负电 Q_2,在它们的周围没有其他带电体。试判断下列两种情况下,导体 1 和导体 2 的电势的正负。

(1) $|Q_1| > |Q_2|$;(2) $|Q_1| < |Q_2|$。

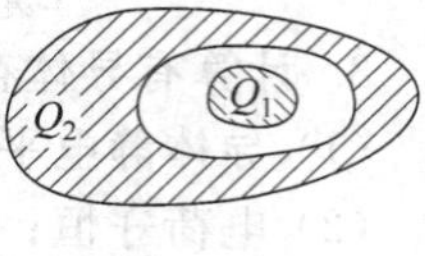

图 2.16

7. 如图 2.17 所示,点电荷 $+Q$ 放在接地空腔导体球 B 外 A 点,试定性分析以下三种情况中 B 球的感生电荷(正、负、大致分布)及球外场强,并比较之。(a) B 内无电荷;(b) 点电荷 $+q$ 在球心 O 处;(c) 点电荷 $-q$ 偏离球心 O。从以上分析可以得到什么规律?

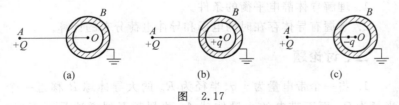

图 2.17

8. 已知无限大均匀带电平板,面电荷密度为 σ。其两侧的场强为 $E = \sigma/2\varepsilon_0$,这个公式对于有限大的均匀带电面的两侧紧邻处的电场强度也成立。又已知静电平衡的导体表面某处面电荷密度为 σ,在表面外紧靠该处的场强等于 σ/ε_0。为什么前者比后者小一半？分析说明。

四、计算题

1. 如图 2.18，在一不带电的金属球旁有一点电荷 $+q$ 与球心 O 相距为 a，金属球半径为 R。

（1）试求金属球上感应电荷在球内任意点 P 处产生的电场强度及电势（P 对 q 的位矢为 r）。

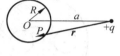

图 2.18

（2）若将金属球接地，球上的净电荷为何？

2. A, B 为靠得很近的两块平行的大金属平板，板的面积为 S，板间距为 d，使 A, B 板带电分别为 q_A, q_B，且 $q_A > q_B$。求：

（1）A 板内侧的带电量。

（2）两板间的电势差。

3. 带电量为 q、半径为 R_1 的导体球，其外同心地放一金属球壳，球壳内、外半径为 R_2, R_3。

（1）求外球壳的电荷及电势分布。

（2）把外球壳接地后再绝缘，求外球壳的电荷及球壳内外电势分布。

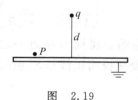

图 2.19

（3）再把内球接地，求内球的电荷及外球壳的电势。

4. 已知点电荷 q 与一无限大接地导体平板相距为 d，求：

（1）导体板外附近一点 P 处的场强 E_P（q 与 P 点相距为 R），如图 2.19 所示。

（2）导体板面上的感应电荷 q'。

五、课后练习

1. 如图 2.20 所示，在金属球内有两个空腔，此金属球体原来不带电。在两空腔内中心各放一点电荷 q_1, q_2，求金属球上的电荷分布。此外在金属球外远处放一点电荷 $q(r \gg R)$，问 q_1, q_2, q 各受力多少？

$$\left[0, 0, \frac{q(q_1+q_2)}{4\pi\varepsilon_0 r^2} \right]$$

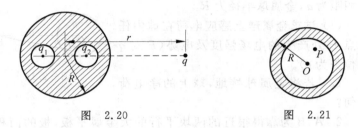

图 2.20 图 2.21

2. 导体在静电平衡之后，表面若有正、负感应电荷分布，那么从导体表面正感应电荷出发到导体表面负感应电荷终止的电力线是否可能存在？试用静电场环路定理证明。

3. 一不带电的金属球壳，其外半径为 R，在球壳的腔内有点电荷 q，如图 2.21 所示。求：

（1）若点电荷 q 在球心 O，金属球壳的电势？

（2）若点电荷 q 不在球心而在腔内任意点 P，金属球壳的电势为何？

$$\left[\frac{q}{4\pi\varepsilon_0 R} ; \frac{q}{4\pi\varepsilon_0 R} \right]$$

4. 如图 2.22 所示，把一块原来不带电的金属板 B 移近一块已带有正电荷 Q 的金属板 A，平行放置。设两板面积都是 S，板间距是 d，忽略边缘效应。求：

（1）B 板不接地时，两板间的电势差？

（2）B 板接地时，两板间的电势差？

$$\left[\frac{Qd}{2\varepsilon_0 S} ; \frac{Qd}{\varepsilon_0 S} \right]$$

5. 一接地的无限大厚导体板的一侧有一半无限长均匀带电直线垂直于导体板放置，带电直线的一端距板为 d。已知带电直

线上线电荷密度为 λ，求板面上垂足 O 点处的感应电荷面密度（见图 2.23）。 $\left[-\dfrac{\lambda}{2\pi d}\right]$

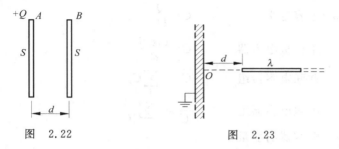

图 2.22　　　　　　　　　图 2.23

6. 在均匀带电为 Q、内半径为 R_2 的球壳内，有一同心的导体球，导体球的半径为 R_1，若将导体球接地，求场强和电势分布？

$$\left[0(r<R_1),\dfrac{-R_1 Q}{4\pi\varepsilon_0 R_2 r^2}\hat{r}(R_1<r<R_2),\dfrac{Q\left(1-\dfrac{R_1}{R_2}\right)}{4\pi\varepsilon_0 r^2}\hat{r}(r>R_2);\right.$$

$$\left.0(r\leqslant R_1),\dfrac{Q\left(1-\dfrac{R_1}{r}\right)}{4\pi\varepsilon_0 R_2}(R_1\leqslant r\leqslant R_2),\dfrac{Q\left(1-\dfrac{R_1}{R_2}\right)}{4\pi\varepsilon_0 r}(r\geqslant R_2)\right]$$

7. 一带电为 Q 的导体薄球壳中心 O 放一点电荷 q，若此球壳电势为 U_0，有人说："根据电势叠加，球外任一 P 点（距球心 O 为 r）的电势 $U_P=\dfrac{q}{4\pi\varepsilon_0 r}+U_0$。"这种说法对吗？

2.4　静电场中的电介质和电容

一、内容提要

1. 电介质的极化
   对各向同性电介质　$\boldsymbol{P}=\varepsilon_0(\varepsilon_r-1)\boldsymbol{E}$
   $$\sigma'=\boldsymbol{P}\cdot\hat{\boldsymbol{n}}$$

2. 电位移矢量 $\quad D = \varepsilon_0 \varepsilon_r E = \varepsilon E$

   D 的高斯定理 $\quad \oint_S D \cdot dS = \sum q_{内,自由}$

3. 电容定义 $\quad C = \dfrac{Q}{U}$

   平行板电容器 $\quad C = \dfrac{\varepsilon_0 \varepsilon_r S}{d}$

   并联电容器组 $\quad C = \sum\limits_i C_i$

   串联电容器组 $\quad \dfrac{1}{C} = \sum\limits_i \dfrac{1}{C_i}$

4. 电容器的能量
   $$W = \dfrac{1}{2}\dfrac{Q^2}{C} = \dfrac{1}{2}CU^2 = \dfrac{1}{2}QU$$

5. 电场的能量

   能量密度 $\quad w = \dfrac{\varepsilon_0 \varepsilon_r E^2}{2} = \dfrac{ED}{2}$

   电荷系总静电能 $\quad W = \int_{全空间} w \, dV$

二、教学要求

1. 理解电位移矢量 D 的定义。
2. 确切理解 D 的高斯定理,并能利用它求解有电介质存在时具有一定对称性的电场问题。
3. 理解电容的定义,掌握计算简单电容器和电容器组的电容的方法。
4. 掌握电容器的电能公式,并能计算电容器的能量。
5. 理解电场能量密度的概念,并能计算电荷系的静电能。

三、讨论题

1. 在电量为 q_0 的正点电荷附近放置一均匀介质细棒,如图 2.24 所示,在过 q_0 与介质棒相连的一条直线上有三个场点 $a,b,$

c,并取过这三点的闭合面 S_1, S_2, S_3。比较这三个面上的 $\oint_S \boldsymbol{D} \cdot d\boldsymbol{S}$ 和 $\oint_S \boldsymbol{E} \cdot d\boldsymbol{S}$ 以及 a, b, c 三场点处的 $\boldsymbol{E}, \boldsymbol{D}$ 在放置介质棒前后的变化。

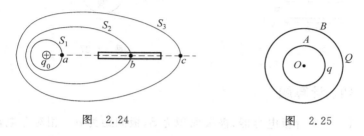

图 2.24　　　　　　　图 2.25

2. 电介质在外电场中极化后,两端出现等量异号电荷,若把它截成两半后分开,再撤去外电场,问这两个半截的电介质上是否带电? 为什么?

3. 同心金属球壳 A 和 B 分别带有电荷 q 和 Q,如图 2.25 所示,已测得 A, B 间电势差为 V,问由 A, B 组成的球形电容器的电容值为何?

4. 一空气平行板电容器接电源后,极板上的面电荷密度分别为 $\pm\sigma$。在保持与电源接通的情况下,将相对介电常数为 ε_r 的各向同性均匀介质充满两极板之间,问介质中的场强 $E = ?$ 电容 C、极板间电压、电容器能量如何变化(忽略边缘效应)?

5. 图 2.26 所示为一空气平行板电容器,上极板固定,下极板悬空。极板面积为 S,板间距为 d,极板质量为 m。问当电容器两极板间加多大电压时,下极板才能保持平衡(忽略边缘效应)?

6. 黄铜球浮在相对介电常数为 $\varepsilon_r = 3.0$ 的油槽中,球的一半浸在油中,球上半在空气中,如图 2.27 所示。已知球上净电荷 $Q = 2.0 \times 10^{-6}$ C,问球的上、下部分各有多少电荷?

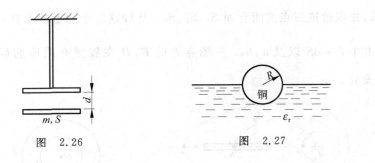

图 2.26   图 2.27

四、计算题

1. 一平行板电容器,极板面积为 S,板间距为 d。相对介电常数分别为 ε_{r_1},ε_{r_2} 的两种电介质各充满板间的一半,如图 2.28 所示。

(1) 此电容器带电后,两介质所对的极板上自由电荷面密度是否相等?

(2) 此时两介质内的 D 是否相同?

(3) 此电容器的电容多大?

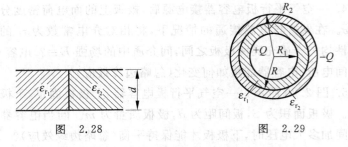

图 2.28   图 2.29

2. 如图 2.29 所示,一球形电容器,由半径为 R_1 的金属球及与它同心的内径为 R_2 的金属壳组成,其间有两层均匀电介质,相

对介电常数分别为 ε_{r_1}, ε_{r_2}，其分界面是半径为 R 的同心球面，当电容器带电 Q 时，求：

(1) 其中的 $\boldsymbol{D}$, $\boldsymbol{E}$, $\boldsymbol{P}$, U 分布，画出 E-r, D-r, U-r 曲线。

(2) 其中电能密度 w_e 的分布。

(3) 内层电介质内表面的极化电荷面密度。

3. 一种单芯同轴电缆的中心为一半径 $R_1 = 0.5\text{cm}$ 的金属导线，它外围包一层 $\varepsilon_r = 5$ 的固体介质，最外面是金属包皮。当在此电缆上加一电压后，介质内紧靠其内表面处的场强 E_1 为紧靠外表面处的场强 E_2 的 2.5 倍。若介质最大安全电势梯度值为 $E^* = 40\text{kV/cm}$，求此电缆能承受的最大电压是多少？

4. 一平行板空气电容器，极板面积为 S，板间距为 d。将其充电至带电 Q 后与电源断开，然后用外力缓缓地把两极板间距离拉开到 $2d$，试：

(1) 求电容器能量的改变。

(2) 求此过程中外力所做的功。

(3) 讨论此过程中的功能转换关系。

5. 在各向同性均匀介质球中均匀分布着体密度为 ρ_0 的自由电荷，介质球半径为 R，相对介电常数为 ε_r，求球心电势及极化电荷分布。

*6. 在均匀电场 E_0 中放入一各向同性均匀介质球，其相对介电常数为 ε_r，如图 2.30 所示。求介质球内电场强度及介质球上极化电荷分布。

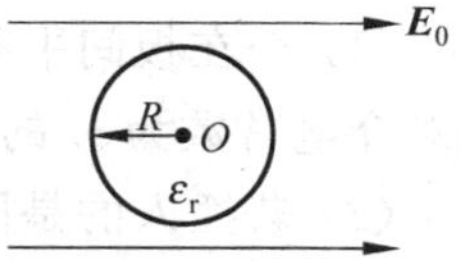

图 2.30

五、课后练习

1. 在相对介电常数为 ε_{r_1}、半径为 R 的均匀电介质球的中心有一点电荷 q，介质球外的空间充满相对介电常数为 ε_{r_2} 的均匀电介质。求距 q 为 r ($r<R$)处的场强及电势(选无穷远处为电势零点)。 $\left[\dfrac{q}{4\pi\varepsilon_0\varepsilon_{r_1}r^2}\ (r<R),\ \dfrac{q}{4\pi\varepsilon_0\varepsilon_{r_1}}\left(\dfrac{1}{r}-\dfrac{1}{R}\right)+\dfrac{q}{4\pi\varepsilon_0\varepsilon_{r_2}R}\ (r<R)\right]$

2. 如图 2.31,在电量为 q 的点电荷附近,有一细长的圆柱形均匀电介质棒,则由 D 的高斯定理可算出 P 点的 $D=q/4\pi r^2$,再由 $D=\varepsilon_0\varepsilon_r E$ 求得 P 点场强大小为 $E=D/\varepsilon_0=q/4\pi\varepsilon_0 r^2$。讨论以上解法是否正确?为什么?

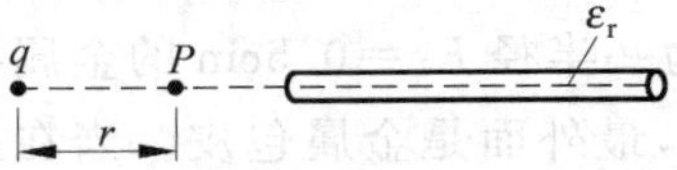

图 2.31

3. 在一导体球外充满相对介电常数为 ε_r 的均匀电介质,现测得紧邻导体球表面的介质内的场强为 E,求导体球表面上的自由电荷面密度? $[\varepsilon_0\varepsilon_r E]$

4. 今有两个电容器,其带电量分别为 Q 和 $2Q$,而其电容值均为 C,求该电容器在并联前后总能量的变化? $\left[\dfrac{Q^2}{4C}\right]$

5. 计算两根无限长的平行导线间单位长度的电容。导线的半径为 a,两导线轴间距为 d,且 $d\gg a$。 $\left[\dfrac{\pi\varepsilon_0}{\ln\dfrac{d}{a}}\right]$

6. 有一面积为 S、间距为 d 的平行板电容器水平放置。

(1) 今在板间平行于板平面插入厚度为 $d/3$、面积也是 S 的相对介电常数为 ε_r 的均匀电介质板,计算其电容。

(2) 若插入的是同样尺寸的导体板,则其电容又如何?

(3) 上、下平移介质板或导体板对电容有无影响?

$\left[\dfrac{3\varepsilon_0\varepsilon_r S}{(2\varepsilon_r+1)d};\ \dfrac{3\varepsilon_0 S}{2d};\ 略\right]$

7. 一平行板电容器水平放置,两极板间的一半空间内充有相对介电常数为 ε_r 的各向同性均匀电介质,另一半空间为空气,如图 2.32 所示。当两极板带上等量异号电荷时,一个质量为 m、电荷为 $+q$ 的点电荷在极板间的空气区域内处于平衡。问:若把电

介质从极板间抽去,该质点将如何运动? [向上]

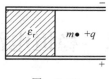

图 2.32

8. 两导体球 A, B,半径分别为 $R_1=0.5\mathrm{m}, R_2=1.0\mathrm{m}$,两球由导线连接;两球外分别有内半径为 $R=1.2\mathrm{m}$ 的同心导体球壳,球壳接地但与导线绝缘;导体之间的介质均为空气,如图 2.33 所示。已知空气的击穿场强为 $3\times10^6\mathrm{V/m}$,今使 A, B 两球带电荷逐渐增加,求:

(1) 此系统何处首先被击穿?该处场强为何?

(2) 击穿时两球所带的总电荷 Q 为何(设导线本身不带电,且对电场无影响)? $\left[B \text{ 表面}, \dfrac{7Q}{32\pi\varepsilon_0}; 3.8\times10^{-4}\mathrm{C}\right]$

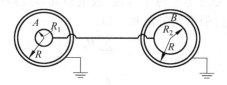

图 2.33

第 3 章 稳恒电流磁场

3.1 磁感应强度 B(毕奥-萨伐尔定律)

一、内容提要

1. 毕奥-萨伐尔定律：电流元的磁场

$$d\boldsymbol{B} = \frac{\mu_0}{4\pi}\frac{I d\boldsymbol{l} \times \hat{\boldsymbol{r}}}{r^2}$$

式中，$I d\boldsymbol{l}$ 表示稳恒电流的一个电流元，r 表示从电流元到场点的距离，$\hat{\boldsymbol{r}}$ 表示从电流元到场点的单位矢量。

2. 磁场叠加原理　在若干个电流（或电流元）产生的磁场中，某点的磁感应强度等于每个电流（或电流元）单独存在时，在该点所产生的磁感应强度的矢量和。即

$$\boldsymbol{B} = \sum \boldsymbol{B}_i$$

或

$$\boldsymbol{B} = \int d\boldsymbol{B}$$

3. 磁通连续定理　$\oint_S \boldsymbol{B} \cdot d\boldsymbol{S} = 0$

4. 几种典型电流磁场 $\boldsymbol{B}$ 的分布

(1) 有限长细直线电流：

$$B = \frac{\mu_0 I}{4\pi a}(\cos\theta_1 - \cos\theta_2)$$

式中，a 为场点与载流直导线之间的垂直距离，θ_1, θ_2 为电流入、出端电流元矢量与它们到场点的矢径间的夹角。

(2) 无限长细直线电流

$$B = \frac{\mu_0 I}{2\pi a}$$

式中,a 为场点与载流直导线之间的垂直距离。

(3) 通电流的细圆环中心

$$B = \frac{\mu_0 I}{2R}$$

式中,R 为圆环半径。

(4) 通电流的均匀密绕直螺线管轴线上

$$B = \frac{\mu_0 nI}{2}(\cos\theta_2 - \cos\theta_1)$$

式中,n 为单位长度匝数,θ_1,θ_2 为直螺线管两端到轴线上场点的矢径与轴线间的夹角。

(5) 通电流的无限长均匀密绕螺线管内

$$B = \mu_0 nI$$

二、教学要求

熟练应用毕奥-萨伐尔定律和磁场叠加原理解决问题,具体要求如下。

1. 利用毕奥-萨伐尔定律直接求磁场分布,即

$$\boldsymbol{B} = \int d\boldsymbol{B} = \int \frac{\mu_0}{4\pi} \frac{I d\boldsymbol{l} \times \hat{\boldsymbol{r}}}{r^2}$$

解题的主要步骤:

(1) 分析 $\boldsymbol{B}$ 的对称性,建立适当的坐标系,写出 $d\boldsymbol{B}$ 的分量式,变矢量积分为标量积分进行计算。

(2) 统一积分变量,给出正确的积分上下限。

2. 用已知典型电流的磁场叠加求出未知磁场分布。

三、讨论题

1. 试标出图 3.1 给出的电流元 Idl 在 a,b,c 三点的磁感应强度的方向(设 a,b,c 三点和 Idl 都在纸平面内)。

2. 试比较库仑电场公式与毕奥-萨伐尔定律表达式的类似与差别之处。

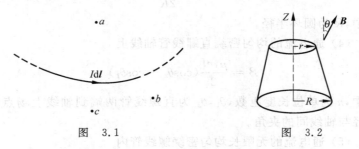

图 3.1　　　　　　图 3.2

3. 均匀磁场 B 方向与 Z 轴的夹角为 θ，一圆台的轴线为 Z 向，如图 3.2 所示，其上、下底面的半径分别为 r 和 R。求通过圆台侧面的磁通量 $\Phi_{侧} = ?$

4. 一根通有 20A 电流的无限长细直导线，放在磁感应强度为 $B_0 = 10^{-3}$ T 的均匀外磁场中，导线与外磁场正交。试确定磁感应强度为零的各点的位置。

5. 如图 3.3 所示的圆弧 $\overset{\frown}{ab}$ 与弦 $\overline{ab}$ 中通以同样的电流 I，试比较它们各自在圆心 O 点处的 B 的大小。

6. 有一半径为 R、通电流 I 的半圆形细导线。

(1) 求圆心处的磁感应强度 B。

(2) 试讨论垂直于环面且通过圆

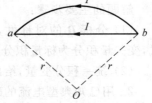

图 3.3

心的轴上任一点处 **B** 的方向。

四、计算题

1. 求图 3.4 所示的载流导线在 O 点的磁感应强度 B(图(c)中 I 为两个平行的无限长直电流)。

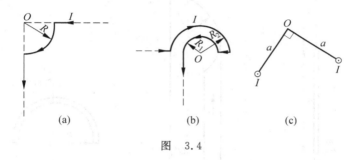

图 3.4

2. 边长为 a 的正方形的四个角上,固定有四个带电量为 q 的点电荷,如图 3.5 所示。当正方形以角速度 ω 绕连接 AC 的轴旋转时,在正方形中心 O 点的磁感应强度为 $\boldsymbol{B}_1$。若以同样的角速度 ω 绕通过 O 点、垂直于正方形平面的轴旋转时,在 O 点的磁感应强度为 $\boldsymbol{B}_2$。$\boldsymbol{B}_1$ 与 $\boldsymbol{B}_2$ 的数值关系应为

(1) $B_1=B_2$；　(2) $B_1=2B_2$；

(3) $B_1=\dfrac{1}{2}B_2$；　(4) $B_1=\dfrac{1}{4}B_2$。

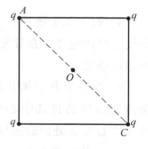

图 3.5

3. 有一均匀带电细直导线段 AB,长为 b,线电荷密度为 λ。此线段绕垂直于纸面的轴 O 以匀角速率 ω 在水平面内转动,转动过程中线段 A 端与轴 O 的距离 a 保持不变,如图 3.6 所示。

(1) 求 O 点的磁感应强度 B_O;

(2) 求转动线段的磁矩 p_m;

(3) 若 $a \gg b$, 再求 B_O 与 p_m。

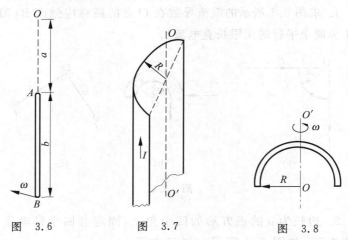

图 3.6　　　　图 3.7　　　　图 3.8

4. 如图 3.7 所示，一个半径为 R 的无限长半圆柱面导体，沿长度方向的电流 I 在柱面上均匀分布。求半圆柱面轴线 OO' 上的磁感应强度。

5. 半径为 R 的圆片均匀带电，面电荷密度为 σ。令该圆片以角速度 ω 绕通过其中心且垂直于圆平面的轴旋转。求轴线上距圆片中心为 x 处的磁感应强度和旋转圆片的磁矩。

6. 一均匀带电的半圆弧线，带电量为 $+Q$，以匀角速度 ω 绕过圆心的轴 OO' 转动，圆弧半径为 R，如图 3.8 所示。求圆弧中心 O 点的磁感应强度。

五、课后练习

1. 四条相互平行的载流长直导线，电流强度均为 I，且垂直于

纸面,如图 3.9 放置。正方形的边长为 $2a$ 则正方形中心 O 的磁感应强度应为

(1) $B = \dfrac{2\mu_0}{\pi a} I$；   (2) $B = \dfrac{2\mu_0}{\sqrt{2}\pi a} I$；

(3) $B = 0$；   (4) $B = \dfrac{\mu_0}{\pi a} I$ [(3)]

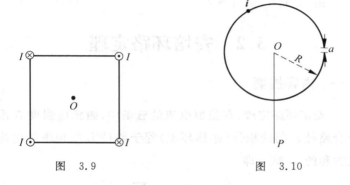

图 3.9   图 3.10

2. 一半径为 R 的无限长薄壁圆管,平行于管的轴向有一宽为 $a(a \ll R)$ 的无限长细缝,如图 3.10 所示。管壁上均匀地通有稳恒电流,设管壁圆周上单位长度电流为 i,其方向垂直纸面向外。求圆柱中心 O 点及柱外 P 点($\overline{OP} = 2R$)的磁感应强度。

$$\left[B_O = \dfrac{\mu_0 a i}{2\pi R},\ B_P \approx \dfrac{\mu_0 i}{2} \right]$$

3. 半径为 R 的均匀带电细圆环,电荷线密度为 λ,现以每秒 n 圈绕通过环心且与环面垂直的轴作等角速转动。试求：

(1) 在环中心的磁感应强度；

(2) 在轴上任一点的磁感应强度。 $\left[\mu_0 \pi n \lambda;\ \dfrac{\mu_0 \pi n \lambda R^3}{(R^2 + x^2)^{3/2}} \right]$

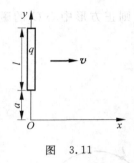

图 3.11

4. 一长为 $l=0.1$m、带电量 $q=1\times10^{-10}$C 的均匀带电细棒,以速率为 $v=1$m/s 沿 x 轴正方向运动。当细棒运动到与 y 重合的位置时,细棒的下端与坐标原点 O 的距离为 $a=0.1$m,如图 3.11 所示。求此时坐标原点 O 处的磁感应强度的大小。 [5.00×10^{-16}T]

3.2 安培环路定理

一、内容提要

1. 安培环路定理:在稳恒电流的磁场中,磁感应强度 B 沿任何闭合路径 L 的线积分(亦称环流)等于路径 L 所包围的电流强度代数和的 μ_0 倍。即

$$\oint_L \boldsymbol{B} \cdot d\boldsymbol{l} = \mu_0 \sum I$$

当式中电流 I 的方向与回路 L 的绕行方向符合右手螺旋关系时,I 为正,否则为负。

2. 用安培环路定理可以计算某些具有一定对称分布的电流的磁场。

二、教学要求

1. 正确理解安培环路定理的物理意义。

2. 熟练掌握应用安培环路定理求具有一定对称分布的磁场的方法,具体步骤:

(1) 根据电流分布的对称性,分析磁场分布的对称性。

(2) 选取合适的闭合路径 L，使 L 上的 B 大小相等，方向平行于线元 dl，或垂直于线元 dl，以便使积分 $\oint_L \boldsymbol{B} \cdot d\boldsymbol{l}$ 中的 B 能以标量形式从积分号内提出。

(3) 应用安培环路定理确定磁感应强度的数值和方向。

三、讨论题

1. 对如图 3.12 所示的三个闭合回路 a, b, c，分别写出沿它们的 B 的环流值，并讨论以下两个问题(设直电流 $I_1 = I_2 = 8A$)。

(1) 在每个闭合回路上各点的 B 是否相等？

(2) 在回路 c 上各点的 B 是否均为零？为什么其环流为零？

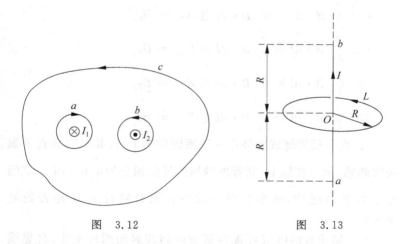

图 3.12　　　　　　图 3.13

2. 如图 3.13 所示，ab 为闭合电流 I 的一直线段，长为 $2R$。求此段电流的磁场沿所示圆周 L 的环流，并对安培环路定理的适用条件进行讨论。(该圆周平面垂直于 I，半径为 R 且圆心 O 在 ab 的中点。)

3. 如图 3.14 所示，L_1，L_2 回路的圆周半径相同，无限长直电流 I_1，I_2 在 L_1，L_2 内的位置一样，但在图(b)中 L_2 外又有一无限长直电流 I_3。P_1 与 P_2 为两圆上的对应点。在以下结论中选择出正确的答案。

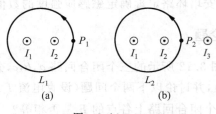

图 3.14

(1) $\oint_{L_1} \boldsymbol{B} \cdot \mathrm{d}\boldsymbol{l} = \oint_{L_2} \boldsymbol{B} \cdot \mathrm{d}\boldsymbol{l}$ 且 $B_{P_1} = B_{P_2}$

(2) $\oint_{L_1} \boldsymbol{B} \cdot \mathrm{d}\boldsymbol{l} \neq \oint_{L_2} \boldsymbol{B} \cdot \mathrm{d}\boldsymbol{l}$ 且 $B_{P_1} = B_{P_2}$

(3) $\oint_{L_1} \boldsymbol{B} \cdot \mathrm{d}\boldsymbol{l} = \oint_{L_2} \boldsymbol{B} \cdot \mathrm{d}\boldsymbol{l}$ 且 $B_{P_1} \neq B_{P_2}$

(4) $\oint_{L_1} \boldsymbol{B} \cdot \mathrm{d}\boldsymbol{l} \neq \oint_{L_2} \boldsymbol{B} \cdot \mathrm{d}\boldsymbol{l}$ 且 $B_{P_1} \neq B_{P_2}$

4. 在一载流螺线管外作一平面圆回路 L，且其平面垂直于螺线管的轴，圆心在轴上，则管外磁场的环路积分为 $\oint_L \boldsymbol{B} \cdot \mathrm{d}\boldsymbol{l}$。试问在下列各情况中，该积分等于多少？积分路径上 $\boldsymbol{B}$ 是否处处为零？

(1) 螺线管的电流可视为紧密排列的封闭圆环电流，且螺线管为无限长。

(2) 无限长的螺线管，但螺线管的电流 I 如实地视为沿管上绕制的导线上通有的电流，即 I 为螺旋状的。

四、计算题

1. 如图 3.15(a)所示,有一无限长同轴电缆,由一圆柱导体和一与其同轴的导体圆筒构成。使用时电流 I 从一导体流出,从另一导体流回,电流都是均匀分布在横截面上。设圆柱体半径为 r_1,圆筒的内、外半径分别为 r_2 和 r_3,求:

(1) 磁场的分布。

(2) 通过两柱面间长度为 L 的径向纵截面(图(b))的磁通量。

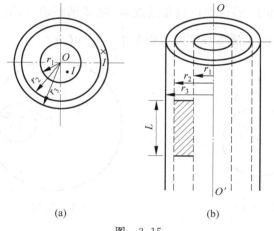

图 3.15

2. 长直导线 aa' 与一半径为 R 的导体圆环相切于 a 点,另一长直导线 bb' 沿半径方向与圆环接于 b 点,如图 3.16 所示。现在稳恒电流 I 从 a 端流入而从 b 端流出。

(1) 求圆环中心 O 点的 $\boldsymbol{B}_O$。

(2) 磁感应强度沿图中所示的闭合路径 L 的环路积分 $\oint_L \boldsymbol{B} \cdot d\boldsymbol{l} = ?$

3. 如图 3.17 所示,电荷 $q(>0)$ 均匀分布在一半径为 R 的薄

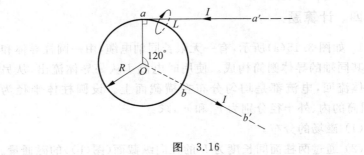

图 3.16

球壳外表面上,若球壳以恒角速度 ω_0 绕 Z 轴转动,求沿着 Z 轴从 $-\infty$ 到 $+\infty$ 磁感应强度的线积分 $\int_{-\infty}^{+\infty} \mathbf{B} \cdot \mathrm{d}\boldsymbol{l} = ?$

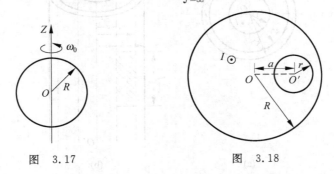

图 3.17　　　　　　　图 3.18

4. 在半径 $R=5\mathrm{m}$ 的无限长金属圆柱内部挖去一半径 $r=1.5\mathrm{m}$ 的无限长圆柱体,两柱体轴线平行,轴间距离 $a=2.5\mathrm{m}$,如图 3.18 所示。若在此挖空后的导体上通以 $I=5\mathrm{A}$ 的轴向电流,电流在横截面上均匀分布,求此导体空心部分轴线上任一点的磁感应强度 $\boldsymbol{B}$。

5. 有一厚 $2h$ 的无限大导体平板,其内有均匀电流平行于表面流动,电流密度为 $\boldsymbol{i}$,求空间的磁感应强度的分布。

6. 试证明在没有电流的空间区域里,如果磁感应强度 $\boldsymbol{B}$ 线是一些同方向的平行直线,则磁场一定均匀。

五、课后练习

1. 如图 3.19 所示,在磁场中某一区域有一组平行的 **B** 线,上半部为 B_1,下半部为 B_2。$|B_1|=|B_2|$,且 B_1 与 B_2 方向相反,而该区域内又无电流存在。试问:能存在这样的磁场吗?如何证明你的结论。

2. 若通电流为 I 的导线弯曲成如图 3.20 所示的形状(直线部分伸向无限远),试求 O 点的磁感应强度 **B**。

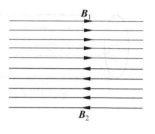

图　3.19

$$\left[\frac{\mu_0 I}{4\pi R}\left(1+\frac{3}{2}\pi\right),\ \frac{\mu_0 I}{4\pi R}(\pi+2)\right]$$

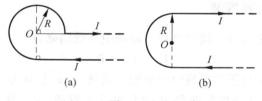

图　3.20

3. 一根半径为 R 的无限长直铜导线,均匀通有电流 I,如图 3.21 所示,OO' 为导线的轴。试计算:

(1) 磁感应强度 **B** 的分布。

(2) 通过单位长导线内纵截面 S 的磁通量 Φ_S。

$$\left[B_{内}=\frac{\mu_0 Ir}{2\pi R^2},\ B_{外}=\frac{\mu_0 I}{2\pi r};\ \Phi_S=\frac{\mu_0 I}{4\pi}\right]$$

4. 空间有两个无限大导体平面,有同样的面电流密度 i 均匀流过,如图 3.22 所示。求空间的磁感应强度 **B** 的分布。

$$[\text{I 区}\quad B_1=\mu_0 i;\ \text{II 区}\quad B_2=0;\ \text{III 区}\quad B_3=\mu_0 i]$$

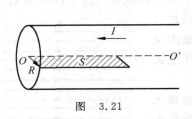
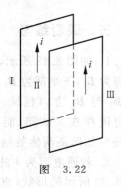

图 3.21　　　　　　　　　图 3.22

3.3 磁　力

一、内容提要

1. 洛伦兹力　运动电荷在磁场中所受的磁力
$$F = qv \times B$$

2. 带电粒子在磁场中的运动　质量为 m、带电为 q 的粒子以速度 v 沿垂直于均匀磁场 B 的方向进入磁场,粒子作圆周运动,其半径为

$$R = \frac{mv}{qB}$$

周期为

$$T = \frac{2\pi m}{qB}$$

如果带电粒子的速度方向与磁场 B 不垂直,则为沿磁场方向的螺旋运动。粒子运动的半径为

$$R = \frac{mv_\perp}{qB}$$

螺旋线的螺距为

$$h = \frac{2\pi m}{qB} v_{//}$$

3. 安培力 电流元 Idl 在磁场中所受的力
$$d\boldsymbol{F} = Id\boldsymbol{l} \times \boldsymbol{B}$$
一段有限长载流导线 L 受的磁力为
$$\boldsymbol{F} = \int_L Id\boldsymbol{l} \times \boldsymbol{B}$$

4. 载流线圈的磁矩
$$\boldsymbol{P}_\mathrm{m} = I\boldsymbol{S}$$
载流线圈受的磁力矩为
$$\boldsymbol{M} = \boldsymbol{P}_\mathrm{m} \times \boldsymbol{B}$$

5. 霍耳效应 在磁场中载流导体上出现横向电势差的现象。霍耳电压为
$$V = \frac{IB}{nqb}$$

二、教学要求

1. 理解洛伦兹力公式,并能熟练应用它计算运动电荷在磁场中受的力。

2. 掌握电流元受磁场力的安培力公式,并能计算载流导线受磁场的作用力。

3. 理解载流线圈的磁矩的定义,并能计算它在磁场中所受的磁力矩。

4. 理解霍耳效应并能计算有关的某些物理量。

三、讨论题

1. 一电量为 q 的粒子在均匀磁场中运动,下列哪些说法是正确的?

(1) 只要速度大小相同,所受的洛伦兹力就一定相同。

(2) 速度相同、电量分别为 $+q$ 和 $-q$ 的两个粒子，它们受磁场力的方向相反，大小相等。

(3) 质量为 m、电量为 q 的带电粒子，受洛伦兹力作用，其动能和动量都不变。

(4) 洛伦兹力总与速度方向垂直，所以带电粒子运动的轨迹必定是圆。

2. 指出在图 3.23 所示的均匀磁场中运动的电荷 q_1，q_2 和 q_3 分别受磁场力的大小及方向，并大致画出仅在该力作用下各运动电荷的运动轨迹。

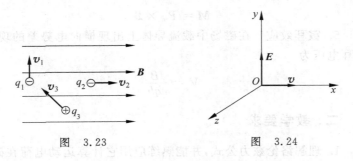

图 3.23　　　　　　图 3.24

3. 一电子束以速度 v 沿 x 轴方向射出，如图 3.24 所示。在 y 轴方向有电场强度为 E 的电场。为了使电子束不发生偏转，假设只能提供磁感应强度大小为 $B=\dfrac{2E}{v}$ 的均匀磁场，试问该磁场应加在什么方向？

4. 定性分析下列各载流线圈所受的磁力及其从静止开始的运动。

(1) I_1，I_2 共面，I_1 为无限长电流，I_2 为圆电流，如图 3.25 所示。

(2) 两竖直平行长直电流与矩形电流线圈共面，矩形长边与长直电流平行并通以同样电流 I，如图 3.26 所示。

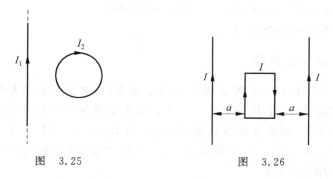

图 3.25　　　　　　　　图 3.26

（3）I_1 是长直电流，且与通有电流 I_2 的线圈平面平行并与 ad，bc 边等距，如图 3.27 所示。

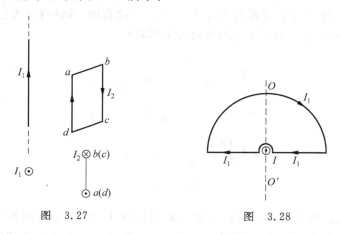

图 3.27　　　　　　　　图 3.28

5. 一个通有电流 I_1 的半圆平面线圈，平面位于纸面上。在其圆心处放一根垂直于半圆平面的无限长直导线（与半圆绝缘），其中通有电流 I，如图 3.28 所示。则半圆线圈受长直导线的安培力的合力 F，合力矩 M 应为

（1）$F=0,M=0$；　　（2）$F\neq 0,M\neq 0$；

(3) $F \neq 0, M = 0$;　(4) $F = 0, M \neq 0$

哪一个答案正确？

四、计算题

1. 如图 3.29 所示，在一电视显像管内，电子沿水平方向从南向北运动，动能 $E_k = 1.2 \times 10^4 \text{eV}$。该处地磁场在竖直方向的分量是向下的，即垂直纸面向里，其大小为 $B_\perp = 5.5 \times 10^{-5} \text{T}$。已知 $e = 1.6 \times 10^{-19} \text{C}$，电子质量 $m = 9.1 \times 10^{-31} \text{kg}$，在地磁场这一分量的作用下，试问：

(1) 电子将向哪个方向偏转？

(2) 电子的加速度有多大？

(3) 电子在显像管内走了 $L = 20 \text{cm}$ 路程时，偏转有多大？

(4) 地磁场对于电视画面有无影响？

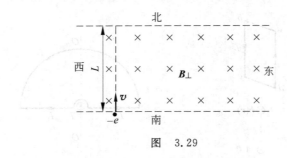

图　3.29

2. 设 $I_1 dl_1$ 与 $I_2 dl_2$ 分别为载流导线 I_1 和 I_2 上的两个电流元，且都在纸面内，相距为 r，如图 3.30 所示。它们之间的相互作用力是否符合牛顿第三定律？

3. 如图 3.31 所示，有一无限长直线电流 I_0，沿一半径为 R 的圆电流 I 的直径穿过。试求：

(1) 半圆弧 ADB 受直线电流的作用力的大小与方向。

(2) 整个圆形电流受直线电流的作用力的大小和方向。

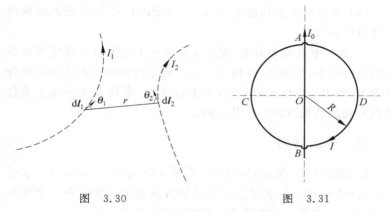

图 3.30 图 3.31

4. 如图 3.32 所示,一半圆形闭合线圈,半径 $R=0.1\text{m}$,通有电流 $I=10\text{A}$,放置在均匀磁场中,磁场方向与线圈直径平行,且 $B=5.0\times10^{-1}\text{T}$。试求线圈所受的磁力矩。

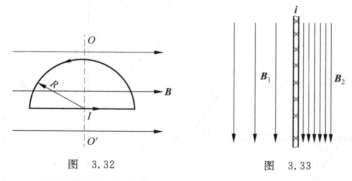

图 3.32 图 3.33

5. 在霍耳效应实验中,宽 1cm、长 4cm、厚 1×10^{-3}cm 的导体,沿长度方向通有 3A 的电流,当磁感应强度为 1.5T 的磁场垂直地通过该薄导体时,将产生 1.0×10^{-5}V 的横向霍耳电压(在宽度两端)。试由这些数据求:

(1) 载流子的漂移速率。

(2) 每 1cm^3 的载流子的数目。

（3）假设载流子是电子,试就一给定的电流和磁场方向画出霍耳电压的极性。

6. 将一电流均匀分布、面电流密度为 i 的无限大载流平面放入均匀磁场中,如图 3.33 所示。放入后平面两侧的磁感应强度分别为 B_1 和 B_2,都与板面平行,并垂直于 i。求该载流平面上单位面积所受的磁场力的大小及方向。

五、课后练习

1. 如图 3.34 所示,某瞬间一质子 a 以 $v_a = 10^7$ m/s,另一质子 b 以 $v_b = 2 \times 10^3$ m/s 各沿如图所示的方向运动。此时刻二者相距 $r = 10^{-4}$ cm,求质子 b 受质子 a 的磁力的大小和方向。

[3.61×10^{-23} N]

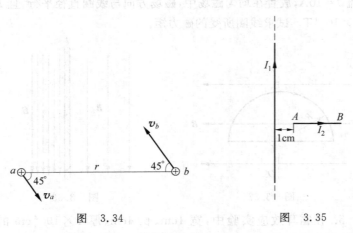

图 3.34　　　　　图 3.35

2. 有一电子射入磁感应强度为 B 的均匀磁场中,其速度 v_0 与 B 成 α 角。试证明它沿螺旋线运动一周后,在磁场方向前进的距离 $l = \dfrac{2\pi m_e v_0 \cos\alpha}{eB}$。

3. 有一长直导线通有电流 $I_1 = 20$A，其旁边有另一个载流直导线段 AB，长为 9cm，通有 $I_2 = 20$A，线段 AB 垂直于长直导线，A 端到长直导线的距离为 1cm。I_1，I_2 共面，如图 3.35 所示。试求导线 AB 所受的力。 [1.84×10^{-4}N]

4. 彼此相距 10cm 的三根平行的长直导线中各通有 $I = 10$A 的同向电流，如图 3.36 所示。试求各导线每 1cm 长度上所受的作用力的大小和方向。 [3.46×10^{-6}N]

5. 有一圆线圈直径 $D = 8$cm，共 12 匝，通电流 $I = 5$A，将此线圈置于磁感应强度 $B = 0.6$T 的均匀磁场中（设线圈横断面 $\ll D$），试求：

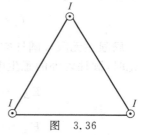

图 3.36

(1) 作用在线圈上的最大磁力矩 M_{max}。

(2) 线圈平面在什么位置时磁力矩是 M_{max} 的一半？

[$M_{max} = 0.181$N·m；$30°, 150°$]

3.4 电磁感应

一、内容提要

1. **法拉第电磁感应定律** 感应电动势 $\mathscr{E}$ 的大小和通过导体回路的磁通量 Φ 的变化率成正比，感应电动势的方向有赖于磁场的方向和它的变化情况。数学表达式为

$$\mathscr{E} = -\frac{d\Phi}{dt}$$

2. **动生电动势** 导体在恒定磁场中运动时产生的感应电动势

$$\mathscr{E}_{ab} = \int_a^b (\boldsymbol{v} \times \boldsymbol{B}) \cdot d\boldsymbol{l}$$

$\mathscr{E}_{ab} > 0$ 则 $U_a < U_b$

$$\mathscr{E}_{ab} < 0 \quad 则 \quad U_a > U_b$$

或

$$\mathscr{E} = \oint_L (\boldsymbol{v} \times \boldsymbol{B}) \cdot \mathrm{d}\boldsymbol{l}$$

3. 感生电场与感生电动势　由于磁场变化而引起的电场称为感生电场($\boldsymbol{E}_感$)。它产生的电动势为感生电动势：

$$\mathscr{E} = \oint_L \boldsymbol{E}_感 \cdot \mathrm{d}\boldsymbol{l} = -\frac{\mathrm{d}\Phi}{\mathrm{d}t}$$

局限在无限长圆柱空间内，沿轴线方向的均匀磁场 $\boldsymbol{B}$ 随时间变化时，圆柱内外的感生电场分别为

$$E_感 = -\frac{r}{2}\frac{\mathrm{d}B}{\mathrm{d}t} \quad (r \leqslant R)$$

$$E_感 = -\frac{R^2}{2r}\frac{\mathrm{d}B}{\mathrm{d}t} \quad (r \geqslant R)$$

式中 R 为圆柱半径。

二、教学要求

1. 掌握与理解法拉第电磁感应定律公式的意义，特别是公式中负号的物理意义，会用它正确判定感应电动势的方向。

2. 熟练应用法拉第电磁感应定律计算回路的感应电动势。计算方法有以下两种：

(1) 用 $|\mathscr{E}| = \left|\dfrac{\mathrm{d}\Phi}{\mathrm{d}t}\right|$ 计算出感应电动势的大小，再用楞次定律判定方向；

(2) 规定回路的正方向，用 $\mathscr{E} = -\dfrac{\mathrm{d}\Phi}{\mathrm{d}t}$ 可以计算出感应电动势的大小与方向。

3. 掌握动生电动势的计算方法
(1) 根据定义用积分法求解，即

$$\mathscr{E}_{ab} = \int_a^b (\boldsymbol{v} \times \boldsymbol{B}) \cdot \mathrm{d}\boldsymbol{l}$$

(2) 用法拉第电磁感应定律求解。

4. 明确感生电动势的计算方法

(1) 根据定义用 $\boldsymbol{E}_{感}$ 做线积分求解,即

$$\mathscr{E} = \int_L \boldsymbol{E}_{感} \cdot \mathrm{d}\boldsymbol{l}$$

(2) 用法拉第电磁感应定律求解。

三、讨论题

1. 判断图 3.37 所示的各种情况中 AC 导线段内或运动的导线框(线圈)内的感应电动势的方向。

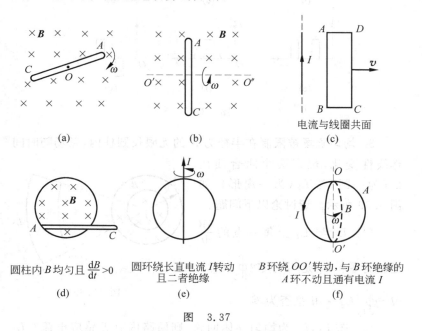

图 3.37

2. 如图 3.38(a)所示,导线框 A 以恒定速度 v 进入均匀磁场再出来,试问在(b)~(g)6个图中哪个正确表示出了线框 A 中电

流与时间的函数关系。(规定导线框 A 中正方向为顺时针方向)

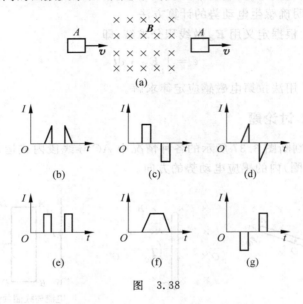

图 3.38

3. 均匀磁场被限制在半径为 R 的无限长圆柱内,磁场随时间作线性变化,现有两个闭合曲线 L_1(为一圆)与 L_2(为一扇形),如图 3.39 所示。请讨论以下问题:

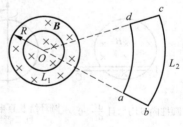

(1) L_1 与 L_2 上每一点的 $\dfrac{\mathrm{d}\boldsymbol{B}}{\mathrm{d}t}$ 是否为零? $\boldsymbol{E}_{\text{感}}$ 是否为零? $\oint_{L_1} \boldsymbol{E}_{\text{感}} \cdot \mathrm{d}\boldsymbol{l}$ 与 $\oint_{L_2} \boldsymbol{E}_{\text{感}} \cdot \mathrm{d}\boldsymbol{l}$ 是否为零?

图 3.39

(2) 若 L_1,L_2 为均匀导体回路,则回路内有无感应电流? L_1 上各点电势是否相等? L_2 上 a,b,c,d 处的电势是否相等?

4. 在一柱形空间内有空间均匀分布的轴向时变磁场 $\boldsymbol{B}(t)$,圆

柱外同轴地放置一圆形导线,如图 3.40 所示。设导线粗细、材料均匀,求:

(1) 导线上任意两点之间的电势差;

(2) 导线上任意一点的库仑场强;

(3) 若在任意两点间接入电流计,有电流通过吗?

图 3.40　　　　　　图 3.41

5. 如图 3.41 所示,无限长载流直导线通有电流 I,导线框 $abcd$ 和直导线位于同一平面内。当导线框以速度 v 平行于电流 I 向右匀速运动时(二者始终共面),指出以下几个结论中哪个是正确的?

(1) $abcd$ 四条边都不产生动生电动势,所以线框内感应电流为零。

(2) ab 与 cd 两条边内产生相等的动生电动势,而使 $U_A = U_B$,所以线框内感应电流为零。

(3) ab 与 cd 两条边内产生相等的动生电动势,而使 $U_A > U_B$,但框内感应电流为零。

(4) ab 与 cd 两条边内产生相等的动生电动势,而使 $U_A < U_B$,但框内感应电流为零。

(5) ad 与 bc 两条边内产生相等的动生电动势,但相互抵消,所以框内感应电流为零。

(6) 四条边都有动生电动势,因相互抵消而使框内感应电流为零。

6. 在局限于半径为 R 的圆柱形空间内,有一垂直纸面向里的轴向均匀磁场,如图 3.42 所示。其磁感应强度为 B,正以 $\dfrac{\mathrm{d}B}{\mathrm{d}t} =$

$C>0$ 的变化率增加,现将一电子($-e$)置于不同点,试写出其加速度大小及方向。

置于 O 点　$|a_O|=$ _____,方向 _____；

置于 D 点　$|a_D|=$ _____,方向 _____；

置于 C 点　$|a_C|=$ _____,方向 _____。

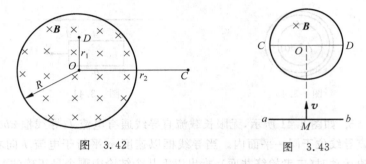

图 3.42　　　　　　　图 3.43

7. 圆柱形空间均匀的时变轴向磁场方向如图 3.43 所示,$\dfrac{dB}{dt}$ 一定且增大,直导线 $\overline{ab}$ 以速度 v 在纸平面内垂直于直径 CD 匀速运动。设 $ab=2R$,试分析导线 ab 从外部进入圆柱形空间过程中,其上的 $\mathscr{E}_{i感}$,$\mathscr{E}_{i动}$ 的变化情况,并说明 $\mathscr{E}_{i感}$,$\mathscr{E}_{i动}$ 与 $\mathscr{E}_i=-\dfrac{d\Phi}{dt}$ 的联系。

四、计算题

1. 如图 3.44 所示,两个半径分别为 R 和 r 的同轴圆形线圈相距 x,且 $R\gg r,x\gg R$。若大线圈通有电流 I,而小线圈沿 x 轴正向以速率 v 运动,两线圈平面平行。试求小线圈回路中所产生的感应电动势随 x 变化的关系。

2. 一通有电流 I 的长直水平导线近旁有一斜向的金属棒 AC 与之共面,并以平行于电流 I 的速度 v 平动,如图 3.45 所示。已知棒端 A,C 与导线的距离分别为 a,b,试求 AC 棒中的动生电动势。

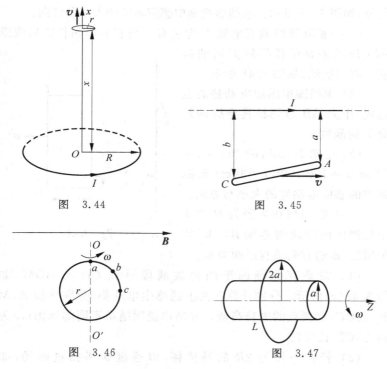

图 3.44　　　　　图 3.45

图 3.46　　　　　图 3.47

3. 一圆形均匀刚性线圈,其总电阻为 R,半径为 r,在均匀磁场 B 中以匀角速度 ω 绕其轴 OO' 转动,如图 3.46 所示,转轴垂直于 B。设自感可以忽略,当线圈平面转至与 B 共面时,试求:

(1) $\mathscr{E}_{\widehat{ab}}$ 与 $\mathscr{E}_{\widehat{ac}}$ 各等于多少?(b 点是 $\widehat{ac}$ 的中点,$\widehat{ac}$ 等于 1/4 圆周长)

(2) a,c 两点哪点电势高? a,b 两点哪点电势高?

4. 电荷 Q 均匀分布在半径为 a,长为 $L(L \gg a)$ 的薄壁长圆筒表面上,圆筒以角速度 $\omega = \omega_0 \left(1 - \dfrac{t}{t_0}\right)$ 的规律绕中心轴 Z 旋转,ω_0 和 t_0 是已知常数。一半径为 $2a$,电阻为 R 的单匝圆形线圈同轴地置于圆筒外,如图 3.47 所示。求圆形线圈中感应电流的大小和流向。

5. 一长直导线通有电流 I,旁边有一与它共面的长方形线圈 $ABCD$ 以垂直于长导线方向的速度 v 向右运动,如图 3.48 所示。

(1) 求线圈中感应电动势的表达式(作为 AB 边到长直导线的距离 x 的函数);

(2) 已知 $I=5\mathrm{A}, v=3\mathrm{m/s}, l=20\mathrm{cm}, a=10\mathrm{cm}$,求 $x=10\mathrm{cm}$ 时线圈中的感应电动势的大小与方向。

6. 一被限制在半径为 R 的无限长圆柱内的均匀磁场 $\boldsymbol{B}$,$|\boldsymbol{B}|$ 均匀增加,$\boldsymbol{B}$ 的方向垂直纸面向里。

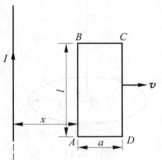

图 3.48

(1) 在垂直磁场的平面内放两段导线 CD 与 AOM,如图 3.49(a)所示。分别计算在其上的感生电动势,分别比较 A, M 两点及 C, D 两点的电势高低。并简单说明结果不同的原因(O 为圆心,CD 长为 l)。

(2) 若有一长为 $2R$ 的导体棒,以速度 v 横扫过磁场,如图 3.49(b)所示,试求导体棒在图示的 EF 位置时的感应电动势。

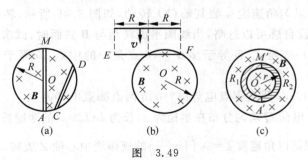

图 3.49

（3）若在垂直磁场的平面内放入由两种不同材料的半圆环组成的半径为 r 的金属圆环,圆心在 O 点,两部分电阻分别为 R_1 和 R_2,如图 3.49(c)所示。试比较 A' 与 M' 两点的电势高低。

五、课后练习

1. 均匀磁场中,一半径为 R 的半圆形导线 $\overset{\frown}{ab}$ 绕端点 a 在垂直于磁场 $\boldsymbol{B}$ 方向的平面内匀角速 ω 转动,如图 3.50 所示。如何计算 $\overset{\frown}{ab}$ 的动生电动势？ $[2\omega BR^2]$

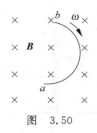

图 3.50

2. 如图 3.51 所示,在磁感应强度为 $\boldsymbol{B}$ 的均匀磁场中,有一长为 L 的导体棒以匀角速度 ω 绕 OO' 轴旋转。OO' 轴与磁场方向平行,导线与磁场方向夹角为 θ,求导线中的动生电动势。 $\left[\mathscr{E}=\dfrac{1}{2}\omega BL^2\sin^2\theta\right]$

3. 一等边三角形的金属框 abc,边长为 l,放在均匀磁场 $\boldsymbol{B}$ 中且 ab 边平行于 $\boldsymbol{B}$,如图 3.52 所示。当金属框绕 ab 边以角速度 ω 转动时,分别求出 ab 边、bc 边、ca 边的动生电动势,以及整个三角形回路的总电动势(设回路中沿 $abca$ 方向的电动势为正)。

$$\left[0, \dfrac{3}{8}\omega Bl^2, -\dfrac{3}{8}\omega Bl^2, 0\right]$$

4. 试计算本节讨论题 1 图 3.37(d) 中 AC 的感生电动势。设圆柱半径 $R=10\text{cm}$,$\dfrac{dB}{dt}=3\times 10^{-3}\text{Wb/m}^2$,$AC$ 长 $l=20\text{cm}$,其一半位于磁场内部,另一半在

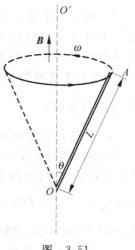

图 3.51

磁场外部。 $[\mathscr{E}_{AC}=2.08\times10^{-5}\,\text{V}]$

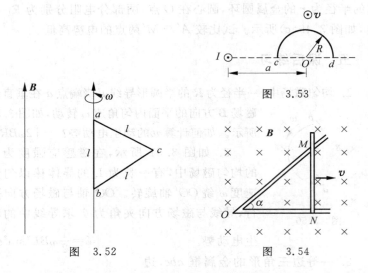

图 3.53

图 3.52

图 3.54

5. 载有恒定电流 I 的长直导线旁有一半径为 R 的半圆环导线 cd，环平面与直导线 I 垂直，且 c,d 连线的延长线与直导线相交，直导线与环中心 O' 相距为 a，如图 3.53 所示。当半圆环以速度 v 沿平行于直导线的方向平移时，半圆环上的动生电动势的大小、方向各为何？ $\left[-\dfrac{\mu_0 vI}{2\pi}\ln\dfrac{a+R}{a-R}\right]$

6. 在与均匀磁场 $\boldsymbol{B}$ 垂直的平面内有一折成 α 角的 V 形导线框，其上有直导线 MN 可以自由滑动，并保持与导线框接触，且 MN 与 ON 垂直，如图 3.54 所示。当 $t=0$ 时，MN 自 O 点出发，以匀速 v 平行于 ON 滑动，已知时变磁场 $B(t)=\dfrac{t^2}{2}$。求线框 $OMNO$ 中的感应电动势与时间 t 的关系式。 $[-v^2(\tan\alpha)t^3]$

7. 如图 3.55 所示，一长直导线通有电流 $I(t)=I_0\mathrm{e}^{-\lambda t}$，式中 I_0,λ 为常量；一个有滑动边的矩形导线框与长直导线平行且共面,二者相距 a,矩形线框的滑动边与长直导线垂直,其长度为 b,它以匀速 v 平行于长直导线滑动。若忽略线框中的自感电动势,并设开始时滑动边与对边重合,求任意时刻 t 矩形线框内的感应电动势 $\mathscr{E}_i$,并说明 $\mathscr{E}_i$ 的方向。 $\left[\dfrac{\mu_0 I_0 v e^{-\lambda t}}{2\pi}(\lambda t-1)\ln\dfrac{a+b}{a}\right]$

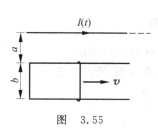

图 3.55

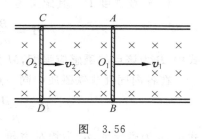

图 3.56

8. 如图 3.56 所示,AB,CD 为两均匀金属棒,各长 1m,电阻为 4Ω。放在 $B=2$T,$\boldsymbol{B}$ 的方向垂直纸面向里的均匀磁场中。AB,CD 可以在导轨上自由滑动。当两棒在导轨上分别以 $v_1=4$m/s,$v_2=2$m/s 的速度向右作匀速运动时(忽略导轨电阻,且不计导轨与棒之间的摩擦),求:

(1) 二棒上动生电动势的大小及方向;
(2) AB 棒、CD 棒两端的电势差各多大?
(3) 二棒中点 O_1 与 O_2 之间的电势差。

[8.00V,4.00V;均为 6.00V;0]

9. 如图 3.57 所示,两条平行的长直载流导线和一个矩形的导线框共面。已知两导线中电流同为 $I=I_0\sin\omega t$,导线框的长为 a,宽为 b。试求导线框内的感应电动势。

$\left[\dfrac{-\mu_0 I_0 a\omega}{2\pi}\left[\ln\dfrac{(r_1+b)(r_2+b)}{r_1 r_2}\right]\cos\omega t\right]$

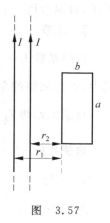

图 3.57

3.5 磁介质、自感、互感

一、内容提要

1. **磁场强度 H** 其定义为

$$H = \frac{B}{\mu_0} - M$$

式中，B 为该点的磁感应强度，M 为该点的磁化强度。

在各向同性非铁磁质中同一点的 B 与 H 的关系为

$$H = \frac{B}{\mu_0 \mu_r} = \frac{B}{\mu}$$

式中，μ 为磁导率，μ_r 为相对磁导率。

2. **H 的环路定理** 在磁场中沿任一封闭路径磁场强度 H 的环流等于该路径所包围的自由电流（传导电流）的代数和，即

$$\oint_L \boldsymbol{H} \cdot \mathrm{d}\boldsymbol{l} = \sum I_内$$

其中电流方向与回路 L 的绕行方向符合右手螺旋关系时，此电流为正，否则为负。

3. **自感**

自感系数 L $\qquad L = \dfrac{\Psi}{I}$

式中，Ψ 为回路的全磁通，I 为回路中电流。

自感电动势 $\mathscr{E}_L$ $\qquad \mathscr{E}_L = -L \dfrac{\mathrm{d}I}{\mathrm{d}t}$

自感磁能 $\qquad W_\mathrm{m} = \dfrac{1}{2} L I^2$

4. **互感**

互感系数 $\qquad M = \dfrac{\Psi_{21}}{I_1} = \dfrac{\Psi_{12}}{I_2}$

$\Psi_{21}(\Psi_{12})$ 是通过回路 $L_2(L_1)$ 的由回路 $L_1(L_2)$ 中电流 $I_1(I_2)$ 所产生的全磁通。

互感电动势 $\quad \mathscr{E}_{21} = -M\dfrac{dI_1}{dt}$

5. 磁场的能量密度

$$w_m = \frac{B^2}{2\mu} = \frac{1}{2}BH$$

磁场的总能量

$$W = \int_V w_m dV = \int_V \frac{HB}{2} dV$$

二、教学要求

1. 理解磁场强度 H 的定义及 H 的环路定理的物理意义,并能利用其求解有磁介质存在时具有一定对称性的磁场分布。

2. 掌握自感的物理意义以及计算有规则典型回路的自感系数的方法。

(1) 用自感系数定义计算 对于各向同性的非铁磁质可用定义 $L = \dfrac{\Psi}{I}$ 计算。其步骤如下:

① 假设回路通有电流 I 并求出电流 I 的磁感应强度 B 的分布;

② 计算出回路内的全磁通 Ψ;

③ 根据定义式 $L = \dfrac{\Psi}{I}$ 求出自感系数 L。

(2) 用自感线圈的磁能公式计算

$$\frac{1}{2}LI^2 = \int_V \frac{1}{2} BH dV$$

3. 掌握互感的物理意义以及计算互感系数的方法

对于各向同性的非铁磁质可用定义 $M = \dfrac{\Psi_{21}}{I_1}\left(\text{或}\dfrac{\Psi_{12}}{I_2}\right)$ 计算。

其步骤如下：

(1) 假设回路 L_1（或 L_2）中通有电流 I_1（或 I_2），再求出电流 I_1（或 I_2）的磁感应强度 $\boldsymbol{B}_1$（或 $\boldsymbol{B}_2$）的分布。

(2) 求出其通过回路 L_2（或 L_1）的全磁通 Ψ_{21}（或 Ψ_{12}）；

(3) 根据定义式 $M = \dfrac{\Psi_{21}}{I_1}\left(\text{或}\dfrac{\Psi_{12}}{I_2}\right)$ 求出互感系数 M。

4. 掌握磁场储存能量的概念，并能计算典型磁场的磁能。

5. 了解铁磁质的特性和它与顺（或抗）磁质的性质的区别。

三、讨论题

1. 以下说法是否正确？试说明理由。

(1) 有人认为，磁场强度 $\boldsymbol{H}$ 的安培环路定理 $\oint_L \boldsymbol{H} \cdot \mathrm{d}\boldsymbol{l} = \sum I_内$ 表明：若闭合回路 L 内没有包围自由电流，则回路 L 上各点 $\boldsymbol{H}$ 必为零。也表明若闭合回路上各点 $\boldsymbol{H}$ 为零，则该回路所包围的自由电流的代数和一定为零。

(2) $\boldsymbol{H}$ 仅与自由电流有关。

(3) 对各向同性的非铁磁质，不论抗磁质与顺磁质，$\boldsymbol{B}$ 总与 $\boldsymbol{H}$ 同向。

(4) 对于所有的磁介质，$\boldsymbol{H} = \dfrac{\boldsymbol{B}}{\mu}$ 均成立。

2. 图 3.58 中所示的三条线分别表示三种不同的磁介质的 B-H 关系。试指出哪一条是表示顺磁质的？哪一条是表示抗磁质的？哪一条是表示铁磁质的？

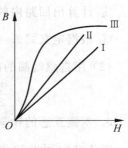

图 3.58

3. 对以下两题，选择正确答案。

(1) 有一个单位长度上绕有 n_1 匝

3.5 磁介质、自感、互感

线圈的空心长直螺线管,其自感系数为 L_1。另有一个单位长度上绕有 $n_2=2n_1$ 匝线圈的空心长直螺线管,其自感系数为 L_2。已知二者的横截面积和长度皆相同,则 L_1 与 L_2 的关系是:

① $L_1=L_2$;　　② $2L_1=L_2$;

③ $\dfrac{1}{2}L_1=L_2$;　　④ $4L_1=L_2$

(2) 两任意形状的导体回路 1 与 2,通有相同的稳恒电流,若以 Ψ_{12} 表示回路 2 中的电流产生的磁场穿过回路 1 的磁通, Ψ_{21} 表示回路 1 中的电流产生的磁场穿过回路 2 的磁通,则

① $|\Psi_{12}|=|\Psi_{21}|$; ② $|\Psi_{12}|>|\Psi_{21}|$; ③ $|\Psi_{12}|<|\Psi_{21}|$;
④ 因两回路的大小、形状未具体给定,所以无法比较 $|\Psi_{12}|$ 与 $|\Psi_{21}|$ 的较小。

4. 两长直密绕螺线管,长度及线圈匝数相同,半径及磁介质不同。设其半径之比为 $r_1:r_2=1:2$,磁导率之比 $\mu_1:\mu_2=2:1$,则其自感系数之比 $L_1:L_2$ 和通以相同的电流时所储的磁能之比 $W_{m1}:W_{m2}$ 分别为

(1) 1:1　1:1
(2) 1:2　1:1
(3) 1:2　1:2
(4) 2:1　2:1

5. 有两个具有共同直径 AB 的相互绝缘的圆形线圈,如图 3.59 所示。它们的相对位置如何放置时互感系数最小?何时互感系数最大?

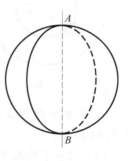

图 3.59

四、计算题

1. 在生产中为了测试某种材料的相对磁导率,常将这种材料

做成截面为圆形的圆环形螺线管的芯子。设环上绕有线圈 200 匝,环平均周长为 0.10m,横截面积为 $5\times10^{-5}\text{m}^2$。当线圈内通有电流 0.1A 时用磁通计测得穿过环形螺线管横截面积的磁通量为 6×10^{-5} Wb,试计算该材料的相对磁导率。

2. 一磁导率为 μ_1 的无限长圆柱形导体半径为 R_1,其中均匀地通过电流 I。导线外包一层磁导率为 μ_2 的圆筒形不导电的磁介质,其外半径为 R_2,如图 3.60 所示。试求:

(1) 磁场强度和磁感应强度的分布;

(2) 外层磁介质的外表面上磁化面电流密度。

3. 同轴电缆是由内、外半径分别为 R_1,R_2 的两个无限长的同轴导电薄壁圆筒组成的,二筒之间充满相对磁导率为 μ_r 的均匀磁介质。求单位长度电缆的自感系数及所储存的磁场能量。

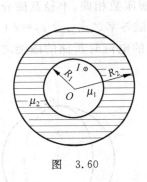

图 3.60

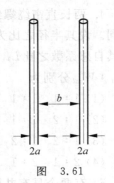

图 3.61

4. 两根半径为 a 的长直导线平行放置,相距为 $b(b\gg a)$,如图 3.61 所示。

(1) 试求单位长度的自感系数(忽略导线内磁通)。

(2) 若两导线内通有等值反向的电流 I,现将导线间的距离由 b 增大到 $2b$,同时保持电流 I 不变,求磁场对单位长度导线做的功。

(3) 通电流情形同(2)且保持电流 I 不变,若将导线间的距离由 b 增大到 $2b$,单位长度的磁能改变了多少?是增加还是减少?试说明能量的转换情况。

5. 在相距 $2a$ 的两根无限长平行导线之间,有一半径为 a 的导体圆环与二者相切并绝缘,求导体圆环与长直导线之间的互感系数(见图 3.62)。

6. 有两个匝数与半径分别为 N_1, N_2,$R_1, R_2(R_1 > R_2)$ 的同轴直螺线管,长度均为 l ($l \gg R_1, R_2$),试计算其互感系数 M_{12} 和 M_{21}。

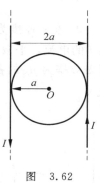

图 3.62

五、课后练习

1. 细螺绕环中心周长为 10cm,环上均匀密绕线圈为 200 匝,线圈中通过电流为 0.1A。

(1) 若管内充满相对磁导率 $\mu_r = 4200$ 的磁介质,求管内的磁感应强度 B 与磁场强度 H 的大小。

(2) 求磁介质内由导线中电流产生的磁感应强度 B_0 和由磁化电流产生的 B' 的大小。

[$H = 200 \text{A/m}, B = 1.06 \text{T}$;
$B_0 = 2.5 \times 10^{-4} \text{T}, B' \approx 1.06 \text{T}$]

2. 将一宽度为 l 的薄铜片卷成一个半径为 R 的细圆筒,如图 3.63 所示,且 $l \gg R$,电流 I 均匀通过此铜片,方向如图。

(1) 求筒内磁感应强度 B 的大小(忽略边缘效应)。

(2) 求这一圆筒的自感系数(忽略两个伸展面部分)。

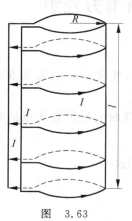

图 3.63

$$\left[B=\mu_0\frac{I}{l};\ L=\frac{\mu_0\pi R^2}{l}\right]$$

3. 在一厚度为 D 的无限大平板内,沿板面方向通有电流密度为 i 的电流。平板的相对磁导率为 μ_{r_1},在平板两侧空间充满了相对磁导率为 μ_{r_2} 的各向同性均匀介质,试求板内外的磁感应强度的分布。

$$\left[B_{内}=\mu_0\mu_{r_1}i|y|;\ B_{外}=\mu_0\mu_{r_2}i\frac{D}{2}\right]$$

4. 一长直同轴电缆,中部为实心导线,其半径为 R_1,磁导率近似认为是 μ_0,外面导体薄圆筒的半径为 R_2,试用能量方法计算其单位长度的自感系数。

$$\left[L=\frac{\mu_0}{8\pi}+\frac{\mu_0}{2\pi}\ln\frac{R_2}{R_1}\right]$$

5. 如图 3.64 所示,一个边长为 a 的正方形线圈 $ABCD$ 与一无限长直导线共面,相距为 b,求其互感系数。

$$\left[M=\frac{\mu_0 a}{2\pi}\ln\frac{a+b}{b}\right]$$

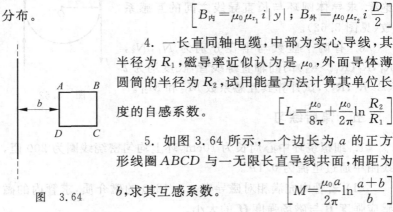

图 3.64

3.6 位移电流、麦克斯韦方程组

一、内容提要

1. **位移电流** 此假说的中心思想是:变化着的电场也激发磁场。

通过某曲面的位移电流强度 I_d 等于该曲面电位移通量的时间变化率,即

$$I_d=\frac{\mathrm{d}\Phi_D}{\mathrm{d}t}=\int_S\frac{\partial \boldsymbol{D}}{\partial t}\cdot\mathrm{d}\boldsymbol{S}$$

位移电流密度

3.6 位移电流、麦克斯韦方程组

$$J_d = \frac{\partial D}{\partial t}$$

全电流

$$I = I_c + I_d$$

总是连续的。

2. 麦克斯韦方程组的积分形式

(1) 电场强度沿任意闭合曲线的线积分等于通过以该曲线为边线的任意曲面的磁通量的变化率的负值,即

$$\oint_L \boldsymbol{E} \cdot \mathrm{d}\boldsymbol{l} = -\int_S \frac{\partial \boldsymbol{B}}{\partial t} \cdot \mathrm{d}\boldsymbol{S}$$

(2) 通过任意闭合面的电位移通量等于该曲面所包围的自由电荷的代数和,即

$$\oint_S \boldsymbol{D} \cdot \mathrm{d}\boldsymbol{S} = q$$

(3) 磁场强度沿任意闭合曲线的线积分等于穿过以该曲线为边线的任意曲面的传导电流与位移电流之和,即

$$\oint_L \boldsymbol{H} \cdot \mathrm{d}\boldsymbol{l} = I_c + \int_S \frac{\partial \boldsymbol{D}}{\partial t} \cdot \mathrm{d}\boldsymbol{S}$$

(4) 通过任意闭合曲面的磁通量恒等于零,即磁通连续定理:

$$\oint_S \boldsymbol{B} \cdot \mathrm{d}\boldsymbol{S} = 0$$

二、教学要求

1. 了解位移电流的物理意义,并能计算简单情况下的位移电流。

2. 理解麦克斯韦方程组中各方程的物理意义。

三、讨论题

1. 试就以下几个方面比较传导电流与位移电流的异同。

(1) 本质；　　　　　　　(2) 与磁场的关系；
(3) 在其中能存在的物质种类；　(4) 热效应。

2. 真空静电场中的高斯定理 $\oint_S \boldsymbol{E} \cdot \mathrm{d}\boldsymbol{S} = \dfrac{\sum q}{\varepsilon_0}$ 和真空中电磁场的高斯定理 $\oint_S \boldsymbol{E} \cdot \mathrm{d}\boldsymbol{S} = \dfrac{\sum q}{\varepsilon_0}$ 形式是相同的，但在理解上有何区别？

3. 对于真空中恒稳电流的磁场有 $\oint_S \boldsymbol{B} \cdot \mathrm{d}\boldsymbol{S} = 0$，对于一般电磁场也有 $\oint_S \boldsymbol{B} \cdot \mathrm{d}\boldsymbol{S} = 0$，二者在理解上有何区别？

4. 一平板电容器充电后断开电源，由于极板间介质漏电而存在漏电电流。

(1) 求此时极板间存在哪些电流，极板空间是否存在磁场（不计边缘效应）？

(2) 若已知极板初始带电量为 Q_0，电介质的介电常数为 ε，漏电电导率为 γ，问极板间任一时刻的漏电电流和位移电流各为何？

5. 如图 3.65 所示，平行板电容器（忽略边缘效应）充电时，比较沿环路 L_1 的磁场强度 H 的环流与沿环路 L_2 的磁场强度 H 的环流的大小。

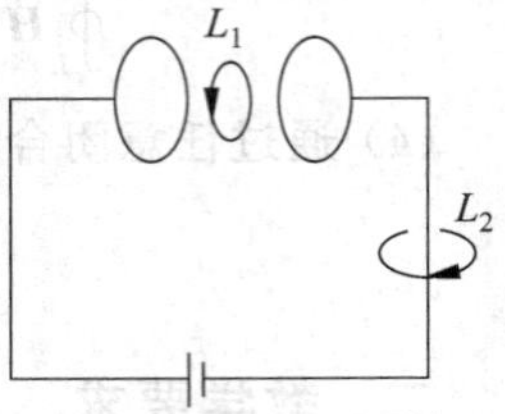

图　3.65

四、计算题

1. 一平行板电容器，极板是半径为 R 的圆形金属板，两极板与一交变电源相接，极板上带电量随时间的变化规律为 $q = q_0 \sin\omega t$，忽略边缘效应。

(1) 求两极板间位移电流密度的大小；

（2）求在两极板间，离中心轴线距离为 $r(r<R)$ 处磁场强度 H 的大小。

2. 试证明平行板电容器中的位移电流可写为（忽略边缘效应）

$$I_d = C\frac{du}{dt} = \frac{dq_0}{dt}$$

式中，C 是电容器的电容，u 是两极板间的电势差。

3. 设空气中的平行板电容器内的交变电场强度为 $E = 720\sin 10^5 \pi t (\text{V/m})$，试求：

（1）电容器中的位移电流密度的大小；

（2）电容器内距两板中心连线为 $r = 10^{-2}$ m 处的 P 点的磁场强度的峰值（不考虑传导电流产生的磁场）。

4. 如图 3.66 所示，匀速直线运动的点电荷 $+q$ 以速度 $v(v \ll c)$ 向 O 点运动，在 O 点处取 O 为圆心、R 为半径的圆，圆平面与 v 垂直。

（1）试计算通过此圆面的位移电流 I_d。

（2）应用全电流定律求上述圆周上 P 点的磁感应强度 B（设 $+q$ 与 P 点的距离为 r）。

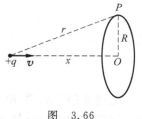

图 3.66

五、课后练习

1. 在一对巨大的圆形极板（电容 $C = 1 \times 10^{-12}$ F）上加一频率为 50 Hz、峰值为 1.74×10^5 V 的交变电压，试计算极板间位移电流的最大值。　　　　　　　　　　　　[5.47×10^{-5} A]

2. 为了在一个 1 μF 的电容器中产生 1 A 的瞬时位移电流，加在电容器上的电压变化率应有多大？　　　[1.00×10^6 V/s]

3. 试证明麦克斯韦方程组中蕴含了电荷守恒定律（提示：考察方程 $\oint_L \boldsymbol{H} \cdot d\boldsymbol{l} = I + \int_S \frac{\partial \boldsymbol{D}}{\partial t} \cdot d\boldsymbol{S}$，并设想闭合曲线紧缩为一点，相

应地 S 变成一个闭合面)。

*3.7 电磁场的相对性

一、内容提要

1. **电荷的相对论不变性** 在不同的参照系内观测同一电荷具有相同的电量。

2. **电场变换** 设在 S' 参照系中静止的电荷的电场强度为 $\boldsymbol{E}' = E'_{x'}\hat{\boldsymbol{x}}' + E'_{y'}\hat{\boldsymbol{y}}' + E'_{z'}\hat{\boldsymbol{z}}'$,在以速度 $\boldsymbol{u} = v\hat{\boldsymbol{r}}$ 相对于 S' 运动的参照系 S 中的电场强度为 $\boldsymbol{E} = E_x\hat{\boldsymbol{x}} + E_y\hat{\boldsymbol{y}} + E_z\hat{\boldsymbol{z}}$,则二者的变换关系式为

$$E_x = E'_{x'}$$
$$E_y = \gamma E'_{y'}$$
$$E_z = \gamma E'_{z'}$$

其中

$$\gamma = \frac{1}{\sqrt{1 - u^2/c^2}}$$

上述变换式表明:电荷运动时的电场和它静止时的电场相比,沿运动方向的电场分量不变,而垂直于运动方向的电场分量增大 γ 倍。

3. **匀速运动点电荷的电场**

$$\boldsymbol{E} = \frac{Q}{4\pi\varepsilon_0 r^2} \frac{1 - \beta^2}{(1 - \beta^2 \sin^2\theta)^{3/2}} \hat{\boldsymbol{r}}$$

其中,$\beta = \frac{v_0}{c}$,v_0 为点电荷 Q 的恒定速度值(即电荷的速度为 $\boldsymbol{v}_0 = v_0\hat{\boldsymbol{x}}$),$\boldsymbol{r} = r\hat{\boldsymbol{r}}$ 是从点电荷 Q 的瞬时位置引向观测点的矢径,θ 角是 $\boldsymbol{r}$ 与 x 轴的夹角。

4. **磁场的物理本质** 磁场是电场的相对论效应。磁力本质上是电场的一种作用。

运动电荷的磁感应强度的定义为

$$B = \frac{1}{c^2} v_0 \times E$$

式中，v_0 是电荷（场源）在某一参照系中的速度，E 是该电荷在此参照系中某点的电场强度，B 就是在上述参照系中该点的磁感应强度。此式表明了运动电荷的磁场和电场的联系。

匀速运动点电荷的磁场

$$B = \frac{\mu_0 Q}{4\pi r^2} \frac{1-\beta^2}{(1-\beta^2 \sin^2\theta)^{3/2}} v_0 \times \hat{r}$$

5. 电荷之间的作用力

（1）静止电荷 Q 对静止电荷 q 的作用力，即由库仑定律给出的库仑力

$$F = \frac{Qq}{4\pi\varepsilon_0 r^2} \hat{r}$$

（2）静止电荷（其静电场为 E）对运动电荷 q 的作用力 F，仍由公式 $F = qE$ 决定，与 q 的运动状态无关。

（3）运动电荷对静止电荷 q 的作用力：若以 E 表示运动电荷的电场，它对静止电荷 q 的作用力 F 也可以由 $F = Eq$ 求出。

（4）运动电荷对运动电荷的作用力：可设在 S 系中场源电荷为 Q，它对另一以速度 v 运动的电荷 q 的作用力为

$$F = Eq + qv \times B$$

式中，E 与 B 为场源电荷 Q 的电场强度与磁感应强度。

二、教学要求

1. 会用电场强度变换式求解简单的电场强度分布，理解电场强度变换式的意义。

2. 理解公式 $B = v_0 \times E/c^2$ 的物理意义。

3. 了解在各种情况下电荷之间的相互作用力的计算方法。

能利用匀速运动点电荷的电场和磁场公式($v \approx c$)计算它对另外的运动电荷的作用力。

三、计算题

1. 试计算在匀速直线运动($v \approx c$)的点电荷 Q 的正前方和正左侧距它为 r 的 P_1, P_2 两点的电场强度,示意图如图 3.67 所示。

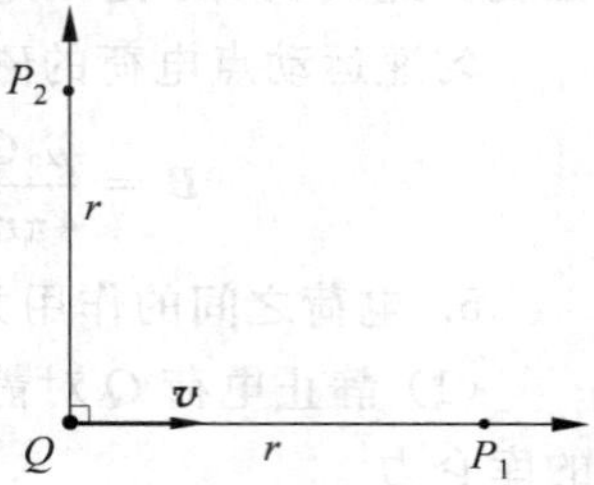

2. 平板电容器静止时极板上的面电荷密度为 $\pm \sigma_0$(图 3.68),求当电容器以恒定速度

　(1) $\boldsymbol{u} = u\hat{\boldsymbol{x}}$

　(2) $\boldsymbol{u} = u\hat{\boldsymbol{y}}$

运动时的板间的电场和磁场。

3. 无限长直导线静止时的线电荷密度为 λ_0,当此长直导线沿长度方向以恒速 u 运动时,求它的电磁场分布。

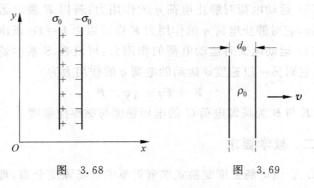

图 3.67

图 3.68　　　　　图 3.69

4. 一均匀带电的大平板,静止时均匀分布的电荷体密度为 ρ_0,厚度为 d_0,设平板相对实验室参考系 S 沿厚度方向以速度 v 高速匀速运动,如图 3.69 所示。求平板内、外的电磁场。

四、课后练习

1. 如图 3.70 所示,平板电容器静止于 S' 系中,其极板上的面电荷密度为 $\pm\sigma_0$,极板法线与 $x'y'$ 平面平行,极板与 x' 轴成 θ' 角,当 S 系以恒定速度 $\boldsymbol{u}=-u\hat{\boldsymbol{x}}'$ 相对于 S' 系运动时,试求在 S 系中观察到的两板间的电场和磁场。

$$\left[E_x=\frac{\sigma_0}{\varepsilon_0}\sin\theta',\ E_y=\frac{-\gamma\sigma_0}{\varepsilon_0}\cos\theta',\ E_z=0;\right.$$
$$\left. B_x=0,\ B_y=0,\ B_z=-\frac{\gamma u\sigma_0}{c^2\varepsilon_0}\cos\theta'\right]$$

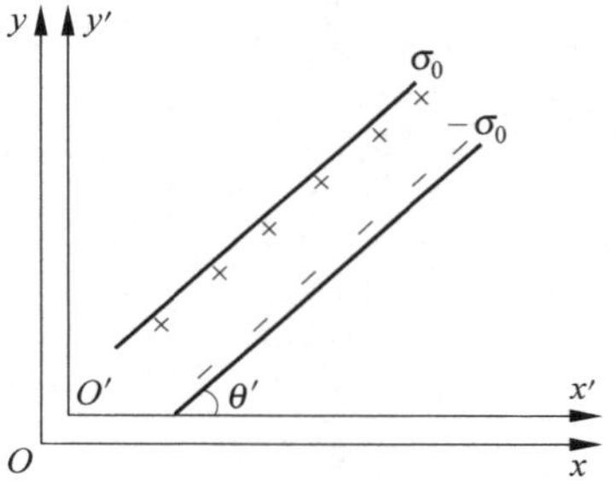

图 3.70

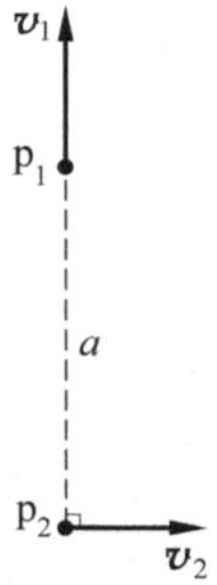

图 3.71

2. 两个质子某一时刻相距为 a,其中质子 p_1 沿着两质子连线方向离开质子 p_2,以 v_1 的速度运动。质子 p_2 垂直于二者连线方向以 v_2 的速度运动(如图 3.71 所示)。求此时刻每个质子受另一质子的作用力的大小和方向。这两个力是否服从牛顿第三定律?

$$\left[F_1=\frac{e^2}{4\pi\varepsilon_0 a^2(1-\beta^2)^{1/2}}\sqrt{1+\frac{v_1^2 v_2^2}{c^4}}\quad \alpha_1=\arctan\frac{v_1 v_2}{c^2};\right.$$
$$\left. F_2=\frac{e^2(1-\beta^2)}{4\pi\varepsilon_0 a^2},\text{沿 }p_1,p_2\text{ 连线向下}\right]$$

3. 无限长细导线中的晶格和自由电子是均匀分布的,静止时它们的线电荷密度为 $\pm\lambda_0$,今让导线中的自由电子都以恒定速度 u 沿导线流动。试求此时导线周围的磁场和电场大小的比值。

$$\left[\frac{B}{E}=\frac{u\gamma}{c^2(\gamma-1)}\right]$$

第4章 热　　学

4.1 气体动理论

一、内容提要

1. 理想气体状态方程：在平衡态下
$$pV = \frac{M}{\mu}RT$$
$$p = nkT$$

普适气体常数　　$R = 8.31 \text{J/mol} \cdot \text{K}$
阿伏伽德罗常数　$N_A = 6.023 \times 10^{23}/\text{mol}$
玻耳兹曼常数　　$k = \dfrac{R}{N_A} = 1.38 \times 10^{-23} \text{J/K}$

2. 理想气体压强的微观公式
$$p = \frac{1}{3}nm\overline{v^2} = \frac{2}{3}n\overline{\varepsilon}_t$$

3. 温度的微观统计意义
$$\overline{\varepsilon}_t = \frac{3}{2}kT$$

4. 能量均分定理

每一个自由度的平均动能为 $\dfrac{1}{2}kT$

一个分子的总平均动能为 $\overline{\varepsilon}_k = \dfrac{i}{2}kT$（$i$ 为自由度）

$\nu(\text{mol})$ 理想气体的内能　　$E = \dfrac{i}{2}\nu RT$

5. 速率分布函数
$$f(v) = \frac{dN_v}{N dv}$$

麦克斯韦速率分布函数
$$f(v) = 4\pi \left(\frac{m}{2\pi kT}\right)^{3/2} v^2 e^{-mv^2/2kT}$$

三种速率：

最概然速率 $\quad v_p = \sqrt{\dfrac{2kT}{m}} = \sqrt{\dfrac{2RT}{\mu}}$

平均速率 $\quad \bar{v} = \sqrt{\dfrac{8kT}{\pi m}} = \sqrt{\dfrac{8RT}{\pi \mu}}$

方均根速率 $\quad \sqrt{\overline{v^2}} = \sqrt{\dfrac{3kT}{m}} = \sqrt{\dfrac{3RT}{\mu}}$

6. 玻耳兹曼分布律

平衡态下某状态区间的粒子数 $\propto e^{-E/kT}$（玻耳兹曼因子）。重力场中粒子数密度按高度的分布（温度均匀时）
$$n = n_0 e^{-mgh/kT}$$

7. 范德瓦耳斯方程：有吸引力的刚性球分子模型
$$\left(p + \frac{a}{v^2}\right)(v - b) = RT \quad (1\text{mol 气体方程})$$

8. 气体分子的平均自由程
$$\bar{\lambda} = \frac{1}{\sqrt{2}\pi d^2 n} = \frac{kT}{\sqrt{2}\pi d^2 p}$$

9. 输运过程

内摩擦：输运分子定向运动动量。

内摩擦系数 $\quad \eta = \dfrac{1}{3} nm\bar{v}\bar{\lambda} = \dfrac{1}{3}\rho\bar{v}\bar{\lambda}$

热传导：输运无规则运动能量。

热传导系数 $\quad \kappa = \dfrac{1}{3} nm\bar{v}\bar{\lambda}c_V = \dfrac{1}{3}\rho\bar{v}\bar{\lambda}c_V \quad$（$c_V$ 为气体定容比热）

扩散：输运分子质量。

扩散系数 $\qquad D=\dfrac{1}{3}\bar{v}\lambda$

二、教学要求

1. 理解理想气体状态方程的意义并能用它解有关气体状态的问题。

2. 理解理想气体的微观模型和统计假设，掌握对理想气体压强的微观公式的推导。

3. 确切理解理想气体压强和温度的微观统计意义。

4. 理解能量均分定理的意义及其物理基础，并能由它导出理想气体内能公式。

5. 确切理解速率分布函数及麦克斯韦速率分布律的意义，理解并会计算三种速率的统计值。

6. 理解玻耳兹曼分布律的意义和粒子在重力场中按高度分布的公式。

7. 确切理解范德瓦耳斯方程中两个修正项的意义。

8. 理解平均自由程、平均碰撞频率的概念并掌握其计算。

9. 了解气体中三种输运过程的物理本质及其宏观规律和微观定性解释。

三、讨论题

1. 令金属棒的一端插入冰水混合的容器，另一端与沸水接触，待一段时间后棒上各处温度不随时间变化，这时金属棒是否处于平衡态？为什么？

2. 容器内有压强为 $3\times10^5\mathrm{Pa}$、温度为 27℃、密度为 0.241 $\mathrm{kg/m^3}$ 的某种气体，试分析该气体是哪种气体？

3. 对气体加热时,第一次得到压强和绝对温度的关系曲线如图 4.1(a),第二次得到体积和绝对温度的关系曲线如图 4.1(b)。分析第一种情形下气体体积如何变化? 分析第二种情形下气体压强如何变化?

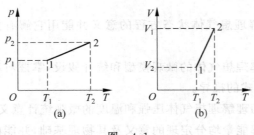

图 4.1

4. 把一长方形容器用一绝热而无摩擦的隔板分开。最初平衡时,左边为 0℃ 的 CO_2,右边为 20℃ 的 H_2。试分析当左边 CO_2 温度增至 5℃,右边 H_2 温度增至 30℃ 时,隔板是否移动? 如何移动?

5. 当盛有理想气体的密封容器相对某惯性系运动时,有人说:"容器内的气体分子相对该惯性系的速度也增大了,从而气体的温度因此就升高了。"试分析这种说法对不对? 为什么? 若容器突然停止运动,容器内气体的状态将如何变化?

6. $f(v)$ 的物理意义是什么? 说明下列各式的物理意义:

(1) $f(v)dv$; (2) $Nf(v)dv$; (3) $\int_{v_1}^{v_2} f(v)dv$

将(1),(3)在 $f(v)$-v 图上标出来。

7. (1) 已知 $f(v)$ 求 $\bar{v}$;

(2) 已知 $f(v)$,求 v_1 到 v_2 间的速率平均值。

8. 试对服从麦克斯韦速率分布的系统,从分布曲线定性说明为什么 $\bar{v} > v_p$? 并证明无论系统粒子速率分布函数如何,必定满

足 $\sqrt{\overline{v^2}} \geqslant \bar{v}$。

9. 一由全同粒子组成的多粒子系统,其粒子的速率分布函数为 $f(v)$,分子质量为 m,那么该系统粒子按平动动能 ε 分布的函数 $\varphi(\varepsilon)$ 该如何求? 是否 $\varphi(\varepsilon) = f\left(\sqrt{\dfrac{2\varepsilon}{m}}\right)$?

10. 根据上题的结果,对速率分布函数为如图 4.2 所示曲线的系统,定性画出其 $\varphi(\varepsilon)$-ε 曲线。

11. 重力场中大气压强随高度变化的规律为 $p = p_0 \cdot e^{-\mu g h/RT}$,已知大气温度为 27℃ 且处处相同。求海拔 3600m 高处的大气压强? $p_0 = 1\text{atm}^*$ 是海平面处的压强。

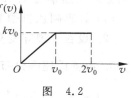

图 4.2

12. 若盛有某种理想气体的容器漏气,使气体的压强、分子数密度各减为原来的一半,问气体的内能及气体分子的平均动能是否改变? 为什么?

13. 在恒压下,加热理想气体,则气体分子的平均自由程和平均碰撞频率将如何随温度的变化而变化? 怎样理解?

14. 范德瓦耳斯方程为 $\left(p + \dfrac{a}{v^2}\right)(v - b) = RT$,我们所说的气体压强是指 $\left(p + \dfrac{a}{v^2}\right)$,还是 p? 式中 v 代表什么意义?

15. 从一容器中向外抽气,使其中分子的平均自由程理论值大于容器的最大线度时,其中气体分子与分子之间是否就不发生碰撞了?

16. 试说明气体分子模型在分子运动论中讨论:
(1)压强公式,(2)内能公式,(3)分子平均碰撞频率,(4)范氏方

---

* 1atm=101325Pa。

程等问题时,有何不同?

四、计算题

1. 当 1mol 水蒸气分解成同温度的氢气和氧气时,内能增加了百分之几?(不计振动自由度)

2. 质量为 6.2×10^{-14} g 的粒子悬浮于 27℃ 的液体中,观测到它的方均根速率为 1.40cm/s。

(1) 计算阿伏伽德罗常数;

(2) 设粒子遵守麦克斯韦速率分布律,求该粒子的平均速率。

3. 由麦氏速率分布律求速率倒数的平均值 $\overline{\left(\dfrac{1}{v}\right)}$。

$$\left(\text{参考}: \int_0^\infty x\mathrm{e}^{-bx^2}\mathrm{d}x = \dfrac{1}{2b}\right)$$

*4. 用麦克斯韦速度分布律求每秒碰到单位面积器壁上的气体分子数 $\Big($提示:在平衡态 T,速度分量介于 v_x 与 $v_x+\mathrm{d}v_x$ 之间的分子数为 $\left(\dfrac{m}{2\pi kT}\right)^{1/2} n\mathrm{e}^{-mv_x^2/2kT}\mathrm{d}v_x$,其中 n 为单位体积中的分子数$\Big)$。

5. 一长为 L、半径为 $R_1=2$cm 的蒸汽导管,外面包着一层厚度为 2cm 的绝热材料($\kappa=0.1$W/(m·K)),蒸汽的温度为 100℃,绝热套的外表面温度为 20℃,保持恒定。

(1) 试问绝热材料柱层中不同半径处的温度梯度 $\mathrm{d}T/\mathrm{d}r$ 是否相同?

(2) 单位时间内单位长度传出的热量是多少?

6. 以 $\varepsilon=\dfrac{1}{2}mv^2$ 表示气体分子的平动动能。

(1) 试证:由麦克斯韦速率分布定律可导出平动动能在区间 $\varepsilon\sim\varepsilon+\mathrm{d}\varepsilon$ 内的分子数占总分子数的比率为

$$\phi(\varepsilon)\mathrm{d}\varepsilon = \dfrac{2}{\sqrt{\pi}}(kT)^{-3/2}\varepsilon^{1/2}\mathrm{e}^{-\varepsilon/kT}\mathrm{d}\varepsilon$$

(2) 利用上式求最概然平动动能 ε_p 和平均平动动能 $\bar{\varepsilon}$,并与由速率分布律求出的 $\frac{1}{2}mv_p^2$ 和 $\frac{1}{2}m\overline{v^2}$ 作比较。

7. 在质子回旋加速器中,要使质子在 10^5 km 的路径上不和空气分子相撞,真空室内的压强应多大?设温度为 300K,质子的有效直径比起空气分子的有效直径小得多,可以忽略不计,空气分子可认为静止不动。

五、课后练习

1. 力学中的平均速率与分子运动论中的平均速率有何不同?
2. 容器内某理想气体的温度 $T=273$K,压强 $p=1.00\times10^{-3}$ atm,密度为 1.25 g/m³,求:
(1) 气体分子运动的方均根速率?
(2) 气体的摩尔质量? 是何种气体?
(3) 气体分子的平均平动动能和转动动能?
(4) 单位体积内气体分子的总平动动能?
(5) 气体的内能? 设该气体有 0.3mol。

$$[493 \text{m/s}; \ 0.028 \text{kg/mol};$$
$$5.65\times10^{21}\text{J}, 3.77\times10^{-21}\text{J};$$
$$1.52\times10^2\text{J/m}^3; \ 1.701\times10^3\text{J}]$$

3. 两瓶不同种类的理想气体,其温度 T、压强 p 相同,体积 V 不同,试比较二者的分子数密度 n、单位体积的总平动动能及气体的密度 ρ。

4. 一定量的理想气体储于固定体积的容器中,初态温度 T_0,平均速率 $\bar{v}_0$,平均碰撞频率 $\bar{Z}_0$,平均自由程 $\bar{\lambda}_0$,若温度升高为 $4T_0$ 时,求 $\bar{v}, \bar{Z}, \bar{\lambda}$? $\qquad [2\bar{v}_0, 2\bar{Z}_0, \bar{\lambda}_0]$

5. 已知容器体积为 V,内储质量为 M、压强为 p 的理想气体,求最概然速率? 并说明最概然速率的物理意义?

6. 已知速率分布函数 $f(v)$，且 v_p 为最概然速率，写出计算速率 $v > v_p$ 的分子的平均速率公式。

7. 已知大气中分子数密度随高度的变化规律为 $n = n_0 e^{-\mu g h/RT}$，设大气温度不随高度变化，$t = 27℃$，求升高多大高度时大气压强减为原来的一半？ [6080m]

8. 实验测得在 1atm 和 27℃ 的状态下，氢气的粘滞系数为 8.42×10^{-6} Pa·s。求标准状态下氢气的平均自由程和氢分子的有效直径。 [1.587×10^{-7}m, 2.30×10^{-10}m]

9. 若引入无量纲的量 $u = \dfrac{v}{v_p}$，试证明麦氏速率分布律可表示为 $f(u)du = \dfrac{4}{\sqrt{\pi}} e^{-u^2} u^2 du$，并由此说明 $v < v_p$ 的分子数与总分子数之比和温度无关。$\left(参考: \int_0^1 e^{-x^2} dx = \dfrac{\sqrt{\pi}}{2} \times 0.8427 \right)$

10. 导体中自由电子的运动可看作类似于气体分子的运动（称"电子气"），设导体中共有 N 个自由电子，其中电子的最大速率为 v_F（称"费米速率"）。已知电子在速率 $v \sim v + dv$ 间的概率为

$$\frac{dN}{N} = \begin{cases} Av^2 dv & (v_F > v > 0) \\ 0 & (v > v_F) \end{cases} \quad A \text{ 为常数}$$

(1) 画出速率分布函数曲线；
(2) 用 v_F 定出常数 A；
(3) 求电子的 $v_p, \bar{v}, \sqrt{\overline{v^2}}$。

$\left[略; 3/v_F^3; v_F, \dfrac{3}{4} v_F, \sqrt{\dfrac{3}{5}} v_F \right]$

4.2 热力学第一定律

一、内容提要

1. **准静态过程** 在过程进行中的每一时刻,系统的状态都无限接近于平衡态。准静态过程可用状态图上的曲线表示。

2. **体积功** 准静态过程中系统对外做的功为
$$dW = pdV, \quad W = \int_{V_1}^{V_2} pdV$$
式中,功 W 是"过程量"。

3. **热量** 系统与外界或两个物体之间由于温度不同而交换的热运动能量。热量也是"过程量"。

4. **热力学第一定律**
$$Q = E_2 - E_1 + W$$
$$dQ = dE + dW$$

5. **热容** $\quad C = \dfrac{dQ}{dT}$

摩尔定压热容 $\quad C_{p,m} = \dfrac{1}{\nu}\left(\dfrac{dQ}{dT}\right)_p$

摩尔定容热容 $\quad C_{V,m} = \dfrac{1}{\nu}\left(\dfrac{dQ}{dT}\right)_V$

理想气体的摩尔热容量:由能量均分定理可得
$$C_{V,m} = \dfrac{i}{2}R, \quad C_{p,m} = \dfrac{i+2}{2}R$$

迈耶公式 $\quad C_{p,m} - C_{V,m} = R$

比热容比 $\quad \gamma = \dfrac{C_{p,m}}{C_{V,m}} = \dfrac{i+2}{i}$

6. **绝热过程** $\quad Q = 0, \quad W = E_1 - E_2$

理想气体的准静态绝热过程
$$pV^\gamma = \text{常量}, \quad W = \dfrac{1}{\gamma - 1}(p_1 V_1 - p_2 V_2)$$

理想气体绝热自由膨胀：内能不变，温度复原。

绝热节流膨胀：实际气体通过小孔向较低压区域流动，温度可能改变。

7. 循环过程

热循环（正循环）：系统从高温热库吸热，对外做功，同时向低温热库放热。

效率 $\eta = \dfrac{W}{Q_1} = 1 - \dfrac{Q_2}{Q_1}$

致冷循环（逆循环）：系统从低温热库吸热，接受外界做功，向高温热库放热。

致冷系数 $w = \dfrac{Q_2}{W} = \dfrac{Q_2}{Q_1 - Q_2}$

8. 卡诺循环

系统只和两个恒温热库进行热交换的准静态循环过程。

卡诺正循环的效率 $\eta_C = 1 - \dfrac{T_2}{T_1}$

卡诺逆循环的致冷系数 $w_C = \dfrac{T_2}{T_1 - T_2}$

二、教学要求

1. 确切理解准静态过程、体积功、热量、内能等概念，理解功、热量和内能的微观意义，并熟练掌握其计算。

2. 理解热力学第一定律的意义，并能利用它对理想气体各过程进行分析和计算。

3. 理解热容量概念，并能利用它直接计算理想气体各过程的热量传递。

4. 理解理想气体绝热过程（准静态的和自由膨胀）的状态变化特征和能量转换关系。

5. 理解循环过程概念及热循环、致冷循环的能量转换特征；并能计算效率和致冷系数。

6. 理解卡诺循环的特征,掌握卡诺正循环效率及卡诺逆循环致冷系数的计算。

三、讨论题

1. 内能和热量这两个概念有何不同?以下说法是否正确?
(1) 物体的温度愈高,则热量愈多;
(2) 物体的温度愈高,则内能愈大。

2. 系统的温度要升高是否一定要吸热?系统与外界不作任何热交换,而系统的温度发生变化,这种过程可能吗?

3. $W = \int_{V_1}^{V_2} p dV$ 是否只适用于理想气体?其适用条件为何?

4. 若系统体积不变是否对外不做功?若系统体积改变是否一定对外做功?

5. 举例说明:什么叫准静态过程?气体绝热自由膨胀过程是准静态过程吗?

6. 理想气体经历如图 4.3 所示的各过程时,分析各过程热容量的正负。
(1) 1→2 过程
(2) 1′→2 过程
(3) 1″→2 过程

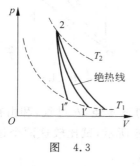

图 4.3

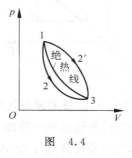

图 4.4

7. 过程如图 4.4 所示,讨论理想气体在下列过程中 $\Delta E, \Delta T$,

W 和 Q 的正负。

(1) 1→2→3 过程；

(2) 1→2′→3 过程；

(3) 比较上述两过程吸、放热的绝对值的大小。

8. 下列理想气体各种过程中，哪些过程可能发生？哪些过程不可能发生？为什么？

(1) 内能减小的等容加热过程；

(2) 吸收热量的等温压缩过程；

(3) 吸收热量的等压压缩过程；

(4) 内能增加的绝热压缩过程。

9. 一定质量的理想气体的循环过程如图 4.5 所示，试分析以下各过程的 Q,W 的正负。

(1) 1→2 过程；

(2) 2→3 过程；

(3) 3→1 过程；

(4) 循环过程 1231。

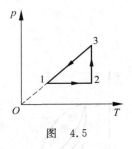
图 4.5

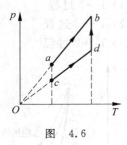
图 4.6

10. 一定量的理想气体分别由初态 a 经 ab 过程，和由初态 c 经 cdb 过程到达同一终态 b，如图 4.6 所示，试比较这两个过程中气体与外界传递热量 Q_1,Q_2 的大小。

11. 一定质量的理想气体，从相同状态出发，分别经(1)等压过程,(2)绝热过程,使终态的体积比初态增大一倍,试比较两过程温度变化的绝对值大小。

12. 证明两条绝热线 1,2 不可能相交。如图 4.7 所示。

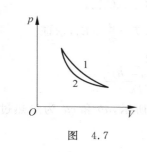

图 4.7

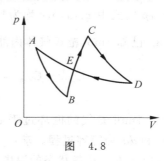

图 4.8

13. 如图 4.8 所示,由绝热过程 AB,CD,等温过程 DEA 和任意过程 BEC 组成一循环过程 $ABCDEA$,已知图中 $ECDE$ 所包围的面积为 70J,$EABE$ 所包围的面积为 30J,DEA 过程中系统放热 100J。求整个循环过程 $ABCDEA$ 中系统对外做功和 BEC 过程中系统从外界吸热各为何?

14. 一绝热容器被绝热无摩擦、不漏气的活塞分成体积相等的两部分,先把活塞锁住,将相同温度和相同质量的氦气(He)和氧气(O_2),分别充入容器的两部分内。然后将活塞放松,活塞将移动。比较当活塞平衡时,两部分气体温度的高低。

四、计算题

1. 原在标准状况下的 2mol 的氢气,经历一过程吸热 500J,问:

(1) 若该过程是等容过程,气体对外做功多少? 末态压强 $p=?$

(2) 若该过程是等温过程,气体对外做功多少? 末态体积 $V=?$

(3) 若该过程是等压过程,末态温度 $T=$? 气体对外做功多少?

2. 已知 1mol 固体的状态方程 $v=v_0+aT+bp$,内能 $E=cT+apT$,式中 v_0,a,b,c 均为常数。求 $C_{p,m},C_{V,m}$。

3. 已知 1mol 范氏气体内能 $E=C_{V,m}T-\dfrac{a}{v}+E_0$,求证

$$C_{p,m}-C_{V,m}=\dfrac{R}{1-\dfrac{2a(v-b)^2}{RTv^3}}$$

4. 1mol 氦气的循环过程如图 4.9 所示,ab 和 cd 为绝热过程,bc 和 da 为等容过程。求:

(1) a,b,c,d 各状态的温度。

(2) 循环效率 $\eta=$?

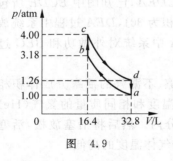
图 4.9

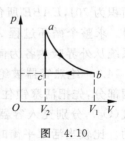
图 4.10

5. 图 4.10 所示为 1mol 单原子理想气体经历的循环过程,其中 ab 为等温线,求循环的效率。其中 V_1,V_2 已知。

6. 在高温热源为 127℃,低温热源为 27℃ 之间工作的卡诺热机,对外做净功 8000J。若维持低温热源温度不变,提高高温热源温度,使其对外做净功 10000J。假设这两次循环该热机都工作在相同的两条绝热线之间,试求:

(1) 后一个卡诺循环的效率;

(2) 后一个卡诺循环的高温热源的温度。

7. 图 4.11 为一气缸,除底部导热外,其余部分都是绝热的。其容积被一位置固定的轻导热板隔成相等的两部分 A 和 B,其中各盛有 1mol 的理想氮气。今将 335J 的热量缓缓地由底部传给气体,设活塞上的压强始终保持为 1atm。

(1) 求 A,B 两部分温度的改变及吸收的热量(导热板的吸热、活塞的重量及摩擦均不计);

(2) 若将位置固定的导热板换成可自由滑动的绝热隔板,上述温度改变和热量又如何?

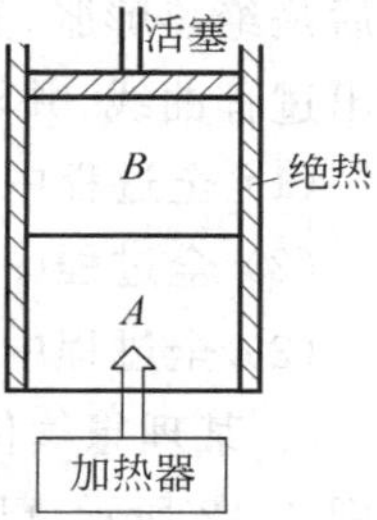

图 4.11

8. 一台家用冰箱,放在气温为 300K 的房间内,做一盘 $-13℃$ 的冰块需从冷冻室取走 2.09×10^5J 的热量。设冰箱为理想卡诺致冷机。

(1) 求做一盘冰块所需要的功?

(2) 若此冰箱能以 2.09×10^2J/s 的速率取出热量,求所要求的电功率是多少瓦?

(3) 做冰块需时若干?

五、课后练习

1. 一定量的单原子分子理想气体,在等压过程中对外做功为 200J,则该过程需吸热多少?　　　　　　　　　　[500J]

2. 20g 的氦气(He)从初温度为 17℃ 分别通过 (1) 等容过程,(2) 等压过程,升温至 27℃,求气体内能增量、吸收的热量、气体对外做的功。　　　　　[623J,0,623J;623J,416J,1039J]

3. 已知氩气的定容比热为 314J/kg·K,若将氩气看作理想气体,求氩原子的质量?(定容摩尔热容量 $C_{V,m}=\mu c_V$)

[6.59×10^{-26}kg]

4. 一定量的理想气体,初态 $p_1=1\times10^5\text{Pa},V_1=0.1\text{m}^3$,先对气体等压加热,体积膨胀为 $2V_1$;然后等容加热,压强增大为 $2p_1$;最后是绝热膨胀,直到温度恢复到初态温度为止。试在 p-V 图上画出过程曲线,并求:

(1) 全过程中内能变化;

(2) 全过程中气体吸收的热量;

(3) 全过程中气体所做的功。 [0;5.5×10^4J;5.5×10^4J]

5. 某理想气体在 p-V 图上的等温线与绝热线相交于 A 点,如图 4.12 所示,已知 A 点的压强 $p_1=2\times10^5\text{Pa}$、体积 $V_1=0.5\times10^{-3}\text{m}^3$;且在 A 点处等温线与绝热线斜率之比为 0.714。现使气体从 A 点绝热膨胀至 B 点,B 点的体积 $V_2=1\times10^{-3}\text{m}^3$。求:(1) B 点处的压强 p_2;(2) 在 $A\to B$ 过程中气体对外所做的功 $W=$? [3.79×10^4Pa;1.55×10^2J]

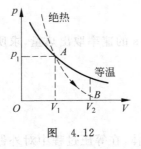

图 4.12

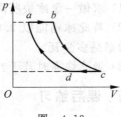

图 4.13

6. 已知 1mol 范氏气体内能 $E=C_{V,m}T-\dfrac{a}{v}+E_0$,其中 $C_{V,m}$,a,E_0 为常数。证明其绝热过程方程为 $T(v-b)^{R/C_{V,m}}=$常数。

7. 一定量的理想气体经历如图 4.13 所示的循环,ab 与 cd 为等压过程,bc,da 为绝热过程,且 $T_c=300$K,$T_b=400$K,求循环效率。 [25%]

8. 容器内储有刚性多原子分子理想气体,经准静态绝热膨胀过程后，压强减为初压强的一半，求始末状态气体内能之比 $E_1:E_2=?$　　　　　　　　　　　　　　　　　　　　　　[1.19]

9. 绝热的容器中间有一无摩擦、绝热的可动活塞，如图4.14所示，活塞两侧各有 ν(mol) 的理想气体，$\gamma=1.5$，其初态均为 p_0，V_0，T_0。现将一通电线圈置入左侧气体中，对气体缓慢加热，左侧气体吸热膨胀推动活塞向右移，使右侧气体压强增为 $\frac{27}{8}p_0$，求：

(1) 左侧气体做了多少功？
(2) 右侧气体的终温是多少？
(3) 左侧气体的终温是多少？
(4) 左侧气体吸收了多少热量？

$$\left[p_0V_0;\ \frac{3T_0}{2};\ \frac{21T_0}{4};\ 9.5p_0V_0\right]$$

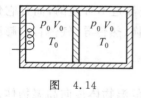
图 4.14

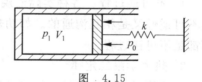
图 4.15

10. 气缸内有一定量的刚性双原子分子理想气体，活塞面积 $S=0.05\text{m}^2$，活塞与气缸壁间不漏气，摩擦忽略不计，活塞右侧大气压强 $p=1.0\times10^5\text{Pa}$。劲度系数 $k=5\times10^4\text{N/m}$ 的弹簧的左端与活塞连接，右端固定在墙上，如图4.15所示。开始时气缸内的压强 $p_1=p_0$，体积 $V_1=0.015\text{m}^3$，弹簧为原长。今缓慢加热气缸，使气体缓慢膨胀到 $V_2=0.02\text{m}^3$，求在此过程中气体从外界吸收的热量。　　　　　　　　　　　　　　　　　　　　　[7000J]

11. 一容器用绝热、无摩擦、不漏气的活塞分隔为左、右两室，其中各充有 2mol 双原子分子理想气体。开始时两室内体积、温度均为 V_0，T_0，左室通过左侧导热壁与温度为 $T_0=300\text{K}$ 的恒温热库相接触,右室与外界绝热,如图 4.16 所示。今用外力将活塞缓慢推动直到左室体积减至 $V_0/2$,试求此过程中外力所做的功及气体从恒温热库中吸收的热量。 [1.59×10^3J,-3.46×10^3J]

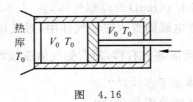

图 4.16

4.3 热力学第二定律

一、内容提要

1. **不可逆过程** 各种实际宏观过程都是不可逆的,而且它们的不可逆性又是相互沟通的。如功热转换、热传导、气体自由膨胀等都是不可逆过程。

2. **热力学第二定律**
   克劳修斯表述 热量不能自动地从低温物体传向高温物体。
   开尔文表述 其惟一效果是热全部转变为功的过程是不可能的。
   微观意义 自然过程总是沿着使分子运动向更加无序的方向进行。

3. **热力学概率 Ω** 与同一宏观状态对应的所含有的微观状态数。
   自然过程沿着向 Ω 增大的方向进行。平衡态相应于一定宏观条件下热力学概率最大的状态。

4. **玻耳兹曼熵公式**

$$S = k\ln\Omega$$

5. 可逆过程　外界条件改变无穷小的量就可以使过程反向进行,其结果是系统和外界能同时回到初态,这样的过程称可逆过程。无摩擦的准静态过程是可逆过程。

6. 克劳修斯熵公式

$$S_2 - S_1 = \int_{(R)1}^{2} \frac{\text{d}Q}{T} \quad \text{（可逆过程）}$$

$\text{d}Q = T\text{d}S$　（可逆过程）

7. 熵增加原理　对孤立系

$$\Delta S \geqslant 0$$

$\Delta S > 0$：对孤立系的各种自然过程；

$\Delta S = 0$：对孤立系的可逆过程。

这是一条统计规律。

8. 温熵图　S 为横坐标,T 为纵坐标。热量和曲线下所围的面积相当。

*9. 能量的退降　过程的不可逆性引起能量的退降,退降的能量和过程的熵变成正比。

$$E_\text{d} = T_0 \Delta S$$

二、教学要求

1. 理解实际的宏观过程的不可逆性的意义,并能举例说明各种实际宏观过程的不可逆性是相互沟通的。

2. 理解热力学第二定律的表述、微观意义以及规律的统计性质。

3. 理解热力学几率的意义及它和实际过程进行方向的关系。

4. 理解玻耳兹曼熵公式及熵增加原理。

5. 掌握可逆过程概念,理解克劳修斯熵公式的意义并能利用它来计算熵变,理解设想可逆过程的必要性。

6. 掌握利用温熵图表示过程和求热量。

*7. 了解能量退降的意义及其与不可逆性的关系。

三、讨论题

1. 对于一个循环过程,由于 $\Delta E=0$,因而系统净吸热全部变为功,这是否违背了热力学第二定律?

2. 证明两条绝热线不能相交。

3. 设想有一个装有理想气体的导热气缸,放在温度恒定的大水槽中,令气体缓慢膨胀,即这是等温膨胀。因此气体膨胀过程中对外界所做的功等于气体从水槽中吸收的热量,若把水槽看作热源,这个过程是否违背了热力学第二定律?

4. 为什么要引入可逆过程的概念?准静态过程是否一定是可逆过程?可逆过程是否一定是准静态过程?

有人说:"凡是有热接触的物体,它们之间进行热交换的过程都是不可逆过程。"这种说法对不对?为什么?

5. 如图 4.17 所示,体积为 $2V_0$ 的导热容器,中间用隔板隔开,左边盛有理想气体,体积为 V_0,压强为 p_0,温度为 T_0;右边为真空,外界温度恒定为 T_0。

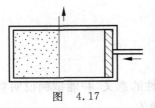

图 4.17

(1) 将隔板迅速抽掉,气体自由膨胀到整个容器,此过程中气体对外做功及传热各等于多少?

(2) 利用活塞将气体缓慢地压缩到原来体积 V_0,在这过程中外界对气体做功及传热各等于多少?有人说:气体回到原状态,则过程(1)是可逆过程。这种说法对不对?为什么?

6. 关于一个系统的熵的变化,以下说法是否正确?为什么?

(1) 任一绝热过程 $\Delta S=0$;

(2) 任一可逆过程 $\Delta S=0$;

(3) 孤立系,任意过程 $\Delta S\geqslant 0$。

7. 有人说,计算不可逆过程的熵变可以用可逆过程代替,那么绝热自由膨胀的熵变可以用可逆绝热过程计算,从而 $\Delta S=0$,这不是违背了熵增加原理吗？试说明之。

8. 为什么说熵增加原理：孤立系 $\Delta S \geqslant 0$,是热力学第二定律的数学表述？

9. 在温熵图上,画出卡诺循环,并证明 $\eta_C = 1 - \dfrac{T_2}{T_1}$。

10. 一杯开水在空气中冷却,水的熵减少了,这是否与熵增加原理矛盾？

四、计算题

1. 试由热传导的不可逆性论证气体自由膨胀的不可逆性。

2. 已知在 0℃,1mol 的冰熔解为 1mol 的水需要吸热 6000J,求：

(1) 在 0℃ 时这些冰化为水时的熵变；

(2) 0℃ 时这些水的微观状态数与冰的微观状态数之比。

3. 如图 4.18,1mol 氢气(可视为理想气体)在状态 1 时温度 $T_1=300K$,经过不同过程到达末态 3,1→3 为等温线,1→4 为绝热线,试分别由三条路径计算 $\Delta S = S_3 - S_1 = ?$ 对结果加以分析。

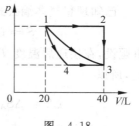

图 4.18

4. 在一绝热容器中使理想气体的体积由 V_1 自由膨胀到 V_2,然后再用活塞压回到 V_1。当 (1) 无限缓慢压缩时,(2) 很快压缩时,分别求整个过程中理想气体的熵变。

5. 将温度为 −10℃ 的 10g 冰块放进温度为 +15℃ 的湖水中,试计算当冰块和湖水达到热平衡时,冰块和湖水这个系统熵的变化。(水的比热 $c_水=4.18\times10^3$ J/(kg·K),冰的比热 $c_冰=2.09\times 10^3$ J/(kg·K),冰的熔解热 $\lambda_冰=3.34\times10^5$ J/kg)

6. 在 1atm 下,将 27℃ 的水 10g 与 87℃ 的水 10g 混合,求二者的总熵变。已知水的 $c_p=4.18$ J/(g·K)。

7. 如图 4.19 所示,在刚性绝热容器中有一可无摩擦移动而不漏气的导热隔板,将容器分为 A,B 两部分,各盛有 1mol 的 He 和 O_2。初态时 He 和 O_2 的温度各为 $T_A=300$K,$T_B=600$K;压强均为 1atm。

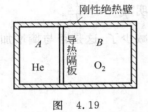

图 4.19

(1) 求整个系统达到平衡时的温度 T、压强 p(O_2 分子可视为刚性理想气体);

(2) 求 He 和 O_2 各自熵的变化。

8. 两绝热容器 A 和 B 中各有同种理想气体 ν mol,A,B 中气体的初态分别为 V_1,p_1,T 和 V_2,p_2,T。此后将两容器接通使气体达到平衡,求这一过程中系统的熵变。

(1) 有人采用下述解法:

已知理想气体熵公式

$$S=\nu C_{V,m}\ln T+\nu R\ln V+S_0$$

由题设,在接通后温度 T 不变,A,B 中的气体体积均扩展至 V_1+V_2,所以

$$\Delta S=\Delta S_A+\Delta S_B=\nu R\ln\frac{(V_1+V_2)^2}{V_1V_2} \qquad ①$$

又由理想气体状态方程有

$$p_1V_1=\nu RT=p_2V_2$$

即

$$\frac{V_1}{V_2}=\frac{p_2}{p_1} \qquad ②$$

将式②代入式①得

$$\Delta S = \nu R \ln \frac{(p_1+p_2)^2}{p_1 p_2} \qquad ③$$

试说明结果是否正确？并说明错在哪里？

(2) 如果在 A,B 中是不同种气体，其他条件不变，结果如何？为什么？

*9. 一实际致冷机工作于两恒温热库之间，热库温度分别为 $T_1=400\text{K}, T_2=200\text{K}$。工作物质在每一循环中，从低温热库吸收热量 $Q_2=800\text{J}$，向高温热库放热 $Q_1=2400\text{J}$。

(1) 求一个循环中，外界对致冷机做功 $W=?$ 热库和工作物质总的熵变 $\Delta S_\text{总}=?$

(2) 若在 T_1,T_2 间工作的是可逆致冷机，它从 T_2 吸热 $Q_2'=Q_2$，求外界做功 $W=?$

五、课后练习

1. 证明一条等温线与一条绝热线不能有两个交点。

2. 求 $\nu(\text{mol})$ 理想气体经历一可逆等温、可逆等压、可逆等容、可逆绝热等各种过程的熵变。

$$\left[\nu R\ln\frac{V_2}{V_1},\ \nu C_{p,\text{m}}\ln\frac{T_2}{T_1},\ \nu C_{V,\text{m}}\ln\frac{T_2}{T_1},\ 0\right]$$

3. 论证：如果功变热的不可逆性消失了，则理想气体自由膨胀的不可逆性也随之消失。

4. 一定量的理想气体从 a 态出发经图 4.20 所示的过程到达 b 态，求：

(1) 该过程中气体吸收的净热量；

(2) 1mol 理想气体在该过程

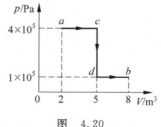

图 4.20

的熵变。

[1.5×10^6 J；11.6J/K]

5. 某人设想一台可逆卡诺热机，循环一次可以从 400K 的高温热源吸热 1800J，向 300K 的低温热源放热 800J，同时对外做功 1000J，试分析这一设想是否合理？为什么？　　　[不合理]

6. 判断以下说法是否正确？为什么？

(1) 由热力学第一定律可以证明任何热机的效率不可能等于 1；

(2) 由热力学第一定律可以证明任何卡诺循环的效率都等于 $1-\dfrac{T_2}{T_1}$；

(3) 有规则运动的能量能够变为无规则运动的能量，但无规则运动的能量不能变为有规则运动的能量。

[三种说法都不正确。]

7. 某循环机的两热源为 $T_1=1000$K，$T_2=300$K，系统与热源 T_1 交换的热量为 $|Q_1|=2000$kJ，与外界交换的功为 1500kJ。试说明该循环机是热机还是冷机？可逆吗？　　[不可逆致冷机。]

*8. 试从热力学基本方程出发，求出 1mol 范德瓦耳斯气体的熵 $S(T,V)$ 的表达式。　　$[C_{V,m}\ln T+R\ln(V-b)+S_0']$

第5章 振动与波

5.1 简谐振动及其合成

一、内容提要

1. 简谐振动表达式

$$x = A\cos(\omega t + \phi)$$

特征量：

振幅 A 取决于振动的能量（初始条件）。

圆频率（角频率）ω 取决于振动系统本身的性质。

初相位 ϕ 取决于起始时刻的选择。

振幅矢量表示简谐振动，如图 5.1 所示。

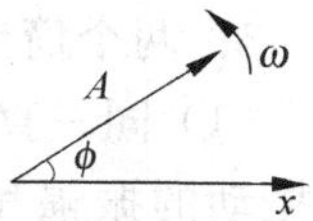

图 5.1

2. 振动的相位

$\omega t + \phi$：是用来表示简谐振动在 t 时刻的运动状态的物理量。

ϕ：初相位，即 $t=0$ 时刻的相位。

3. 简谐振动的运动微分方程

$$\frac{\mathrm{d}^2 x}{\mathrm{d}t^2} + \omega^2 x = 0$$

弹性力或准弹性力 $F = -kx$

ω 为圆频率 $\omega = \sqrt{\dfrac{k}{m}}, \quad T = 2\pi\sqrt{\dfrac{m}{k}}$

振幅 A 和初相位 ϕ 由初始条件决定：

$$A = \sqrt{x_0^2 + \frac{v_0^2}{\omega^2}}, \quad \phi = \arctan\left(-\frac{v_0}{\omega x_0}\right)$$

单摆小角度振动微分方程

$$\frac{d^2\theta}{dt^2} + \frac{g}{l}\theta = 0, \quad T = 2\pi\sqrt{\frac{l}{g}}$$

LC 振荡微分方程

$$\frac{d^2q}{dt^2} + \frac{q}{LC} = 0, \quad T = 2\pi\sqrt{LC}$$

4. 简谐振动的能量

$$E_k = \frac{1}{2}mv^2 = \frac{1}{2}m\omega^2 A^2 \sin^2(\omega t + \phi), \quad \overline{E}_k = \frac{1}{4}kA^2$$

$$E_p = \frac{1}{2}kx^2 = \frac{1}{2}kA^2 \cos^2(\omega t + \phi), \quad \overline{E}_p = \frac{1}{4}kA^2$$

$$E = E_k + E_p = \frac{1}{2}kA^2$$

5. 两个简谐振动的合成

(1) 同一直线上的两个同频率振动　合振动的振幅决定于两分振动的振幅和二者的相差。

同相：　　　$\Delta\phi = 2k\pi, \quad A = A_1 + A_2$

反相：　　　$\Delta\phi = (2k+1)\pi, \quad A = |A_1 - A_2|$

(2) 同一直线上的两个不同频率的振动

$\nu_1, \nu_2 \gg \nu_1 - \nu_2$ 时,产生拍现象。

拍频　　　　　　$\nu_b = \nu_1 - \nu_2$

(3) 相互垂直的两个同频率振动　$x = A_1\cos(\omega t + \phi_1), y = A_2\cos(\omega t + \phi_2)$,其合运动轨迹一般为椭圆,具体形状和运动的方向均由分振动的振幅大小和相差决定。

当 $\phi_2 - \phi_1 = 0$ 时,运动轨迹为通过原点位于一、三象限的斜直线,$A = \sqrt{A_1^2 + A_2^2}$。

$\phi_2 - \phi_1 = \pi$ 时,运动轨迹为通过原点位于二、四象限的斜直线,

$A=\sqrt{A_1^2+A_2^2}$。

$\phi_2-\phi_1=\dfrac{\pi}{2}$，运动轨迹为右旋正椭圆。

$\phi_2-\phi_1=-\dfrac{\pi}{2}$，运动轨迹为左旋正椭圆。

（4）相互垂直的两个不同频率且两频率之比为整数比的振动，其合运动轨迹为李萨如图形。

（5）与振动的合成相对应，有振动的分解的概念。

二、教学要求

1. 理解简谐振动的概念及其三个特征量的意义和决定因素。掌握用旋转矢量法表示简谐振动。

2. 理解相位及相位差的意义。

3. 理解简谐振动的动力学特征，并能判定简谐振动，理解弹性力或准弹性力的意义。能根据已知条件列出运动微分方程，并由此求出简谐振动的周期。

4. 理解简谐振动的能量特征，了解从能量关系分析振动问题的方法。

5. 掌握在同一直线上两个同频率简谐振动的合成规律。了解拍与拍频。

6. 理解两个互相垂直、同频率简谐振动合成的规律。了解李萨如图的形成。

三、讨论题

1. 判断下列运动是否是简谐振动？并说明理由。

（1）拍皮球时，皮球的运动。设球与地面的碰撞为弹性碰撞。

（2）细线悬挂一小球，令其在水平面内作匀速率圆周运动。

（3）小滑块在半径很大的光滑球面上作小幅度滑动。

(4) 在匀加速上升的升降机顶上竖直悬挂的单摆的运动,如图 5.2 所示。

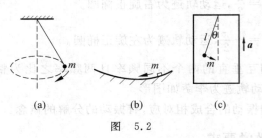

图 5.2

2. 将单摆拉到与竖直夹角为 ϕ 后,放手任其摆动,则 ϕ 是否就是其初相位？为什么？又,单摆的角速度是否是谐振动的圆频率？

3. 一单摆的悬线长 $l=1.5\text{m}$,在顶端固定点 O 的铅直下方 0.45m 处有一小钉,如图 5.3 所示。设单摆左右两方摆动均为小角度,且悬线与钉碰撞时无机械能损失,则单摆的左、右两方角振幅之比 $\theta_{0左}/\theta_{0右}$ 为何？

图 5.3

4. 谐振动是否一定是无阻尼自由振动？无阻尼振动是否一定是谐振动？

5. 判断以下说法是否正确,并说明理由。

(1) 质点作简谐振动时,从平衡位置运动到最远点需时 1/4 周期,因此走过该距离的一半需时 1/8 周期。

(2) 图 5.4 中,看起来 $x(t)$ 曲线似乎在 $v(t)$ 曲线的前方,即 $x(t)$ 的极大值处于邻近的 $v(t)$ 极大值的右侧,故说位移 x 比速度 v 领先 $\pi/2$。

(3) 位移 $x=A\cos(\omega t+\phi)$ 两次对 t 求导可得加速度 $a=-\omega^2 A\cos(\omega t+\phi)$,二者括弧中 $(\omega t+\phi)$ 是一样的,故说 x 和 a 同相。

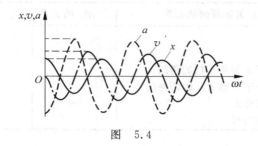

图 5.4

6. 三个简谐振动表达式分别为 $x_1 = A\cos\left(\omega t + \dfrac{\pi}{2}\right)$,$x_2 = A\cos\left(\omega t + \dfrac{7\pi}{6}\right)$ 和 $x_3 = A\cos\left(\omega t + \dfrac{11\pi}{6}\right)$。画出它们的旋转矢量图,并在同一坐标图上画出其振动曲线。

7. (1) 有两个弹簧振子,其重物质量相同,即 $m_1 = m_2$,但倔强系数 $k_1 \neq k_2$,已知振动周期 $T_1 = 2T_2$,且又知 $A_1 = 2A_2$,说明它们的振动能量是否相等。

(2) 若 $m_1 \neq m_2$,$k_1 = k_2$,$T_1 = 2T_2$,$A_1 = 2A_2$,说明它们的振动能量是否相等。

8. 什么是拍现象?合振幅 $A(t) = 2A'\cos\left(\dfrac{\omega_1 - \omega_2}{2}t\right)$ 的变化频率是 $\dfrac{|\nu_1 - \nu_2|}{2}$,为什么拍频 $\nu_b = |\nu_1 - \nu_2|$?

9. 求 $x_1 = 10\cos(\omega t + 135°)$,$x_2 = 5\cos(\omega t - 8°)$,$x_3 = 5\cos(\omega t - 82°)$ 三个谐振动的合振动。$\left(\text{提示}:\cos 37° \approx \dfrac{4}{5} = 0.8\right)$

10. 两个同频率互相垂直的谐振动 $x = A_1\cos(\omega t + \phi_1)$,$y = A_2\cos(\omega t + \phi_2)$,其合振动的轨迹可能出现的各种情形列于下表中,试在表中空格内填写 A_1,A_2 的关系($A_1 \neq 0$,$A_2 \neq 0$)以及($\phi_2 - \phi_1$)的取值范围。

合振动矢端所画的图形	A_1, A_2 的关系	$\phi_2 - \phi_1$ 的取值
直线段		
圆		
长轴重合于 x 轴或 y 轴的椭圆		
长轴不平行于 x 轴或 y 轴的椭圆		
右旋的圆或椭圆	—	
左旋的圆或椭圆	—	

四、计算题

1. 一弹性小球,从水平的固定平板上方高 h 处自由落下,碰平板后弹回,然后又落下,再弹回,如此往复不已。设碰撞是弹性的,且忽略空气阻力,每次碰撞时间很短。小球振动的周期是多少?频率是多少?是不是简谐振动?试画出小球振动的 x-t 曲线。

2. 已知一谐振动的表达式为 $x = 0.002\cos(8\pi t + \pi/4)$ (SI),求圆频率 ω、频率 ν、周期 T、振幅 A 和初相位 ϕ。并画出:(1)振幅矢量图;(2) x-t 曲线。

3. 质量为 10g 的物体沿 x 轴作谐振动,振幅 $A=10$cm,周期 $T=4.0$s,当 $t=0$ 时,位移 $x_0 = -5.0$cm,且物体朝 $-x$ 向运动。求:

(1) $t = 1.0$s 时物体的位移;

(2) $t = 1.0$s 时物体受的力;

(3) $t = 0$ 之后何时物体第一次到达 $x = 5.0$cm 处?

(4) 第二次和第一次经过 $x = 5.0$cm 处的时间间隔。

4. 一水平弹簧振子,振子的质量为 m,弹簧的劲度系数为 k,现施加一水平恒定外力 F_0,使弹簧从原长朝 x 轴正方向伸长 l,然后撤去外力。若不计阻力,试写出撤去外力后振子的位移表达式 $x(t)$。

5. 对如图 5.5 所示的 x-t 振动曲线,已知振幅 A、周期 T,且

$t=0$ 时 $x=\dfrac{A}{2}$,求:

(1) 该振动的初相位;

(2) a,b 两点的相位;

(3) 从 $t=0$ 到 a,b 两态所用的时间是多少?

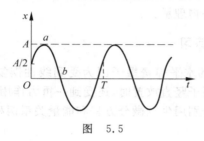

图 5.5

6. 定滑轮的半径为 R、转动惯量为 J,轻绳绕过滑轮,一端与固定的轻弹簧相连接,弹簧的倔强系数为 k;另一端挂一质量为 m 的物体,如图 5.6 所示。现将 m 从平衡位置向下拉一微小距离后放手,试证物体作谐振动,并求其振动周期。设绳与滑轮间无滑动,轴的摩擦及空气阻力忽略不计。

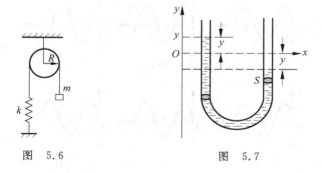

图 5.6　　　　　　图 5.7

7. 横截面均匀的光滑 U 形管中有适量液体如图 5.7 所示,液体的总长度为 L,求液面上下微小起伏的自由振动频率。

8. 一电容器通过与电感构成的闭合电路放电,如图5.8所示,设电路中导线的电阻不计。

(1) 用电路方程和能量两种方法求电容器放电规律;

(2) 将 LC 电路与无阻尼弹簧振子对比,找出它们对应的各物理量。

图 5.8

五、课后练习

1. 无阻尼的水平弹簧振子因为受到线性恢复力的作用而作简谐振动。当振子竖直放置时,还受到一重力作用,为什么它也作简谐振动?试分别用牛顿微分方程和能量关系两种方法求出简谐振动方程。 $\left[\dfrac{d^2 y}{dt^2} + \dfrac{k}{m} y = 0\right]$

2. 对于频率不同的两个谐振动,初相位相等,能否说这两个谐振动是同相?如图5.9中各图内的两条曲线表示两个谐振动,试对各图中的两个谐振动说明其频率、振幅、初相位三个量中哪个相等?哪个不相等?

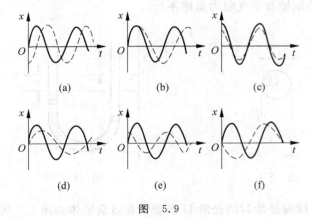

图 5.9

3. 如图 5.10 所示振动曲线,求:
(1) A, ω, ϕ;
(2) 写出振动表达式;
(3) 画振幅矢量图。

$[10\text{cm}, \pi/6, \pi/3;$

$10\cos\left(\dfrac{\pi}{6}t + \dfrac{\pi}{3}\right)\text{cm};$

略]

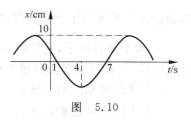

图 5.10

4. 一质点沿 x 轴作简谐振动,平衡位置在 x 轴的原点,振幅 $A=3\text{cm}$,频率 $\nu=6\text{Hz}$。

(1) 选质点经过平衡位置且向 x 轴负方向运动时为计时的零点,求振动的初相位。

(2) 选位移 $x=-3\text{cm}$ 时为计时零点,写出此简谐振动的表达式。

(3) 按上述两种 $t=0$ 的选取法,分别计算 $t=1\text{s}$ 时振动的相位,二者是否相同?再分别计算质点达到正向最大位移时的相位,二者是否相同?(只取 0 到 2π 间的值)

$[(1)\ \dfrac{\pi}{2};\ (2)\ 3.0\cos(12\pi t + \pi)\text{cm};$

$(3)\ 13\pi\quad 不同;0\ 或\ 2\pi\quad 相同]$

5. 已知 $x_1 = 6\cos(100\pi t + 0.75\pi)\text{mm}, x_2 = 8\cos(100\pi t + 0.25\pi)\text{mm}$,求:合振动的振幅及初相位,并写出合振动的表达式。

$[10\text{mm}, 82°;\ 10\cos(100\pi t + 82°)\text{mm}]$

6. 一位宇航员在月球表面用一轻的弹簧秤称岩石样品,此弹簧秤在 10cm 长的刻度尺上读数从 0 到 10N,他称一块月球岩石时读数为 4N,让岩石上下自由振动时的周期为 0.98s。试由这些数据估算在月球表面的自由落体的加速度。 $[1.64\text{m/s}^2]$

7. 老式钟摆形状如图 5.11 所示,杆和圆盘可看作匀质,质量

均为 m,圆盘半径为 R,杆长为 $3R$。钟摆绕杆端 O 的水平固定光滑轴在竖直平面内作小幅度摆动,求摆动周期。 $\left[2\pi\sqrt{\dfrac{39R}{11g}}\right]$

8. 两个弹簧振子,它们的弹簧相同,两重物质量之比为 4∶1,经推动后,二者以同样的振幅作自由振动。

(1) 求两振动周期之比;

(2) 求两振动能量之比。 [2∶1;1∶1]

9. 一摆钟在 $g=980.00\text{cm/s}^2$ 处计时准确,若移到较高的地方,每天慢 10.00s,求高处的重力加速度值。 [979.77cm/s^2]

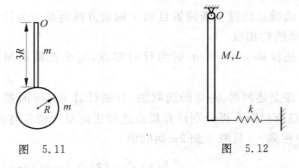

图 5.11 图 5.12

10. 一质量为 M、长为 L 的均匀细杆,上端挂在无摩擦的水平固定轴 O 上,下端用一轻质弹簧连在墙上,如图 5.12 所示。弹簧的劲度系数为 k,当杆竖直静止时,弹簧处于水平原长状态,求杆作微小振动的周期。 $\left[2\pi\sqrt{\dfrac{2ML}{3(Mg+2kL)}}\right]$

11. 若将弹簧振子放在与水平线成 θ 角的光滑斜面上,如图 5.13 所示,它在斜面上平衡位置 O 附近的振动是否仍是谐振动?其圆频率 $\omega=$? $\left[\text{是},\sqrt{\dfrac{k}{m}}\right]$

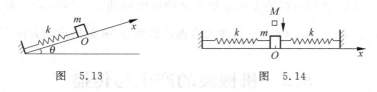

图 5.13　　　　　图 5.14

12. 如图 5.14 所示，两根相同的弹簧与质点 m 连接，放在光滑水平面上。弹簧另一端各固定在墙上，两端墙之间的距离等于弹簧原长的 2 倍，令 m 沿着水平面振动，当 m 运动到二墙间中点时，将一质量为 M 的质点轻轻粘在 m 上（设粘上 m 前，M 的速度为 0）。求 M 与 m 粘上前后，振动系统的圆频率比及振幅比。

$$\left[均为\sqrt{\frac{M+m}{m}}\right]$$

13. 如图 5.15 所示，质量为 m 的比重计浮在密度为 ρ 的液体中，比重计圆管横截面积为 S，试证明此比重计在竖直方向的自由振动是谐振动（略去液体的阻力和液面的起伏），并求振动周期。（对于别的浮体，只要在液面附近那一段浮体的水平横截面是均匀的，也是同样情形）$\left[2\pi\sqrt{\dfrac{m}{S\rho g}}\right]$

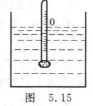

图 5.15

14. 一杆长为 1.00m，可绕其一端的水平轴作微振动，把一个与杆质量相等的质点固定在杆上离轴为 h 的地方，用 T_0 表示未加质点时杆的振动周期，用 T 表示加上质点后的周期。求：

(1) 当 $h=0.50$m 和 $h=1.00$m 时的比值 T/T_0；

(2) 是否存在某一 h 值，会出现 $\dfrac{T}{T_0}=1$？

$$\left[\sqrt{\dfrac{7}{8}},\sqrt{\dfrac{4}{3}};\ 0\ 或\ \dfrac{2}{3}\text{m}\right]$$

15. 已知两振动方向互相垂直的简谐振动 $x=A\sin(\omega t+\phi)$，$y=1.5A\cos\left(\omega t+\phi+\dfrac{\pi}{3}\right)$，画出合振动的轨迹，并标出运动方向。

5.2 机械波的产生与传播

一、内容提要

1. 机械波产生的条件：波源和媒质。通过各质元的弹性联系形成波。

2. 波的传播是振动相位的传播，沿波的传播方向，各质元振动的相位依次落后。

波形曲线：某一时刻的 ξ-x 曲线。波的传播表现为波形曲线以波速平移。

3. 描述波的物理量

波速 u：单位时间内振动传播的距离，其值由媒质的性质决定。

波的周期 T：媒质中各质元完成一次全振动所需时间，表示波在时间上的周期性。

波的频率 ν：单位时间内通过波线上某点的"完整波"的数目。

波长 λ：沿着波线相位差为 2π 的两点间的距离，表示波在空间上的周期性。

各量间的关系：周期 $\quad T=\dfrac{2\pi}{\omega}=\dfrac{1}{\nu}$

$$\text{相速度}\quad u=\lambda\nu=\dfrac{\lambda}{T}$$

4. 平面简谐波的波函数（设波源位于原点 O，且其振动初相位为零），波形曲线为正弦曲线。

$$\xi=A\cos\left(\omega t\mp\dfrac{2\pi x}{\lambda}\right)$$

$$= A\cos\omega\left(t \mp \frac{x}{u}\right)$$

$$= A\cos(\omega t \mp kx) \quad \text{波数 } k = \frac{2\pi}{\lambda} = \frac{\omega}{u}$$

$$\xi(t+\Delta t, x+u\Delta t) = \xi(t,x)$$

5. 波动方程

$$\frac{\partial^2 \xi}{\partial x^2} = \frac{1}{u^2}\frac{\partial^2 \xi}{\partial t^2}$$

6. 波的传播是能量的传播

波传播过程中质元的动能和势能在任何时刻都相等。

平均能量密度

$$\overline{w} = \frac{1}{2}\rho\omega^2 A^2$$

平均能流密度即波的强度

$$I = \overline{w}u = \frac{1}{2}\rho u\omega^2 A^2$$

7. 多普勒效应：观察者接收到的频率 ν_R 与观察者和波源相对媒质的运动有关。

当观察者和波源相向运动时：

$$\nu_R = \frac{u+v_R}{u-v_S}\nu_S$$

当观察者和波源彼此离开时：

$$\nu_R = \frac{u-v_R}{u+v_S}\nu_S$$

光学多普勒效应：决定于光源和接收器的相对运动。光源和接收器的相对速度为 v 时：

$$\nu_R = \sqrt{\frac{c \pm v}{c \mp v}}\nu_S$$

二、教学要求

1. 理解机械波产生的条件及波传播的物理图像。

2. 确切理解描述波动的物理量——波长、波速、频率的物理意义及其相互关系。掌握以上各物理量与波源振幅、频率、振动速度的异同。

3. 掌握相位传播的概念,并能利用它写出平面简谐波的波函数(平面简谐波的表达式)。理解波形曲线的意义,并能熟练画出。

4. 已知波源的振动能写出波函数;已知波函数能写出空间各点的振动表达式;能计算 A,T,ν,λ,u 及波线上任意两点的相位差。

5. 理解波的能量密度、能流、能流密度及波的强度等概念。

6. 理解多普勒效应并能计算波源和观察者在同一直线上运动时频率的变化。

三、讨论题

1. 根据振动的传播的概念可写出波函数。有人说,如果波从 O 点传向 B 点,则 B 点开始振动的时刻比 O 点晚 $\frac{x}{u}$,即 O 点 t 时刻的相位在 B 点是 $t+\frac{x}{u}$ 时刻才出现,因此 B 点的振动表达式应为 $\xi = A\cos\omega\left(t+\frac{x}{u}\right)$,你的看法如何?

2. 关于波长的概念,有三种说法,试分析这三种说法是否一致?

(1) 同一波线上,相位差为 2π 的两个振动质点之间的距离。

(2) 在一个周期内,振动所传播的距离。

(3) 横波的两个相邻波峰(或波谷)之间的距离;纵波的两个相邻密部(或疏部)对应点之间的距离。

3. 以下几种说法中,你认为哪个是正确的?

(1) 当波源不运动时,波源的振动周期与波动的周期在数值上是不同的;

（2）波源振动的速度与波速相同；

（3）在波传播方向上的任一质点的振动相位总是比波源的相位落后；

（4）在波传播方向上的任一质点的振动相位总是比波源的相位超前。

4. 什么是波速？什么是振动速度？有何不同？各由什么公式计算？

5. 弹性波在媒质中传播时，取一质元来看，它的振动动能和振动势能与自由弹簧振子的情况有何不同？这又如何反映了波在传播能量？

一平面简谐波在弹性媒质中传播，某媒质质元从最大位移处回到平衡位置的过程中及从平衡位置运动到最大位移处的过程中，能量是怎样变化的？

6. 一沿 x 轴负向传播的平面简谐波在 $t=2\text{s}$ 时的波形曲线如图 5.16 所示，写出原点 O 的振动表达式。

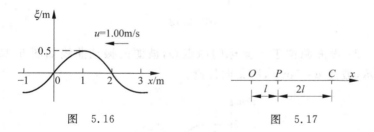

图 5.16　　　　　　　　图 5.17

7. 如图 5.17 所示，一平面简谐波以速度 u 沿 x 轴正向传播，O 点为坐标原点，已知 P 点的振动表达式为 $\xi_P = A\cos\omega t$，则波动表达式为何？C 点的振动表达式为何？

8. 声源向着观察者运动和观察者向声源运动都使观察者接收的频率变高，这两种过程在物理上有何区别？

9. 两辆试验车相向而行，A 车上有声源，车速为 v_1；B 车上

有接收器,速度为 v_2。已知声源发声频率为 ν,声速为 u。试给出:

(1) 声源所发传向 B 的声波的波长;

(2) B 车接收到的频率;

(3) 由 B 车反射的声波波长;

(4) A 车接收到的反射波的频率。

四、计算题

1. 沿 x 轴负方向传播的平面简谐波在 $t=2\text{s}$ 时的波形曲线如图 5.18 所示,设波速 $u=0.5\text{m/s}$,求原点 O 的振动表达式。要求用两种解法。

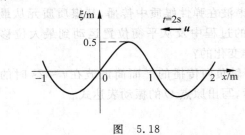

图 5.18

2. 设波源位于 x 坐标的原点 O,波源的振动曲线如图 5.19 所示,波速 $u=5\text{m/s}$,沿 $\hat{x}$ 向传播。

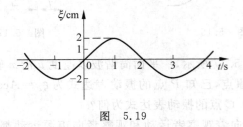

图 5.19

(1) 画出距波源 25m 处的质点的振动曲线;

(2) 画出 $t=3\text{s}$ 时的波形曲线。

3. 一列波长为 λ 的平面简谐波沿 x 轴正方向传播。已知在 $x=\lambda/2$ 处振动表达式为 $\xi=A\cos\omega t$。

(1) 求该平面简谐波的波函数；

(2) 若在波线上 $x=L\left(L>\dfrac{\lambda}{2}\right)$ 处放一反射面，$\rho_1 u_1 < \rho_2 u_2$，且反射波的振幅为 A'，求反射波的波函数（见图 5.20）。

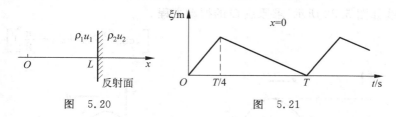

图 5.20　　　　　图 5.21

4. 一平面简谐波的波函数为 $\xi = 0.1\cos(6\pi t + 0.05\pi x)$ (SI)。求：

(1) 当 $t=0.1$ s 时，原点与最近一个波谷的距离。

(2) 此波谷何时通过原点？

5. 有一波沿 $\hat{x}$ 向传播，波速 u，已知 $x=0$ 点振动曲线如图 5.21 所示。

(1) 画出 $x=\dfrac{\lambda}{4},\dfrac{2}{4}\lambda,\dfrac{3}{4}\lambda,\lambda$ 各点的振动曲线；

(2) 根据以上各点在 $t=T$ 时刻的位移画出 $t=T$ 时刻的波形曲线。

6. 一固定波源在海水中发射频率为 ν 的超声波，射在一艘运动的潜艇上反射回来。反射波和发射波的频率差为 $\Delta\nu$，潜艇运动速度远小于海水中的声速 u，试证明潜艇运动速度为

$$v = \frac{u\Delta\nu}{2\nu}$$

*7. 设光源和接收器间相对运动速度为 u，光源发出频率为 ν 的光，光子能量为 $h\nu$，试由相对论动量、能量变换求下列两种情况

下,接收器接收到光的频率。$E'=\gamma(E-\beta c p_x),E=\gamma(E'+vp'_x)$

(1) 相对运动方向沿光源和接收器连线(纵向效应);

(2) 相对运动方向垂直于光源和接收器连线(横向效应)。

五、课后练习

1. 一平面简谐波以速度 u 沿 x 轴正向传播,在 $t=t'$ 时波形曲线如图 5.22 所示,求原点 O 的振动方程。

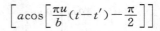

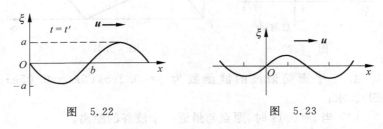

图 5.22   图 5.23

2. 一平面简谐波沿 x 轴正向传播,其振幅和圆频率为 A,ω,波速为 u,设 $t=0$ 时的波形曲线如图 5.23 所示。

(1) 写出该波的波函数;

(2) 求距 O 点为 $3\lambda/8$ 处的质点的振动表达式;

(3) 求距 O 点为 $\lambda/8$ 处的质点在 $t=0$ 时的振动速度。

$$\left[A\cos\left(\omega t-\frac{\omega}{u}x+\frac{\pi}{2}\right);\ A\cos\left(\omega t-\frac{\pi}{4}\right);\ -\frac{\sqrt{2}}{2}\omega A\right]$$

3. 一平面简谐波沿 x 轴正向传播,振幅 $A=10\text{cm},\omega=7\pi\text{rad/s}$。当 $t=1\text{s}$ 时,$x=10\text{cm}$ 处的质点的振动状态为 $\xi_1=0,\left(\frac{d\xi}{dt}\right)_1<0$; $x=20\text{cm}$ 处的质点的振动状态为 $\xi_2=5\text{cm},\left(\frac{d\xi}{dt}\right)_2>0$。若波长 $\lambda>10\text{cm}$,求波的表达式。

$$\left[0.1\cos\left(7\pi t-\frac{\pi}{0.12}x+\frac{\pi}{3}\right)\right]$$

4. 图 5.24(a),(b)分别是无阻尼自由弹簧振子 m 和平面简谐波波线上体积为 ΔV 的某质元的振动曲线,设 m、ΔV、振幅 A、圆频率 ω、媒质质量密度 ρ 各量均为已知。试给出两图中 P,Q 两点所表示的状态分别对应的振子和质元的动能 W_k 和势能 W_p。

$$\left[(a) 0, \frac{1}{2} m\omega^2 A^2;\ \frac{1}{2} m\omega^2 A^2, 0。(b) 0, 0;\ \frac{1}{2}\rho\Delta V \omega^2 A^2, \frac{1}{2}\rho\Delta V \omega^2 A^2 \right]$$

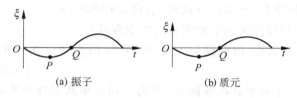

图 5.24

5. 一平面简谐波在媒质中以速度 $u=20\text{cm/s}$ 自左向右传播。已知波线上某点 A 的振动表达式 $\xi = 3\cos(4\pi t - \pi)$,$D$ 点在 A 点右方 9m 处。

(1) 若取 x 轴方向向左,并以 A 为坐标原点,试写出波函数,并写出 D 点的振动表达式;

(2) 若取 x 轴方向向右,以 A 点左方 5m 处的 O 点为原点,写出波函数及 D 点的振动表达式。

$$\left[3\cos\left(4\pi t - \pi + \frac{\pi}{5}x\right), 3\cos\left(4\pi t - \frac{4}{5}\pi\right); \right.$$
$$\left. 3\cos\left(4\pi t - \frac{\pi}{5}x\right), 3\cos\left(4\pi t - \frac{4}{5}\pi\right) \right]$$

6. 一平面简谐波沿 $\hat{x}$ 向传播,波函数 $\xi = A\cos\left[2\pi\left(\nu t - \frac{x}{\lambda}\right) + \phi_0\right]$,求:

(1) $x = L$ 处媒质质点振动的初相位;

(2) 与 $x = L$ 处质点的振动状态在各时刻均相同的其他质点的位置;

(3) 与 $x=L$ 处的质点在各时刻振动速度大小均相同,而振动方向均相反的各点的位置.

$$\left[-\frac{2\pi}{\lambda}L+\phi_0; L\pm m\lambda \quad m=1,2,3,\cdots;\right.$$

$$\left. L\pm(2m+1)\frac{\lambda}{2} \quad m=0,1,2,\cdots\right]$$

7. 频率为 $\nu=500\text{Hz}$ 的波,波速 $u=350\text{m/s}$.

(1) 相位差为 $\pi/3$ 的两点间相距多远?

(2) 在某点,时间间隔为 $\Delta t=10^{-3}\text{s}$ 的两个位移的相位差为多少? [0.12m；π]

8. 一个观察者在铁路边,看到一列火车从远处开来,他测得远处传来的火车汽笛声的频率为 650Hz;当列车从身旁驰过而远离他时,他测出的汽笛声频率降低为 540Hz,求火车行驶的速度 u?(已知空气中声速为 330m/s.) [30.5m/s]

5.3 波的叠加与干涉

一、内容提要

1. 惠更斯原理 媒质中波阵面上各点都可看作子波波源,任一时刻这些子波的包迹就是新的波阵面.

2. 波的叠加原理 几列波可以保持各自原有的特点通过同一媒质.在它们相重叠的区域内,每一点的振动都是各个波单独在该点产生的振动的合成.

3. 波的干涉

干涉现象 几列波叠加时产生强度的稳定分布.

波的相干条件 频率相同、振动方向相同、相位差恒定.

干涉加强条件 $\Delta\phi=\phi_2-\phi_1-\dfrac{2\pi}{\lambda}(r_2-r_1)=2k\pi$

干涉减弱条件　　　$\Delta\phi=(2k+1)\pi$

4. 驻波　　两列振幅相同的相干波,在同一直线上沿相反方向传播时形成驻波,其表达式为

$$\xi = 2A\cos\frac{2\pi}{\lambda}x\cos\omega t$$

波节　振幅恒为零的各点。

波腹　振幅最大的各点。

相邻两波节或波腹之间的距离是 $\lambda/2$。

相邻两波节之间各点的振动同相,同一波节两侧振动的相位差 π,即反相。驻波实际上是稳定的分段振动。

驻波的波形不前进,能量也不向前传播,只是动能与势能交替地在波腹与波节附近不断地转换。

5. 半波损失　　波从波疏媒质(ρu 较小)传向波密媒质(ρu 较大),而在波密媒质面上反射时,反射波的相位有 π 的突变,称半波损失。计算波程时要附加 $\pm\frac{\lambda}{2}$。

二、教学要求

1. 确切理解惠更斯原理及其对反射、折射、衍射等现象的说明。

2. 理解波的叠加原理,理解相干波的条件。掌握干涉现象中的加强、减弱条件,并能运用来计算合振幅最大、最小的位置。

3. 理解驻波的概念;驻波的形成条件;波腹、波节的意义及位置;各质元振动相位的关系。理解驻波与行波的区别。

4. 理解半波损失的意义,在有半波损失时会计算波程。

三、讨论题

1. 有人认为频率不同、振动方向不同、相位差不恒定的两列

波不能叠加,所以它们不是相干波,这种看法对不对? 说明理由。

2. 如图 5.25 所示,两相干波源 S_1 与 S_2 相距 $\frac{3}{4}\lambda$,λ 为波长,若两波在 S_1,S_2 连线上的振幅都是 A,并且不随距离变化。已知在连线上 S_1 左侧各点的合成波强度是其中一个波强度的 4 倍,求两波源应满足的相位条件是什么?

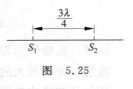

图 5.25

3. 两列平面简谐波相遇,在相遇区域内,媒质质点的运动仍为简谐振动,但质点的振动方向与两波在该点的振动方向都不相同,分析这两列波的频率及相位差。这种叠加是不是干涉?

4. 波的能量与振幅的平方成正比,两个振幅相同的相干波在空间叠加时,干涉加强的点的合振幅为原来的 2 倍,能量为原来的 4 倍,这是否违背能量守恒定律?

5. 驻波和行波有什么区别? 驻波中各质元的相位有什么关系? 为什么说相位没有传播? 驻波中各质元的能量是如何变化的? 为什么说能量没有传播? 驻波的波形有何特点?

6. 一平面简谐波沿 $\hat{x}$ 向传播,图 5.26 为 t 时刻的波形图,若欲沿 x 轴形成驻波,且使 O 点为波节,则 t 时刻另一平面简谐波的波形图如何?

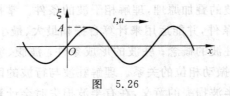

图 5.26

7. 图 5.27(a),(b)分别是平面简谐行波和驻波在某时刻的波形图,它们振动的最大幅度 A_{max} 相同,频率 ν 相同,媒质质量密度 ρ 和波速 u 相同。

5.3 波的叠加与干涉

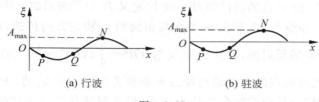

(a) 行波　　　　　(b) 驻波

图 5.27

(1) 比较两图中 P 与 Q，Q 与 N 的相位差。
(2) 求两图中 O 点的能量密度之比和 N 点的能量密度之比。
(3) 写出两图中 O 点的能流密度。

四、计算题

1. 两列相干平面简谐波沿 x 轴传播。波源 S_1 与 S_2 相距 $d=30\text{m}$，S_1 为坐标原点。已知 $x_1=9\text{m}$ 和 $x_2=12\text{m}$ 处的两点是相邻的两个因干涉而静止的点，求两波的波长和两波源的最小相位差。

2. 如图 5.28 所示，设两个同相的相干波源 S_1 和 S_2 的间距为 d，$d>\lambda$（波长），x 轴的原点 O 在 $\overline{S_1S_2}$ 的中垂线上，Ox 轴与 S_1S_2 连线平行，且 $L\gg d$，$L\gg x$。求：

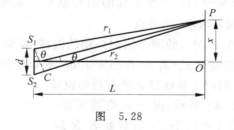

图 5.28

(1) x 为何值时，P 点的合振幅 $A=A_{\min}$，$A=A_{\max}$？
(2) 相邻两个 $A_{\max}$ 点的间隔 $\Delta x=$？

(3) 把 P 点的波的相对强度 I(定义 $I \equiv A^2$)表示成 θ 的函数。

3. 如图 5.29 所示，一平面简谐波沿 x 轴正方向传播，BC 为波密媒质的反射面，波由 P 点反射，$OP = \frac{3}{4}\lambda$，$DP = \frac{1}{6}\lambda$。在 $t=0$ 时，O 点处质点的合振动是经过平衡位置向负方向运动，求 D 点处入射波与反射波的合振动表达式(设入射波和反射波的振幅皆为 A，频率为 ν)。

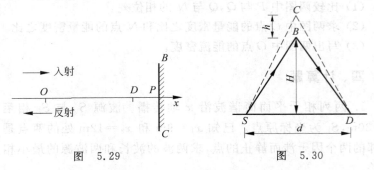

图 5.29 　　　　　　图 5.30

4. 如图 5.30 所示，地面上一波源 S 与一高频波探测器 D 之间的距离为 d，在 D 处测量从 S 直接发出的波与从 S 发出又经高度为 H 的水平层 B 反射后的波的合成信号强度最大。当水平层逐渐升高 h 距离时，在 D 处测到的信号消失。不考虑大气的吸收，求波长 λ 与 d, h, H 的关系。

5. 位于 A, B 两点的两个同向振动的波源，振幅相等，频率都是 100Hz，相位差为 π。若 A, B 相距 30m，波速为 400m/s，求 AB 连线上二者之间因干涉而静止的各点的位置。

6. 如图 5.31 所示，振源 S 位置固定，反射面以速度 $v = 0.2$m/s 朝观察者 R 运动，R 听到拍音频率为 $\nu_b = 4$Hz，求振源频率 ν_S(已知空气中声速为 340m/s)。

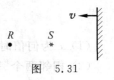

图 5.31

7. 如果在固定端 $x=0$ 处反射的反射波波函数为 $\xi_2 = A\cos 2\pi\left(\nu t - \dfrac{x}{\lambda}\right)$,求:

(1) 入射波的表达式;
(2) 形成驻波的表达式。

8. 音叉与频率为 250.0Hz 的标准声源同时发音时,产生 1.5Hz 的拍音。当音叉粘上一小块橡皮泥时,拍频增大了。现将该音叉放在盛水的细玻璃管口,如图 5.32 所示,调节管中水面的高度,当管中空气柱高度 L 从零连续增加时,发现在 $L=0.34$m 和 1.03m 时产生相继的两次共鸣。试:(1)求该音叉的固有频率;(2)求声波在空气中的传播速度;(3)画出管内空气柱中的驻波图形。

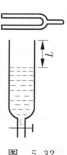

图 5.32

五、课后练习

1. 如图 5.33 所示,两列平面简谐横波为相干波,在两种不同媒质中传播,在两媒质的分界面上 P 点相遇。波的频率 $\nu = 100$Hz,振幅 $A_1 = A_2 = 1.00 \times 10^{-3}$m,$S_1$ 的相位比 S_2 的相位领先 $\pi/2$,波在媒质 1 中波速 $u_1 = 400$m/s,在媒质 2 中的波速 $u_2 = 500$m/s,$r_1 = 4.00$m,$r_2 = 3.75$m,求 P 点的合振幅。 $[2.00 \times 10^{-3}\text{m}]$

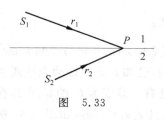

图 5.33

2. 两列平面简谐波相遇,在相遇区域内,媒质质点的运动轨迹为一圆,试分析这两列波的振动方向、频率、相位差及振幅。

$\left[\text{在圆平面内互相垂直,频率相同,相位差}\dfrac{\pi}{2}\text{或}\dfrac{3\pi}{2}\text{,振幅相同。}\right]$

3. 设入射波的表达式为 $\xi_1 = A\cos 2\pi\left(\dfrac{t}{T} + \dfrac{x}{\lambda}\right)$,在 $x=0$ 处发

生反射,反射点为一固定端,求:

(1) 反射波的表达式;

(2) 合成波即驻波的表达式;

(3) 波腹、波节的位置。

$$\left[2A\cos\left[2\pi\left(\frac{x}{\lambda}-\frac{t}{T}\right)+\pi\right];\right.$$

$$2A\cos\left(2\pi\frac{x}{\lambda}+\frac{\pi}{2}\right)\cos\left(2\pi\frac{t}{T}-\frac{\pi}{2}\right);$$

$$\left.\left(n-\frac{1}{2}\right)\frac{\lambda}{2}, n\frac{\lambda}{2}, n=0,1,2,\cdots\right]$$

4. 一驻波表达式为 $\xi=A\cos2\pi x\cos100\pi t$(SI),位于 $x_1=\frac{3}{8}$ m 处的质元 P_1 与位于 $x_2=\frac{5}{8}$ m 处的质元 P_2 的振动相位差是多少?

[0]

5. 一驻波表达式为 $\xi=2A\cos2\pi\frac{x}{\lambda}\cos\omega t$,求:

(1) $x=-\frac{\lambda}{2}$ 处质点的振动表达式;

(2) 该质点的振动速度。 $[2A\cos(\omega t+\pi); 2A\omega\sin\omega t]$

6. 一平面余弦波沿 x 轴正向传播,已知 a 点的振动表达式为 $\xi_a=A\cos\omega t$,在 x 轴原点 O 的右侧 l 处有一厚度为 D 的媒质 2,在媒质 1 和媒质 2 中的波速为 u_1 和 u_2,且 $\rho_1 u_1 < \rho_2 u_2$,如图 5.34 所示。试:

(1) 写出 I 区沿 x 正向传播的波的波函数;

(2) 写出在 S_1 面上反射波的波函数(设振幅为 $A_{1反}$);

(3) 写出在 S_2 面上反射波的波函数(设回到 I 区的反射波振幅为 $A_{2反}$);

(4) 若使上两列反射波在 I 区内叠加后的合振幅 A 为最大,

问媒质 2 的厚度 D 至少应为多厚?

$$\left[A\cos\omega\left(t-\frac{d+x}{u_1}\right); \right.$$

$$A_{1\text{反}}\cos\omega\left(t-\frac{d+l}{u_1}-\frac{\pi}{\omega}-\frac{l-x}{u_1}\right);$$

$$\left. A_{2\text{反}}\cos\omega\left(t-\frac{d+l}{u_1}-\frac{2D}{u_2}-\frac{l-x}{u_1}\right); \frac{u_2\pi}{2\omega}\right]$$

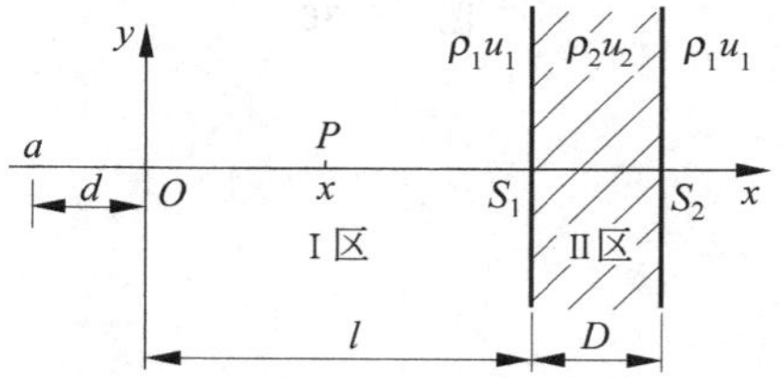

图 5.34

7. 如图 5.35 所示为一向右传播的平面简谐波在 t 时刻的波形图，BC 为波密媒质的反射面，波在 P 点反射，试画出同一时刻反射波的波形图（设振幅相同）。

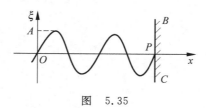

图 5.35

8. 两列沿 $\pm\hat{x}$ 方向传播的等振幅的相干波叠加形成驻波。已知原点 O 处为波腹，且某时刻向 $+\hat{x}$ 方向传播的波的波形曲线如图 5.36 所示。

（1）画出该时刻另一向 $-\hat{x}$ 方向传播的波的波形曲线和驻波的波形曲线。

(2) 该时刻图 5.36 中 O, a 点对应的驻波的能量密度各为何？（设波和媒质的各有关参量均为已知）　　　　　　　[略；$2\rho\omega^2 A^2$]

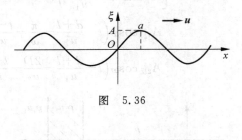

图　5.36

第6章 光　学

6.1 光的干涉

一、内容提要

1. 普通光源的发光特点　原子发光是断续的,每次发光形成一有限长度的波列。各原子各次发光相互独立,各波列互不相干。

2. 相干光

相干条件:振动方向相同、频率相同、相位差恒定。

获得相干光的基本原理是:把一个光源的一点发出的光束分为两束。具体方法有分波阵面法和分振幅法。

3. 杨氏双缝干涉　是分波阵面法,其干涉条纹是等间距的直条纹。

条纹中心位置:明纹 $x = \pm k \dfrac{D\lambda}{d}$　$k = 0, 1, 2, \cdots$

暗纹 $x = \pm (2k-1) \dfrac{D\lambda}{2d}$　$k = 1, 2, 3, \cdots$

条纹间距　$\Delta x = \dfrac{D}{d}\lambda$

4. 光源的单色性

用光强下降到 $I_0/2$ 的两点之间的波长范围 $\Delta\lambda$ 作为谱线宽度,$\Delta\lambda$ 越小表示光源的单色性越好(见图6.1)。

光源的相干性

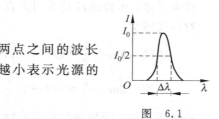

图 6.1

时间相干性：只有当干涉装置中两分光束的最大光程差 δ_m 小于光波的波列长度时，这两光束相遇才能产生干涉。δ_m 称光源的相干长度：

$$\delta_m = \frac{\lambda^2}{\Delta\lambda} \quad (\Delta\lambda \text{ 为谱线宽度})$$

空间相干性

相干间隔　$d_0 = \frac{R}{b}\lambda$　（R 为双缝与光源间的距离，b 为光源宽度）

相干孔径　　　　　$\theta_0 = \frac{d_0}{R} = \frac{\lambda}{b}$

5. 光程

光程是与光在媒质中几何路程相当的真空中的路程。其大小等于光在媒质中的几何路程 x 与媒质的折射率 n 的乘积 nx。

相位差

$$\Delta\phi = 2\pi\frac{\delta}{\lambda}$$

其中 δ 为光程差，λ 为光在真空中的波长。

光从光疏媒质射向光密媒质的分界面上反射时，相位发生 π 的突变，相当于光程增加或减少 $\lambda/2$，故又称半波损失。

光经过透镜不引起附加光程差。

6. 薄膜干涉　入射光在薄膜上表面由于反射和折射而"分振幅"，在上、下表面反射的光为相干光。

(1) 等厚干涉：光线垂直入射，薄膜等厚处干涉为同一条纹。

劈尖干涉：干涉条纹是等间距直条纹。

对空气劈尖：

明纹　$2ne + \frac{\lambda}{2} = k\lambda \quad k = 1, 2, 3, \cdots$

暗纹　$2ne + \frac{\lambda}{2} = (2k+1)\frac{\lambda}{2} \quad k = 0, 1, 2, \cdots$

牛顿环干涉：干涉条纹是以接触点为中心的同心圆环。

明环半径 $r_{明} = \sqrt{(2k-1)R\dfrac{\lambda}{2n}}$ $k=1,2,3,\cdots$

暗环半径 $r_{暗} = \sqrt{kR\dfrac{\lambda}{n}}$ $k=0,1,2,\cdots$

（2）等倾干涉条纹：薄膜厚度均匀,采用面光源,以相同倾角 i 入射的光的干涉情况一样。干涉条纹是同心圆环。

明环 $2e\sqrt{n^2-n_1^2\sin^2 i}+\dfrac{\lambda}{2}=k\lambda$ $k=1,2,3,\cdots$

暗环 $2e\sqrt{n^2-n_1^2\sin^2 i}+\dfrac{\lambda}{2}=(2k+1)\dfrac{\lambda}{2}$ $k=0,1,2,\cdots$

式中,n 为薄膜的折射率,n_1 为薄膜外媒质的折射率,$n>n_1$。

7. 迈克耳逊干涉仪　利用分振幅法使两个相互垂直的平面镜形成一等效的空气薄膜,产生双光束干涉。干涉条纹移动一条相当于空气薄膜厚度改变 $\lambda/2$。

二、教学要求

1. 理解相干光的条件及获得相干光的基本原理。

2. 掌握杨氏双缝干涉实验的基本装置及干涉条纹位置的计算。

3. 了解光源的单色性和相干性,并了解相干长度的意义。

4. 理解光程及光程差的概念,并掌握其计算方法。理解什么情况下反射光有半波损失,理解透镜不引起附加光程差的意义。

5. 掌握等厚干涉实验的基本装置、干涉条纹位置的计算及其应用。

6. 理解等倾干涉条纹产生的原理。

7. 理解迈克尔逊干涉仪的原理和应用。

三、讨论题

1. 相干光的条件是什么？怎样获得相干光？用两条平行的

细灯丝作为杨氏双缝实验中的 S_1 和 S_2,是否能观察到干涉条纹?在杨氏双缝实验的 S_1,S_2 缝后面分别放一红色和绿色滤光片,能否观察到干涉条纹?

2. 有人认为:相干叠加服从波的叠加原理,非相干叠加不服从波的叠加原理,这种看法是否正确?相干叠加与非相干叠加有何区别?

3. 在双缝干涉实验中

(1) 如何使屏上干涉条纹间距变宽?

(2) 将双缝干涉装置由空气中放入水中时,屏上的干涉条纹有何变化?

(3) 若 S_1,S_2 两条缝的宽度不等,条纹有何变化?

(4) 把缝光源 S 逐渐加宽时,干涉条纹如何变化?

4. 怎样理解光程? 光线 a,b 分别从两个同相的相干点光源 S_1,S_2 发出,试讨论:

(1) A 为 S_1,S_2 连线中垂线上的一点,在 S_1 与 A 之间插入厚度为 e、折射率为 n 的玻璃片,如图 6.2 所示,a,b 两光线在 A 点的光程差 ΔL 及相位差 $\Delta \phi$ 为何? 分析 A 点的干涉情况。

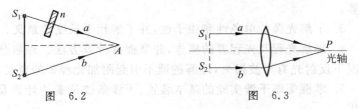

图 6.2   图 6.3

(2) 如图 6.3 所示,上述 a,b 两束光与透镜主光轴平行,当两束光经透镜相遇于 P 点时,光程差 $\Delta L=$? P 点是亮还是暗?

(3) 比较光通过介质中一段路程的时间和通过相应的光程的时间来说明光程的物理意义。

5. 真空中波长为 λ_0 的 A,B 两光线在相同的时间 Δt 内,A 在

空气中,B 在玻璃中,问它们传播的路程及光程是否相等?

6. 观察薄膜干涉对膜厚有无限制? 膜厚 e 太大、太小还能否看到干涉条纹?

7. 利用光的干涉可以检验工件质量。现将 A,B,C 三个直径相近的滚珠放在两块平玻璃之间,用单色平行光垂直照射,观察到等厚条纹如图 6.4 所示。

图 6.4

（1）怎样判断三个滚珠哪个大? 哪个小?

（2）若单色光波长为 λ,试用 λ 表示三个滚珠直径之差。

四、计算题

1. 波长 $\lambda = 5500$Å 的单色光射在相距 $d = 2 \times 10^{-4}$m 的双缝上,屏到双缝的距离 $D = 2$m。

（1）求中央明纹两侧的两条第 10 级明纹中心的间距;

（2）用一厚度为 $e = 6.6 \times 10^{-6}$m、折射率为 $n = 1.58$ 的云母片覆盖上面的一条缝后,零级明纹将移到原来的第几级明纹处?

2. 让光从空气中垂直照射到覆盖在玻璃板上的、厚度均匀的薄油膜上,所用光源的波长在可见光范围内连续变化时,只观察到 5000Å 与 7000Å 这两个波长的光相继在反射光中消失。已知空气的折射率为 1.00,油的折射率为 1.30,试求油膜的厚度。

3. 利用劈尖等厚干涉条纹可对工件表面的微小缺陷进行检验。方法是,在被测工件表面上放一平玻璃,使二者之间形成一空气劈尖,以单色光垂直照射玻璃表面,用显微镜观察干涉条纹如图 6.5 所示。

（1）根据干涉条纹的弯曲方向说明工件表面上的缺陷是凹的还是凸的?

(2) 证明凹凸不平的高度 $H=\dfrac{a}{b}\dfrac{\lambda}{2}$，其中 a,b 的含义如图所示。

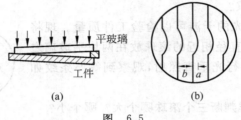

图 6.5

4. 光学元件的球面加工过程中，要用标准球面检验。待测工件表面与标准球面间形成一薄空气层，再用光线垂直照射观看形成的干涉条纹来判断待测面的加工情况，这叫"看光圈"。现有一球面工件用标准球面测试，如图 6.6 所示。试证：待测球面半径

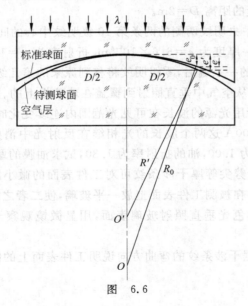

图 6.6

R' 和标准球面半径 R_0 之差 ΔR 与干涉条纹（一组同心圆）的圈数 N 之间有如下关系：

$$\Delta R = \frac{4\lambda N R_0^2}{D^2}$$

式中，λ 为入射光波长，D 为第 N 圈干涉环直径。设 $R' \approx R_0$，$R \gg e_0$，$R \gg e'$。

5. 用波长为 λ 的平行单色光垂直照射图 6.7 中所示的装置，上面是平玻璃，下面是圆柱面平凹透镜横截面，观察其间形成的空气薄膜上、下表面反射光形成的等厚干涉条纹。试在图 6.7 下方的虚线框内画出相应的干涉条纹，只画暗条纹，表示出它们的形状、条数和疏密。

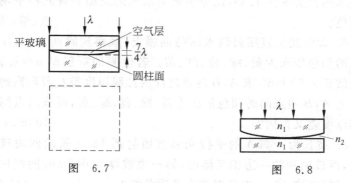

图 6.7　　　　　　图 6.8

6. 在如图 6.8 所示的牛顿环装置中，把玻璃平凸透镜和平玻璃（玻璃折射率为 $n_1 = 1.50$）之间的空气（折射率 $n_2 = 1.00$）改换成水（折射率 $n_2' = 1.33$），求第 k 级暗环半径的相对改变量 $\dfrac{|r_k' - r_k|}{r_k}$。

五、课后练习

1. 如图 6.9 所示，一条光线以入射角 θ 射入一厚度为 d、折射

率为 n 的平行表面玻璃片并透过。和没有此玻璃片时相比较，光线到达其正前方的屏上时，相位改变多少？（空气 $n_0=1$）

$$\left[\frac{2\pi d}{\lambda}(\sqrt{n^2-\sin^2\theta}-\cos\theta)\right]$$

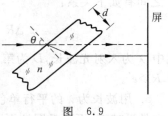

图 6.9

2. 用双缝干涉实验测某液体的折射率 n，光源为单色光，观察到在空气中的第三级明纹处正好是液体中的第四级明纹，试求 $n=$？ [1.33]

3. 以白光垂直照射到空气中的厚度为 3800Å 的肥皂水膜上，肥皂水的折射率为 1.33，试分析肥皂水膜的正面和背面各呈现什么颜色？ [红、紫；绿]

4. 太阳光垂直照射到水面的油膜上，观察到膜面上 A,B 两点间的颜色依次为黄、绿、蓝、红、黄。若油膜的折射率 $n=1.50$，黄光波长为 580nm，求 A,B 两点之间的油膜厚度差？若观察到的膜面上 A,B 两点间的颜色依次为黄、绿、蓝、绿、黄，则该两点间的油膜厚度差又为何？ [193nm；0]

5. 波长为 6800Å 的平行光垂直照射到 12cm 长的两块玻璃片上，两玻璃片的一边相互接触，另一边被厚 0.048mm 的纸片隔开。试问在这 12cm 内呈现多少条明条纹？ [141 条]

6. 如图 6.10 所示的一双缝，两缝分别被折射率 $n_1=1.4$ 及 $n_2=1.7$ 的同样厚度 d 的薄玻璃片遮盖。用 $\lambda=4800$Å 的单色

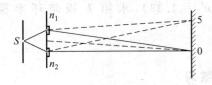

图 6.10

光照射,由于盖上玻璃片使原来的干涉条纹中的第五级亮纹移至中央亮纹所在处。求:

(1) 干涉条纹向何方向移动?

(2) 玻璃片的厚度 $d=$? [向下方移动;$8\mu m$]

7. 在空气中以白光垂直照射到厚度为 d 且均匀的肥皂膜上后反射,在可见光谱中观察到 $\lambda_1=6300\text{Å}$ 的干涉极大,$\lambda_2=5250\text{Å}$ 的干涉极小,且它们之间没有另外的干涉极小,求肥皂膜的厚度 $d=$?(肥皂膜的折射率 $n=1.33$) [5921Å]

8. 在玻璃表面镀一层 MgF_2 薄膜作为增透膜。为了使从空气正入射时波长为 5000Å 的光尽可能少反射,求 MgF_2 膜的最小厚度。已知空气、玻璃、MgF_2 的折射率各为 $n_1=1.00, n_2=1.60, n_3=1.38$。 [$906\text{Å}$]

9. 已知牛顿环装置的平凸透镜与平玻璃间有一小缝隙 e_0,现用波长为 λ 的单色光垂直照射,平凸透镜的曲率半径为 R,求反射光形成的牛顿环的各暗环半径。 $\left[\sqrt{R(k\lambda-2e_0)}\text{且}k>\dfrac{2e_0}{\lambda}\right]$

10. 某迈克耳逊干涉仪中,补偿板 G 的厚度 $d=2mm$,其折射率 $n=1.414$,入射光的波长 $\lambda=632.8nm$。试求:若将补偿板 G 由原来与水平方向成 $45°$ 的位置转至竖直位置时,在视场中观察到亮纹移过的条数? [654 条]

6.2 光的衍射

一、内容提要

1. 惠更斯-菲涅耳原理 同一波阵面上各点都可认为是相干波源;它们发出的子波在空间各点相遇时,其强度分布是相干叠加的结果。

光的衍射是同一光束中无数子波在障碍物后叠加而相干的结果。

2. 夫琅禾费衍射　用半波带法处理衍射问题,可以避免复杂的计算。

单缝衍射:单色光垂直入射时衍射暗纹中心位置:
$$a\sin\theta = \pm k\lambda \quad (a\text{ 为缝宽}) \quad k = 1,2,3,\cdots$$
光强分布如图 6.11 所示。

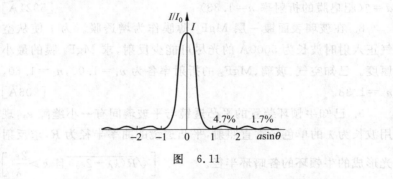

图　6.11

圆孔衍射:单色光垂直入射时,中央亮斑的角半径为 θ,且
$$D\sin\theta = 1.22\lambda \quad (D\text{ 为圆孔直径})$$

3. 光栅衍射　是每一狭缝衍射的同一方向的子波间相互干涉的结果,因而光栅衍射是衍射与干涉的总效果。与单缝衍射相比,在黑暗的背景上显现窄细明亮的谱线,且缝数越多,谱线越细、越亮。

单色光垂直入射时,谱线主极大的位置:
$$d\sin\theta = k\lambda \quad k = 0, \pm 1, \pm 2, \cdots \quad \text{光栅方程}$$
$$d = a + b \quad \text{光栅常量}$$

谱线强度受单缝衍射调制,有时有缺级现象:
$$d = na \text{ 时}, k = n, 2n, \cdots \quad \text{诸级主极大缺级}$$

4. 光栅的分辨本领

$$R = \frac{\lambda}{\delta\lambda} = kN \quad (N 为光栅总缝数)$$

5. 光学仪器的分辨本领　根据圆孔衍射规律和瑞利判据可得：

最小分辨角（角分辨率）　　$\delta\theta = 1.22\dfrac{\lambda}{D}$

分辨率　　　　　　　　　$R = \dfrac{1}{\delta\theta} = \dfrac{D}{1.22\lambda}$

6. X 射线的衍射

布喇格公式　　$2d\sin\varphi = k\lambda \quad k = 1, 2, 3, \cdots$

二、教学要求

1. 理解惠更斯-菲涅耳原理，了解如何应用该原理处理光的衍射问题。

2. 了解菲涅耳衍射与夫琅禾费衍射的区别，掌握用半波带法分析夫琅禾费单缝衍射条纹的产生及其暗纹位置的计算，能大致画出单缝衍射条纹的光强分布曲线。

3. 理解光栅衍射形成明纹的条件，掌握用光栅方程计算谱线位置。

4. 了解光栅光谱的形成及光栅分辨本领的意义。

5. 理解瑞利判据，了解光的衍射对光学仪器分辨率的影响。

6. 理解 X 射线衍射的原理及布喇格公式的意义，会应用它计算晶体的晶格常数或 X 射线的波长。

三、讨论题

1. 什么叫光的衍射？夫琅禾费衍射的特点是什么？实验装置如何？

双缝干涉暗纹条件 $d\sin\varphi = \pm(2k+1)\dfrac{\lambda}{2}$ 与单缝衍射明纹条件 $a\sin\varphi = \pm(2k+1)\dfrac{\lambda}{2}$ 的形式相同但一暗一明，为什么？

2. 试说明衍射现象与波长的关系：
(1) 为什么声波的衍射比光波的衍射更显著？
(2) 你从衍射光谱中看出哪一种可见光衍射比较显著？
(3) 为什么无线电波能绕过建筑物，而光波并不能绕过建筑物？

3. 为什么用单色光做单缝衍射实验时，当缝的宽度 a 比光的波长 λ 大很多（$a \gg \lambda$）或比波长 λ 小（$a < \lambda$）时都观察不到衍射条纹？

4. 在单缝的夫琅禾费衍射中，若单缝处波阵面恰好分成 4 个半波带一、二、三、四。此时对应的光线 1 与光线 3 是同相位的，光线 2 与光线 4 也是同相位的，如图 6.12 所示。为什么在 P 点衍射光强不是极大而是极小？

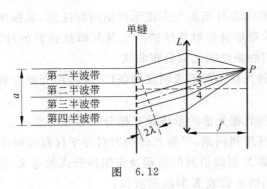

图 6.12

5. 单色光垂直入射于缝宽为 a 的单缝，观测夫琅禾费衍射。现在缝宽的一半上覆盖移相膜，使经此膜的光的相位改变 π，但光能不损失，试在图 6.13 上定性画出其衍射光强度 I 的分布曲线（图中 θ 为衍射角，λ 为单色光波长）。

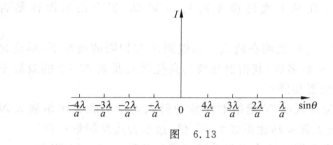

图 6.13

6. 假如人眼能感知的电磁波段不是 5000Å 附近,而是移到毫米波段,人眼的瞳孔仍保持 4mm 左右的孔径,那么人们所看到的外部世界将是一幅什么景象?

7. 图 6.14 为夫琅禾费双缝衍射实验示意图,S 为缝光源,S_1,S_2 为衍射缝,S,S_1,S_2 的缝长均垂直纸面。已知缝间距为 d,缝宽为 a,L_1,L_2 为薄透镜。试分析在下列几种情况下,屏上衍射花样的变化情况:

(1) d 增大,a 不变;

(2) a 增大,d 不变;

(3) 双缝在其所在平面内沿与缝长垂直方向移动。

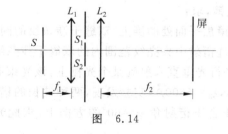

图 6.14

8. 在单缝夫琅禾费衍射的观测中:

(1) 令单缝在纸面内垂直透镜光轴上、下移动,屏上衍射图样是否改变?

(2) 令光源垂直透镜光轴上、下移动,屏上衍射图样是否改变?

9.(1) 怎样说明在缝宽 a 和缝距 d 都相同的情况下,不论光栅的缝数 N 是多少,其衍射亮纹的角位置总是和 $N=2$ 的双缝干涉极大角位置相同?

(2) 怎样说明 N 缝衍射装置中射入光栅的能流比单缝大 N 倍,而主极大强度却比单缝大 N^2 倍,这是否违反能量守恒?

10. 光栅形成的光谱与玻璃棱镜的色散光谱有何不同?

11. 为什么天文望远镜物镜的直径很大?

四、计算题

1.(1) 在单缝夫琅禾费衍射实验中,入射光有两种波长的光,$\lambda_1=4000\text{Å}$,$\lambda_2=7600\text{Å}$。已知单缝宽度 $a=1.0\times10^{-2}$ cm,透镜焦距 $f=50$ cm。求两种光第一级衍射明纹中心之间的距离。

(2) 若用光栅常数 $d=1.0\times10^{-3}$ cm 的光栅替换单缝,其他条件和(1)中相同,求两种光第一级主极大之间的距离。

2. 一双缝,缝距 $d=0.40$ mm,两缝宽度都为 $a=0.080$ mm,用波长为 $\lambda=4800\text{Å}$ 的平行光垂直照射双缝,在双缝后放一焦距为 $f=2.0$ m 的透镜,求:

(1) 在透镜焦平面处的屏上,双缝干涉条纹的间距 Δx;

(2) 在单缝衍射中央亮纹范围内的双缝干涉亮纹数目。

3. 一束平行光垂直入射到某个光栅上,该光束有两种波长的光,$\lambda_1=4400\text{Å}$,$\lambda_2=6600\text{Å}$,实验发现,两种波长的谱线(不含中央明纹)第二次重合于衍射角 $\varphi=60°$ 的方向上,求此光栅的光栅常数 d。

4. 如图 6.15 是多缝衍射的光强分布曲线(横坐标刻度一样),根据图形回答以下问题:

(1) 各图表示几缝衍射的图样?并说明理由。

(2) 若入射光波长相同,图(a)～(d)中哪个图对应的缝宽 a 最大?

(3) 各图相应的 d/a 等于多少?有哪些缺级?

(4) 在图上以 λ/d 和 λ/a 标出横坐标的分度值。

(5) 画出(b)图中零级与一级主极大间各极小的振幅矢量图。

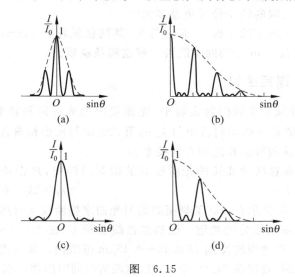

图 6.15

5. 波长 $\lambda=6000$Å 的单色光垂直入射到一光栅上,测得第二级主极大的衍射角为 $30°$,且第三级是缺级。

(1) 光栅常数 d 等于多少?

(2) 透光缝可能的最小宽度 a 等于多少?

(3) 在选定了上述 d 和 a 之后,求在屏幕上可能呈现的主极大的级次。

6. 以波长 $\lambda=5000$Å 的单色平行光斜入射在光栅常数为 $d=2.10\mu m$、缝宽为 $a=0.700\mu m$ 的光栅上,入射角 $i=30°$,求能看到哪几级衍射谱线?

7. 一块每毫米 500 条缝的光栅，用钠黄光正入射，观察衍射光谱，钠黄光包含两条谱线，其波长分别为 5890Å 和 5896Å，在二级光谱中，这两条谱线互相分离的角度等于多少？

8. 人眼的瞳孔直径约为 3mm，若视觉感受最灵敏的光波长为 5500Å，试问：

（1）人眼的最小分辨角是多大？

（2）在教室的黑板上，画一等号，其两横线相距 2mm，试分析坐在离黑板 10m 处的同学能否分辨这两条横线？

五、课后练习

1. 在某个单缝衍射实验中，光源发出的光有两种波长 λ_1 和 λ_2，若 λ_1 的第一级衍射极小与 λ_2 的第二级衍射极小相重合，求：

（1）这两种波长之间有何关系？

（2）在这两种波长的光所形成的衍射图样中，是否还有其他极小相重合？　　　　　　　　　　$[\lambda_1 = 2\lambda_2;\ k_2 = 2k_1]$

2. 用每毫米有 300 条刻痕的衍射光栅来检验仅含有属于红和蓝的两种单色成分的光谱。已知红谱线波长 λ_R 在 $0.63 \sim 0.76 \mu m$ 的范围内，蓝谱线波长 λ_B 在 $0.43 \sim 0.49 \mu m$ 范围内。又当光垂直入射到光栅时，发现在 24.46°角处，红、蓝两谱线同时出现。求：

（1）在什么角度处红、蓝两谱线又同时出现？

（2）在什么角度处只有红谱线出现？

$$[55.9°;\ 11.9° \text{和} 38.4°]$$

3. 波长范围在 $400 \sim 700 nm$ 的白光垂直入射到 600 条/mm 刻痕的光栅上，形成光栅光谱。

（1）求上述白光第一级光谱的角宽度 $\Delta\theta$；

（2）分别求 $\lambda_P = 400 nm$ 第三级谱线和 $\lambda_R = 700 nm$ 第二级谱线的衍射角 θ_{3P} 和 θ_{2R}，对此结果加以说明。

（3）欲使上述白光的第二级谱线全部形成，求光栅缝宽 a 的最大值为何？

[10°57′; 46.05°,57.14°; 8.34×10⁻⁴mm]

4. 一束含有 λ_1 和 λ_2 的平行光垂直照射到一光栅上,测得 λ_1 的第三级主极大和 λ_2 的第四级主极大的衍射角均为 30°,已知 $\lambda_1 = 5600$Å。求:

(1) 光栅常数 $d = ?$

(2) 波长 $\lambda_2 = ?$ [3.36×10^{-4}cm;4200Å]

5. 一束单色光垂直入射在光栅上,衍射光谱中共出现 5 条明纹。若光栅的缝宽与不透光部分的宽度相等,试分析在中央明纹一侧的第一、二明纹各是第几级谱线。 [一、三级]

6. 用一束具有两种波长的平行光垂直入射在光栅上,$\lambda_1 = 6000$Å,$\lambda_2 = 4000$Å。观测到在距中央明纹 3cm 处,λ_1 的第 k 级主极大和 λ_2 的第 $k+1$ 级主极大相重合。已知会聚透镜的焦距 $f = 50$cm,求:

(1) $k = ?$

(2) 光栅常数 $d = ?$ [2;2×10^{-3}cm]

7. 用一台物镜直径为 1.2m 的望远镜观察双星时,能分辨的双星的最小角间隔 $\delta\theta$ 是多少?设可见光波长 $\lambda = 5500$Å。

[5.59×10^{-7}rad]

8. 已知人眼的瞳孔直径为 3mm,可见光波长 $\lambda = 5500$Å。一迎面开来的汽车,其两车灯相距为 1m,试求车离人多远时,这两个车灯刚能被人眼分辨? [4.47×10^3m]

6.3 光的偏振

一、内容提要

1. **光的偏振** 光波是横波,光的偏振是横波特有的现象。电场矢量是光矢量。光矢量方向和光的传播方向构成振动面。

光的 5 种偏振态：自然光、线偏振光、部分偏振光、椭圆偏振光、圆偏振光。

2. **偏振片的起偏和检偏**　用能吸收某一方向的光振动的某些物质制成的透明薄片称偏振片。偏振片允许通过的光振动方向称偏振片的"偏振化方向"或"通振方向"。

当强度为 I_0 的自然光射到偏振片上时，只有平行于偏振化方向的光振动能透过，因而透射光是线偏振光，透射光强度 $I=I_0/2$，这就是起偏。

用偏振片观测线偏振光，偏振片旋转过程中光强有变化，且有消光现象，这是检偏。

3. **马吕斯定律**

$$I = I_0 \cos^2\alpha$$

4. **反射和折射时光的偏振**　自然光在两种各向同性媒质的分界面上反射和折射时，反射光中垂直于入射面的光振动多，折射光中平行于入射面的光振动多。

布儒斯特定律

$$\tan i_0 = \frac{n_2}{n_1}$$

入射角为 i_0 时，则反射光为线偏振光，光振动方向垂直入射面，i_0 称起偏振角或布儒斯特角。

5. **双折射现象**　自然光射入晶体后分作 o 光和 e 光两束，二者都是线偏振光。

光轴方向：在双折射晶体内有一确定方向，沿这一方向 o 光与 e 光的折射率相同，不产生双折射现象，此方向称晶体的光轴方向。

主平面：晶体中任一已知光线和光轴组成的平面称为该光线的主平面。

寻常光（o 光）：光振动方向与主平面垂直，各向传播速度相同，子波波阵面是球面。

非寻常光（e 光）：光振动方向在主平面内，各向传播速度不同，子波波阵面是旋转椭球面。

6. 光轴平行于晶面的单轴晶片称波片。当入射线偏振光的光振动方向与光轴有一夹角 α 时，在晶体内产生双折射，分为 o 光和 e 光。

若通过波片时，o 光和 e 光的光程差

$$\Delta L = (n_o - n_e)d = \frac{\lambda}{4}$$

该波片称四分之一波片。当 $\alpha = \frac{\pi}{4}$ 时，线偏振光通过四分之一波片后将变为圆偏振光；$\alpha \neq \frac{\pi}{4}$ 时，线偏振光通过四分之一波片后将变为椭圆偏振光。

若通过波片时，o 光和 e 光的光程差

$$\Delta L = (n_o - n_e)d = \frac{\lambda}{2}$$

则该波片称二分之一波片。线偏振光通过二分之一波片后仍为线偏振光，但其振动面转过 2α 角。

7. 偏振光干涉　利用波片（或人工双折射材料）和检偏器可使偏振光分成振动方向相同、相位差恒定的相干光而产生干涉。

若通过波片以后的两束光，经过检偏器后光振动方向相反，则它们干涉加强与减弱的条件为

$$\Delta\varphi = \frac{2\pi d}{\lambda}(n_o - n_e) + \pi = \begin{cases} 2k\pi & k = 1,2,3,\cdots \text{明纹} \\ (2k+1)\pi & k = 0,1,2,\cdots \text{暗纹} \end{cases}$$

8. 旋光现象　线偏振光通过物质时振动面旋转的现象。该物质称旋光物质。

二、教学要求

1. 从光的偏振说明光是横波，了解光的 5 种偏振态，理解用偏振片起偏和检偏的方法。

2. 掌握马吕斯定律，能熟练应用它计算偏振光通过检偏器后光强的变化。

3. 了解光在反射和折射时偏振状态的变化，能应用布儒斯特定律计算起偏角 i_0。掌握用反射和折射现象获得偏振光的方法。

4. 理解光轴、主平面概念，理解寻常光与非寻常光的区别。掌握确定单轴晶体中 o 光、e 光传播方向的惠更斯作图法。

5. 理解圆偏振光、椭圆偏振光产生的过程及检验方法。理解四分之一波片、二分之一波片的意义。

6. 了解偏振光的干涉及应用。

三、讨论题

1. 光路图如图 6.16 所示，试将各图中反射光及折射光的偏振态画出。图中 $i_0 = \arctan \dfrac{n_2}{n_1}$，$i \neq i_0$。

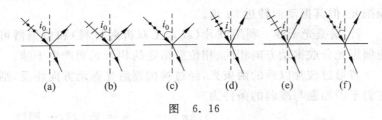

图 6.16

2. 自然光从媒质 $1(n_1)$ 入射到媒质 $2(n_2)$ 时，起偏振角为 i_0，从媒质 2 入射到媒质 1 时，起偏振角为 i_0'，若 $i_0 > i_0'$，那么哪一种媒质是光密媒质？

3. 怎样测定不透明介质的折射率？（提示：利用反射光变为偏振光的条件 $\tan i_0 = \dfrac{n_2}{n_1}$）

4. 一束自然光通过方解石后，透射光有几束？若将方解石沿垂直光传播方向对截成两块，且平移分开，此时通过这两块方解石后有几束透射光？若将其中一块绕光线转过一角度，此时透射光有几束？

5. 若要使线偏振光的光振动方向旋转 $90°$，最少需要几块偏振片？这些偏振片怎样放置才能使透射光的光强最大？

6. 在一对正交的偏振片之间放入一块四分之一波片，以单色自然光入射，转动四分之一波片的光轴方向时，通过第二个偏振片的出射光的强度怎样变化？有没有消光现象？

7. 怎样区别二分之一波片、四分之一波片和偏振片？

8. 给你一个偏振片和四分之一波片，如何鉴别自然光和圆偏振光？

9. 今用一检偏器观察一束光时，发现光强有一最大及一最小，但无消光现象。若令该光束先经四分之一波片，且波片的光轴方向与刚才光强最大时检偏器的偏振化方向相平行，然后再通过检偏器观察时，看到有消光现象。试分析这束光的偏振态。

四、计算题

1. 有 $N+1$ 块偏振片叠在一起，$N \gg 1$，若相邻两片的偏振化方向都沿顺时针方向转过一个很小的角度 α，则第一块与最后一块偏振片的偏振化方向夹角为 $\theta = N\alpha$。若入射线偏振光光强 I_0，其光振动方向与第一块偏振片的偏振化方向平行，求出射光的光强。不计反射、吸收等能量损失。

2. 在两个偏振化方向正交的偏振片之间插入第三个偏振片。

(1) 当最后透过的光强为入射自然光光强的 1/8 时,求插入第三个偏振片的偏振化方向?

(2) 若最后透射光光强为零,则第三个偏振片怎样放置?

3. 如图 6.17 是一渥拉斯顿棱镜,由两个石英晶体粘合而成,光轴方向如图。自然光垂直表面入射,试在图上画出光在棱镜内及透出棱镜后的传播方向及光矢量振动方向。

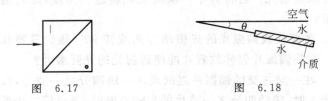

图 6.17　　　　　　　　图 6.18

4. 一束光是自然光和线偏振光的混合光,让它垂直通过一偏振片,若以此入射光束为轴旋转偏振片,测得透光强度最大值是最小值的 5 倍。求:入射光束中自然光与线偏振光的光强比值。

5. 将一介质平板放在水中,板面与水平面的夹角为 θ,如图 6.18 所示,已知折射率 $n_水 = 1.333$,$n_{介质} = 1.681$,现欲使水面和介质面反射光均为线偏振光,求 $\theta = ?$

6. 由强度相同的自然光和线偏振光组成的混合光束垂直入射在两个重叠着的偏振片 P_1,P_2 上。已知通过 P_1 后的透射光强为入射光强的 1/2;连续通过 P_1,P_2 后的透射光强为入射光强的 1/4。

(1) 若不计 P_1,P_2 对可透射光的反射和吸收,则入射光中线偏振光的光矢量振动方向与 P_1 的偏振化方向间的夹角 θ 为何? P_1,P_2 的偏振化方向间的夹角 α 为何?

(2) 若每个偏振片对透射光的吸收率为 5%,则上述夹角 θ 和 α 又为何?

7. 在双缝干涉实验装置的两狭缝后各放一个偏振片。

(1) 若两偏振片的偏振化方向相互垂直,单色自然光产生的干涉条纹有何变化?

(2) 若两偏振片的偏振化方向相互平行,单色自然光产生的干涉条纹有何变化?

(3) 若在(1)中的一缝后,紧贴偏振片再放一片光轴与偏振片偏振化方向成 45°角的二分之一波片,干涉条纹又有何变化?

8. 厚为 0.025mm 的方解石晶片,其表面平行于光轴,放在两个正交的偏振片之间,光轴与两个偏振片的偏振化方向各成 45°角。如果射入第一个偏振片的光是波长为 4000~7600Å 的可见光,问透出第二个偏振片的光中少了哪些波长的光?

五、课后练习

1. 如图 6.19 所示,P_1,P_2 是两个偏振片,以强度为 I_1 的自然光和强度为 I_2 的线偏振光同时垂直入射到 P_1,再通过 P_2。

(1) 分析出射光光强随线偏振光的光振动方向与 P_1,P_2 偏振化方向之间相对方位 α,θ 变化的关系;

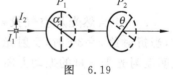

图 6.19

(2) 欲使出射光光强最大,P_2 应如何放置?

$$\left[\left(\frac{I_1}{2}+I_2\cos^2\alpha\right)\cos^2\theta;略\right]$$

2. 在线偏振光垂直入射到二分之一波片及四分之一波片,且入射光光矢量振动方向与波片光轴夹角均为 45°时,试分别分析两种情况下出射光的偏振状态。说明理由。

[线偏振光;圆偏振光]

3. 一束自然光通过偏振化方向互成 60°的两个偏振片,若每个偏振片吸收 10% 可通过的光线,求出射光强与入射光强之比。

[0.101]

4. 如图 6.20(a)所示,在两偏振片 P_1,P_2 之间插入四分之一波片 C,单色自然光垂直入射到 P_1 上,光强为 I_0,偏振片偏振化方向及波片的光轴方向间的关系如图 6.20(b)所示。

(1) 说明图 6.20(a)中所示 1,2,3 各区出射光的偏振态;

(2) 计算上述各区的光强。

$$\left[\text{线偏振光,椭圆偏振光,线偏振光};\frac{I_0}{2},\frac{I_0}{2},\frac{3}{16}I_0\right]$$

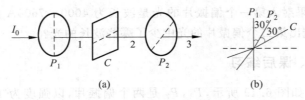

图 6.20

5. 一束自然光从空气投射到玻璃表面上(空气折射率 $n_0=1$),当折射角 $r=30°$ 时,反射光是线偏振光,求玻璃的折射率 $n=$? 说明反射光光矢量的振动方向。 [1.732,垂直于入射面]

6. 一束线偏振的平行光在真空中波长为 5890Å,垂直入射到方解石晶体上,晶体的光轴与表面平行,已知方解石的 $n_o=1.658$,$n_e=1.486$。线偏振光光矢量振动方向与光轴有一夹角 $\alpha<\frac{\pi}{2}$,求:

(1) 晶体中 $\lambda_o=$? $\lambda_e=$?

(2) 用惠更斯作图法画出 o 光、e 光波阵面。

[3552Å,3964Å; 略]

7. 已知某透明媒质对空气全反射的临界角等于 45°。求光从空气射向此媒质时的布儒斯特角。 [54.7°]

8. 在两个平行放置的正交偏振片 P_1,P_2 之间,平行放置另一

个偏振片 P_3，光强为 I_0 的自然光垂直 P_1 入射。$t=0$ 时 P_3 的偏振化方向与 P_1 的偏振化方向平行，然后 P_3 以恒定角速度 ω 绕光传播方向旋转，如图 6.21 所示。证明该自然光通过这一系统后，出射光的光强为

$$I = \frac{I_0}{16}(1 - \cos 4\omega t)$$

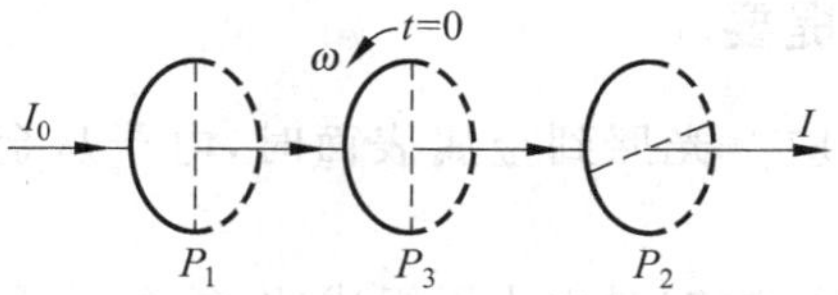

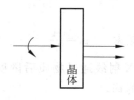

图 6.21

9. 如图 6.22 所示，当自然光垂直入射于方解石晶体表面时，观察到有两束出射光；且令该晶体以入射线为轴旋转时，其中一条出射光线也随之旋转。试用惠更斯作图法绘图并说明之。

图 6.22

第7章 量子物理

一、内容提要

1. **光电效应** 光照到金属表面时,电子从金属表面逸出的现象。

光子:光(电磁波)是由光子组成的,每个光子的能量 $E=h\nu$,每个光子的动量 $p=\dfrac{E}{c}=\dfrac{h}{\lambda}$。

光电效应方程 $\quad \dfrac{1}{2}m_e v_m^2 = h\nu - A$

式中,v_m 是光电子逸出金属表面时的最大速度,A 是金属的逸出功。

光电效应的红限频率 $\quad \nu_0 = \dfrac{A}{h}$

2. **康普顿散射** X 射线通过物质后散射光波长改变的现象,用光子和电子的碰撞解释。

康普顿散射公式

$$\Delta\lambda = \lambda - \lambda_0 = \dfrac{h}{m_e c}(1-\cos\varphi)$$

式中,λ 和 λ_0 分别表示散射光和入射光的波长,φ 为散射角。

电子的康普顿波长

$$\lambda_C = \dfrac{h}{m_e c} = 2.4263 \times 10^{-3}\,\text{nm}$$

3. **黑体辐射**

普朗克量子化假设:谐振子能量为

$$E = nh\nu \quad n = 1, 2, 3, \cdots$$

普朗克热辐射公式：黑体的光谱辐射出射度

$$M_\nu = \frac{2\pi h}{c^2} \frac{\nu^3}{e^{\frac{h\nu}{kT}} - 1}$$

斯特藩-玻耳兹曼定律：黑体的总辐射出射度

$$M = \sigma T^4$$

其中

$$\sigma = 5.6705 \times 10^{-8}\,\text{W}/(\text{m}^2 \cdot \text{K}^4)$$

维恩位移定律：光谱辐射出射度最大的光的频率为

$$\nu_m = C_\nu T$$

其中

$$C_\nu = 5.880 \times 10^{10}\,\text{Hz/K}$$

4. 粒子的波动性

德布罗意假设：粒子的波长

$$\lambda = \frac{h}{p} = \frac{h}{mv}$$

5. 概率波与概率幅

德布罗意波是概率波，它描述粒子在各处被发现的概率。

用波函数 Ψ 描述微观粒子的状态。Ψ 叫概率幅，$|\Psi|^2$ 为概率密度。概率幅具有叠加性。

6. 不确定关系　它是粒子二象性的反映。

位置动量不确定关系　　$\Delta x \Delta p_x \geqslant \dfrac{\hbar}{2}$

能量时间不确定关系　　$\Delta E \Delta t \geqslant \dfrac{\hbar}{2}$

7. 薛定谔方程（一维）

$$-\frac{\hbar^2}{2m}\frac{\partial^2 \Psi}{\partial x^2} + U\Psi = i\hbar \frac{\partial \Psi}{\partial t}, \quad \Psi = \Psi(x, t)$$

定态薛定谔方程

$$-\frac{\hbar^2}{2m}\frac{\partial^2 \psi}{\partial x^2}+U\psi=E\psi$$

波函数 $\Psi=\psi(x)\mathrm{e}^{-\mathrm{i}Et/\hbar}$，其中 $\psi(x)$ 为定态波函数。

以上微分方程的线性表明波函数 $\Psi=\Psi(x,t)$ 和定态波函数 $\psi=\psi(x)$ 都服从叠加原理。

波函数必须满足的标准物理条件：单值，有限，连续。

8. 一维无限深方势阱中的粒子

能量量子化

$$E=\frac{\pi^2\hbar^2}{2ma^2}n^2 \quad n=1,2,3,\cdots$$

概率密度分布不均匀。

德布罗意波长量子化

$$\lambda_n=\frac{2a}{n}=\frac{2\pi}{k}$$

此式类似于经典的两端固定的弦驻波。

9. 谐振子

能量量子化

$$E=\left(n+\frac{1}{2}\right)h\nu \quad n=0,1,2,\cdots$$

零点能

$$E_0=\frac{1}{2}h\nu$$

10. 氢原子

四个量子数：主量子数 $n=1,2,3,\cdots$

轨道量子数 $l=0,1,2,\cdots,n-1$

轨道磁量子数 $m_l=0,\pm 1,\pm 2,\cdots,\pm l$

自旋磁量子数 $m_s=\pm\frac{1}{2}$

氢原子能级：$E_n=-13.6\times\frac{1}{n^2}$ 基态 $E_1=-13.6\,\mathrm{eV}$

玻尔频率条件：$h\nu = E_h - E_l$，E_h 和 E_l 分别表示较高和较低两能级的值。

氢光谱波数公式

$$\tilde{\nu} = \frac{1}{\lambda} = \frac{\nu}{c} = R\left(\frac{1}{n_1^2} - \frac{1}{n_2^2}\right)$$

其中里德伯常量

$$R = 1.0973731534 \times 10^7 \,\mathrm{m}^{-1}$$

轨道角动量

$$L = \sqrt{l(l+1)}\hbar$$

轨道角动量沿某特定方向（如磁场方向）的分量：

$$L_z = m_l \hbar$$

11. 多电子原子中电子的排布

电子的状态用 4 个量子数 n, l, m_l, m_s 确定。n 相同的状态组成一壳层，可容纳 $2n^2$ 个电子；l 相同的状态组成一次壳层，可容纳 $2(2l+1)$ 个电子。

基态原子中电子排布遵循两个规律：

（1）能量最低原理，即电子总处于可能最低的能级。一般 n 越大，l 越大，能量就越高。

（2）泡利不相容原理，即同一状态（4 个量子数 n, l, m_l, m_s 都已确定）不可能有多于一个电子存在。

二、教学要求

1. 掌握光电效应的实验规律及光电效应方程。
2. 理解康普顿效应，会计算散射波长等有关物理量。
3. 掌握黑体辐射的实验规律，理解普朗克黑体辐射公式。
4. 掌握德布罗意假设，正确理解概率波及波函数概念。
5. 理解不确定关系，会用它进行估算。
6. 能由波函数的标准物理条件求解最简单情况的本征方程。

7. 理解氢原子光谱的形成及其理论解释,并能计算有关氢原子光谱的问题。

8. 理解决定原子中电子的量子态的 4 个量子数对应的量子条件及它们的取值。

9. 了解能量最小原理和泡利不相容原理与原子的壳层结构的关系。

三、讨论题

1. 某金属在一束绿光的照射下有光电效应产生。问入射光有下述改变时,光电效应会发生怎样的变化?

(1) 用更强的绿光照射;

(2) 用强度相同的紫光代替原来的绿光。

2. 在通常的实验中,为什么不用可见光来观察康普顿效应?

3. 试选择正确的说法:

(1) 光电效应和康普顿效应都包含有电子与光子的相互作用过程,下面哪种说法是正确的?

① 两种效应都属于电子与光子的弹性碰撞过程。

② 光电效应是由于电子吸收光子能量而产生的,而康普顿效应是由于光子与电子的弹性碰撞而产生的。

③ 两种效应都服从动量守恒定律与能量守恒定律。

(2) 由氢原子理论可知,当氢原子处于 $n=3$ 的激发态时,可发射:

① 一种波长的光;

② 两种波长的光;

③ 三种波长的光;

④ 各种波长的光。

4. 原子中与主量子数 $n=4$ 对应的状态共有多少个?

5. 炼钢工人凭观察炼钢炉内的颜色就可以估计炉内的温度,

这是根据什么原理？

6. 已知氢原子中电子的径向波函数为 $R_n(r)$，写出在距核 $r \sim r+dr$ 范围内找到电子的概率的表达式和计算电子的平均径向位置的表达式。

7. 设粒子运动的波函数图线分别如图 7.1 中 (a), (b), (c), (d) 所示，试说明确定粒子动量 p_x 精确度最高的波函数图线是哪个图？为什么？

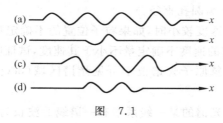

图 7.1

四、计算题

1. 计算以下问题：

(1) 已知铂的逸出功为 8eV，今用 3000Å 的紫外光照射，能否产生光电效应？

(2) 若用波长为 4000Å 的紫光照射金属表面，产生的光电子的最大速度为 5×10^5 m/s，求光电效应的红限频率。

2. 一实验用光电管的阴极是铜的（铜的逸出功为 4.47eV）。现以波长 0.2 μm 的光照射此阴极，若要使其不再产生光电流，所需加的截止电压为多大？

3. 当康普顿散射角为 90°时，试计算下列波长的光子被散射时，所损失的能量与散射前光子的能量的比值。

(1) $\lambda = 3$ cm （微波范围）

(2) $\lambda = 5000$Å （可见光范围）

(3) $\lambda = 1$Å （X射线范围）
(4) $\lambda = 0.01$Å （γ射线范围）
通过以上计算,对入射光波长与散射的关系能得出什么结论?

4. 通过 10^4 V 电压加速的质子,穿过直径为 0.001mm 的小孔后形成的中央衍射斑的角半径多大？一质量为 20g 的铅丸以 30m/s 的速度穿过直径为 4cm 的圆孔后,形成的中央衍射斑的角半径又是多大？（圆孔衍射形成的中央衍射斑角半径为 $\theta = 1.22\lambda/D$, D 为圆孔直径。）

5. 在粒子速度较小时,如果粒子位置的不确定量等于其德布罗意波长,则它的速度不确定量不小于其速度,试证明之。

6. 试确定氢原子光谱位于可见光谱区域（3800~7700Å）的各波长。

7. 已知氢光谱的某一线系中有一谱线的波长为 656.5nm,试由波数公式求与该波长相应的始态与终态能级的能量。

8. 有一空腔黑体,在其壁上钻有直径为 0.05mm 的小圆孔,腔内温度为 7500K。求 5000~5010Å 波长范围内从小孔辐射出的光子数是多少？

9. 在天文学中,常用斯特藩-玻耳兹曼定律确定恒星的半径。已知某恒星到达地球的每单位面积上的辐射功率为 1.2×10^{-8} W/m², 恒星离地球的距离为 4.3×10^{17} m, 表面温度为 5200K。若恒星辐射与黑体相似,求恒星的半径。

10. 设一维粒子的波函数为
$$\psi(x) = Ax e^{-\lambda x} \quad (x \geqslant 0), \quad \text{其中} \lambda > 0$$
$$\psi(x) = 0 \quad (x \leqslant 0)$$
求：(1) 归一化因子；
(2) 发现粒子概率最大的位置；
(3) 粒子的平均位置坐标。

11. 对一维无限深方势阱,如果选取势阱壁位置坐标为

$(0,a)$,试重新由波函数标准物理条件求解势阱中粒子的波函数。

12. 试对氢原子中量子数为 $n=4, l=3$ 的电子的状态给出相应的能量值及角动量值,并画出其角动量空间量子化的示意图。

五、课后练习

1. 某金属逸出功为 1.8eV,当用波长为 4000Å 的光照射时,从金属表面逸出的电子最大速度为多少？截止电压多大？

$$[6.77\times 10^5 \text{m/s}; 1.30\text{V}]$$

2. 波长为 0.024Å 的光子射到自由电子上。
(1) 试求偏离入射方向 30° 的散射光的波长；
(2) 散射角为 120° 的散射光的波长又是多少？

$$[0.027\text{Å}; 0.06\text{Å}]$$

3. 为什么同样是光子和物质中的电子相互作用,在康普顿散射中把电子看作是自由电子,而在光电效应中却不能认为电子是自由的？

4. 已知波长为 0.0708nm 的 X 射线被石蜡散射。求在散射角为 π 时,其散射波波长及反冲电子获得的能量。

$$[0.0756\text{nm}, 1.13\times 10^3 \text{eV}]$$

5. 假设氢原子原是静止的,求氢原子从 $n=3$ 的激发态直接通过辐射跃迁到基态时的反冲速度为何？ $\quad [3.86\text{m/s}]$

6. 当氢原子从某初始状态跃迁到激发能（从基态到激发态所需的能量）为 $\Delta E=10.19\text{eV}$ 的状态时,发射出光子的波长是 $\lambda=486.0\text{nm}$,求该初始状态的能量和主量子数。 $[-0.85\text{eV}, 4]$

7. 如果质子的德布罗意波长为 1×10^{-13}m,试求：
(1) 质子的速度？
(2) 应通过多大的电压使质子加速到以上数值？

$$[3.96\times 10^6 \text{m/s}; 8.18\times 10^4 \text{V}]$$

8. 氢原子由 $n=1$ 的基态被激发到 $n=4$ 的态。

(1) 试计算氢原子所必须吸收的能量；

(2) 这个氢原子回到基态的过程中,可能发出的各种光子的能量各是多少? 在能级图上把发出这些不同光子的跃迁过程表示出来。   [12.8eV；略]

9. 黑体在某一温度时总辐射本领为 5.7W/cm^2,试求这一辐射本领具有的峰值波长 λ_m。   [$2.89\times10^{-6}\text{m}$]

10. 热平衡时黑体辐射的光谱辐出度按频率分布的规律为

$$M_\nu = \frac{2\pi h}{c^2} \frac{\nu^3}{e^{\frac{h\nu}{kT}}-1}$$

试把它改写为按波长的分布,即 $M_\lambda = ?$

11. 设电子在沿 x 轴方向运动时,速率的不确定量为 $\Delta v = 1\text{cm/s}$,试估算电子坐标的不确定量 $\Delta x = ?$ [$5.79\times10^{-3}\text{m}$]

12. 已知一维无限深势阱中粒子的定态波函数为 $\psi_n = \sqrt{\frac{2}{a}}\sin\frac{n\pi x}{a}$,$a$ 为常量。试分别求粒子处于基态和处于 $n=4$ 的状态时,在 $x=0$ 到 $x=\frac{a}{3}$ 之间找到粒子的概率。[0.19,0.30]

课后练习参考解答

第1章 力 学

1.1 运动学

1. **选题目的**：正确区分速度合成与伽利略速度变换。

解 $v = v_x + v_y$ 是在同一参考系中，一个质点的速度 v 和它的分速度 v_x, v_y 间的关系式，也就是速度的合成。相对于任何参考系，它都可以表示为矢量合成的形式。它与速率大小无关，是普遍关系。

$v = v' + u$ 是同一质点相对于两个相对作平动的参考系的速度之间的关系式，称为伽利略速度变换。v 和 v' 分别是同一质点相对于参考系 xOy 和参考系 $x'O'y'$ 的速度，u 是参考系 $x'O'y'$ 相对于参考系 xOy 平动的速度。速度变换涉及有相对运动的两个参考系，其公式形式与相对速度的大小有关，伽利略速度变换只适用于相对速率较小（即速率 $\ll$ 光速 c）的情况。

2. **选题目的**：用微积分方法由质点运动的加速度求解质点的速度与位置。

解

$$a = \frac{dv}{dt} = 4t$$

$$dv = 4t\,dt$$

$$\int dv = \int 4t\,dt$$

$$v = 2t^2 + C(\text{SI})$$

由题意可知
$$t = 0 \text{ 时}, \quad v = 0$$

故有
$$C = 0$$

则
$$v = 2t^2$$

又
$$v = \frac{dx}{dt} = 2t^2$$
$$dx = 2t^2 dt$$
$$\int dx = \int 2t^2 dt$$
$$x = \frac{2}{3}t^3 + C'$$

由题意可知
$$t = 0 \text{ 时}, \quad x = 10$$

故有
$$C' = 10$$
$$x = \frac{2}{3}t^3 + 10(\text{SI})$$

3. **选题目的**：根据定义由质点位置矢量求解质点的速度与加速度。

解 （1）由
$$x = 2t$$
$$y = 2 - t^2$$

可得
$$y = 2 - \frac{1}{4}x^2$$

轨迹为一抛物线(附图 1.1)。

(2) $t=1$s 时，$\boldsymbol{r}_1 = 2\hat{\boldsymbol{x}} + \hat{\boldsymbol{y}}$

$t=2$s 时，$\boldsymbol{r}_2 = 4\hat{\boldsymbol{x}} - 2\hat{\boldsymbol{y}}$

(3)
$$\boldsymbol{v} = \frac{\mathrm{d}\boldsymbol{r}}{\mathrm{d}t} = 2\hat{\boldsymbol{x}} - 2t\hat{\boldsymbol{y}}$$

$t=1$s 时，
$$\boldsymbol{v}_1 = 2\hat{\boldsymbol{x}} - 2\hat{\boldsymbol{y}}$$

即 $v_1 = 2\sqrt{2}$m/s, $\theta_1 = -45°$ (θ_1 为 $\boldsymbol{v}_1$ 与 x 轴的夹角)

$t=2$s 时，
$$\boldsymbol{v}_2 = 2\hat{\boldsymbol{x}} - 4\hat{\boldsymbol{y}}$$

即 $v_2 = 2\sqrt{5}$m/s, $\theta_2 = -63°26'$

$$\boldsymbol{a} = \frac{\mathrm{d}\boldsymbol{v}}{\mathrm{d}t} = -2\hat{\boldsymbol{y}}$$

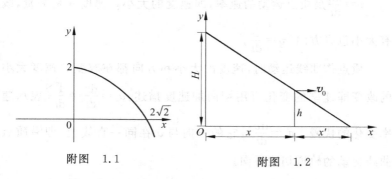

附图 1.1　　　　　　附图 1.2

4. **选题目的**：灵活应用速度定义求解问题。

解　建立如附图 1.2 所示的坐标，t 时刻头顶影子的坐标为 $x+x'$，设头顶影子的移动速度为 v，则

$$v = \frac{\mathrm{d}(x+x')}{\mathrm{d}t} = \frac{\mathrm{d}x}{\mathrm{d}t} + \frac{\mathrm{d}x'}{\mathrm{d}t} = v_0 + \frac{\mathrm{d}x'}{\mathrm{d}t}$$

由图中看出

$$\frac{H}{x+x'} = \frac{h}{x'}$$

则

$$x' = \frac{hx}{H-h}$$

$$\frac{\mathrm{d}x'}{\mathrm{d}t} = \frac{hv_0}{H-h}$$

所以有

$$v = v_0 + \frac{hv_0}{H-h} = \frac{H}{H-h}v_0$$

5. 选题目的：正确理解质点曲线运动的速度 $\boldsymbol{v}$、速率 v、加速度 $\boldsymbol{a}$、切向加速度 $\boldsymbol{a}_t$ 与法向加速度 $\boldsymbol{a}_n$。

解 不正确。

$v = \dfrac{\mathrm{d}S}{\mathrm{d}t}$ 是质点运动的速率，即速度的大小。速度 $\boldsymbol{v}$ 是矢量，既有大小也有方向，$\boldsymbol{v} = \dfrac{\mathrm{d}\boldsymbol{r}}{\mathrm{d}t}$。

质点作曲线运动时，速度的大小和方向都在改变。速度大小的改变即速率的变化可用切向加速度描述，$a_t = \dfrac{\mathrm{d}v}{\mathrm{d}t} = \dfrac{\mathrm{d}^2 S}{\mathrm{d}t^2}$ 表示速率变化的快慢。$\boldsymbol{a}_t = \dfrac{\mathrm{d}v}{\mathrm{d}t}\hat{t}$，它的方向与 $\boldsymbol{v}$ 在同一直线上，即沿质点曲线运动的轨道切线方向。

速度方向的改变可用法向加速度描述，即 $\boldsymbol{a}_n = \dfrac{v^2}{\rho}\hat{n}$。法向加速度表示由于质点速度方向的改变而引起的速度的变化率，它的方向在任何时刻都垂直于轨道的切线方向而沿着法线指向曲率中心。对于圆周运动的法向加速度的方向在任何时刻都垂直于圆的切线方向而沿着圆半径指向圆心。

质点作曲线运动的加速度 $\boldsymbol{a}=\boldsymbol{a}_t+\boldsymbol{a}_n$,其大小为 $a=\sqrt{a_t^2+a_n^2}=\sqrt{\left(\dfrac{\mathrm{d}v}{\mathrm{d}t}\right)^2+\left(\dfrac{v^2}{\rho}\right)^2}$。显然 $a\neq\dfrac{\mathrm{d}v}{\mathrm{d}t}$,而 $a_t=\dfrac{\mathrm{d}v}{\mathrm{d}t}$。加速度 $\boldsymbol{a}$ 的方向由 $\boldsymbol{a}$ 与切向 $\hat{t}$ 的夹角 $\theta=\arctan\dfrac{a_n}{a_t}$ 表示。

6. **选题目的**:有关抛体运动的练习。

解 已知抛体的轨道方程为

$$y = x\tan\theta - \frac{g}{2(v_0\cos\theta)^2}x^2$$
$$= x\tan\theta - \frac{gx^2}{2v_0^2}(1+\tan^2\theta)$$
$$gx^2\tan^2\theta - 2v_0^2 x\tan\theta + (2v_0^2 y + gx^2) = 0$$

则解出

$$\tan\theta = \frac{v_0^2 \pm \sqrt{v_0^4 - 2v_0^2 gy - g^2 x^2}}{gx}$$

$$\theta = \arctan\frac{v_0^2 \pm \sqrt{v_0^4 - 2v_0^2 gy - g^2 x^2}}{gx}$$

讨论:

若 $v_0^4-2v_0^2 gy-g^2 x^2>0$,则 θ 有两个解,即有两个仰角都能射中目标。

若 $v_0^4-2v_0^2 gy-g^2 x^2=0$,则 θ 只有一个解。

若 $v_0^4-2v_0^2 gy-g^2 x^2<0$,则 θ 无解,即任何仰角都不能射中目标。

7. **选题目的**:深入理解圆周运动的切向加速度与法向加速度的物理意义。

解 设 A 点的加速度亦为卷扬机鼓轮边缘的切向加速度 a_t。由

$$S = \frac{1}{2}a_t t^2 \ \text{及}\ S = \overline{AB}$$

可得

$$a_t = \frac{2S}{t^2} = 0.10 \text{m/s}^2$$

设到达最低点的速度为 v,则

$$v = \sqrt{2a_t S'} = \sqrt{2a_t(S+\pi R)} = 0.636 \text{m/s}$$

方向为沿 C 点的切线方向向左(见题图 1.6)。

$$a_n = \frac{v^2}{R} = 0.808 \text{m/s}^2$$

则

$$a = \sqrt{a_t^2 + a_n^2} \approx 0.814 \text{m/s}^2$$

$$\theta = \arctan \frac{a_n}{a_t} = 82°57'$$

8. **选题目的**：伽利略速度变换式的应用计算。

解 设水对地的速度为 v_0,船对水的速度为 v',船对地的速度为 v。由附图 1.3 中看出有

$$v = \sqrt{v'^2 + v_0^2} = 20.6 \text{km/h}$$

$$\theta = \arctan \frac{v_0}{v} = 14°, \quad 即为北偏东 14° 的方向$$

若要使船速 v 指向正北,而水速度 v_0 不变,由附图 1.4 看

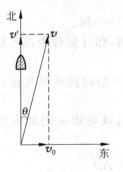
附图 1.3

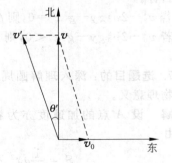
附图 1.4

出有
$$v = \sqrt{v'^2 - v_0^2} = 19.4 \text{km/h}$$
$$\theta' = \arcsin \frac{v_0}{v'} = 14°29'$$
即航行方向应指北偏西 $14°29'$。

1.2 牛顿定律

1. 选题目的：牛顿定律应用题中有关数值范围类型题的计算。

解 建立如附图 1.5 所示的坐标系，对 m 用牛顿第二定律。

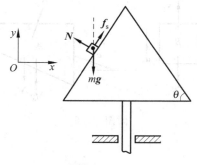

附图 1.5

x 向 $\quad\quad\quad \mu N\cos\theta - N\sin\theta = m\omega^2 R$
y 向 $\quad\quad\quad \mu N\sin\theta + N\cos\theta - mg = 0$
解出
$$\mu = \frac{g\sin\theta + \omega^2 R\cos\theta}{g\cos\theta - \omega^2 R\sin\theta}$$

对给定的 ω, R 和 θ, μ 不能小于此值。

讨论：

因 $\mu > 0$，故有

$$g\cos\theta - \omega^2 R\sin\theta > 0$$

则要求

$$\tan\theta < \frac{g}{\omega^2 R}$$

即当 $\tan\theta \geqslant \dfrac{g}{\omega^2 R}$ 时，物体不可能在锥面上静止不动。

本题也可以锥面为参照系（非惯性系）来求解。

2. **选题目的**：牛顿定律和运动学综合应用计算，本题有一定难度。

解 A,B 两物体的受力分析如附图 1.6 所示。

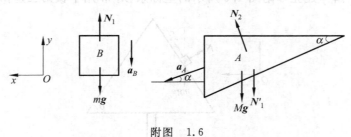

附图 1.6

对物体 B

y 向 $\qquad mg - N_1 = ma_B$ ①

对物体 A，沿斜面方向有

$$(Mg + N_1')\sin\alpha = Ma_A \quad (N_1' = N_1) \qquad ②$$

因 B 相对于 A，只能在水平方向运动，竖直方向必与 A 有相同的加速度，则有

$$a_B = a_A \sin\alpha \qquad ③$$

由以上三式可解出

$$a_A = \frac{(M+m)g\sin\alpha}{M + m\sin^2\alpha}, \quad \text{方向沿斜面向下}$$

$$a_B = \frac{(M+m)g\sin^2\alpha}{M+m\sin^2\alpha}, \quad \text{方向竖直向下}$$

3. **选题目的**：深入理解摩擦力的性质。

解 当 θ 较小时,木块静止在木板上,静摩擦力 $f_s = mg\sin\theta$。
当 $\theta = \theta_0$ 时($\tan\theta_0 = \mu$)木块开始滑动。
当 $\theta > \theta_0$ 时,滑动摩擦力 $f = \mu mg\cos\theta$。
如附图 1.7 所示。

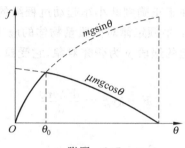

附图 1.7

4. **选题目的**：牛顿定律的灵活运用。

解 物体 A,B 及小车的受力分析如附图 1.8 所示。A 与小车无相对滑动,需要二者加速度 a 相同。则对物体 A

x 向 $\qquad\qquad T = ma$ ①

对 B 物体

x 向 $\qquad\qquad T_2'\sin\alpha = m_2 a$ ②

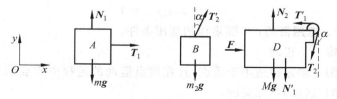

附图 1.8

y 向
$$T_2'\cos\alpha - m_2 g = 0 \quad ③$$

对小车 D

x 向
$$F - T_1' - T_2\sin\alpha = Ma \quad ④$$
$$T_1 = T_1' = T_2 = T_2' \quad ⑤$$

联立以上五式可得

$$F = \frac{m + m_2 + M}{\sqrt{m^2 - m_2^2}} m_2 g = 784\text{N}$$

本题的关键在于正确判断小车起动过程绳的方向。

*5. **选题目的**：牛顿定律对变质量物体的应用计算。

解 以被提起的绳段 y 为研究对象，它受拉力 F 与重力 $\lambda y g$，根据牛顿定律有

$$F - \lambda y g = \frac{\mathrm{d}(\lambda y v)}{\mathrm{d}t}$$

即

$$F - \lambda y g = \lambda v^2 + \lambda y a$$

当 a 恒定时有

$$F = \lambda(yg + v^2 + ay)$$

而

$$v^2 = 2ay$$

则有

$$F_1 = F = \lambda(g + 3a)y$$

当 $a = 0$ 时，v 为恒定速度，则

$$F_2 = \lambda(gy + v^2)$$

6. **选题目的**：牛顿定律的适用条件。

解 不正确。

因牛顿定律适用于质点，且在质点运动的过程中质点的质量与时间（运动）是无关的。

火箭在自由空间飞行是利用燃料燃烧后不断喷出气体而产生

反冲推力。由于不断喷出气体,火箭的质量在飞行过程中是不断变化的,且在 dt 时间内喷出的气体 dm 仅仅初态速度与火箭相同,其末态速度与火箭不同,这样相互作用的两部分是不能看成一个质点的。所以把火箭作为变质量物体用牛顿定律列出的方程

$$\boldsymbol{F}dt = md\boldsymbol{v} + \boldsymbol{v}dm = 0$$

是错误的,所得出火箭速度 $v(t) = \dfrac{m_0 \boldsymbol{v}_0}{m(t)}$ 也是错的。

7. **选题目的**:牛顿定律的应用。

解 由于绳与滑轮接触,处处都有摩擦力 f,各处绳的张力不等。取与滑轮接触的一小段绳为研究对象,其受力图如附图 1.9 所示。设该小段绳对滑轮中心 O 的张角为 $d\theta$,绳的一端张力为 T,另一端张力为 $T+dT$,摩擦力 $f = \mu N$。刚能提升重物 M 时,加速度 $a = 0$,对小段绳有如下方程:

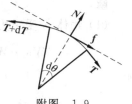

附图 1.9

切向 $(T+dT)\cos\dfrac{d\theta}{2} - T\cos\dfrac{d\theta}{2} - \mu N = 0$ ①

法向 $N - (T+dT)\sin\dfrac{d\theta}{2} - T\sin\dfrac{d\theta}{2} = 0$ ②

当 $d\theta$ 很小时,可取 $\cos\dfrac{d\theta}{2} \approx 1$,$\sin\dfrac{d\theta}{2} \approx \dfrac{d\theta}{2}$,代入上二式并略去高阶小项 $\dfrac{1}{2}dTd\theta$,则

①式简化为 $dT - \mu N = 0$ ③

②式简化为 $N - Td\theta = 0$ ④

解③,④式,得 $dT - \mu Td\theta = 0$ ⑤

对⑤式分离变量并积分

$$\int_{T_A}^{T_B} \dfrac{dT}{T} = \mu \int_0^\theta d\theta$$

即
$$T_B = T_A e^{\mu\theta} \neq T_A \qquad ⑥$$

对重物 M,受重力 Mg 和绳的拉力,有方程
$$T_A - Mg = 0 \qquad ⑦$$

解⑥,⑦两式得
$$T_B = Mg e^{\mu\theta} > Mg$$

1.3 功、动能、动量、角动量定理

1. **选题目的**:动能定理的应用计算。

解

(1) 物体 m 受重力 P、摩擦力 f、支持力 N,根据动能定理有
$$W_P + W_f + W_N = \frac{1}{2}mv^2 - \frac{1}{2}mv_0^2$$

即
$$mgS\cos 120° - \mu(mgS\cos 30°) + 0 = 0 - \frac{1}{2}mv_0^2$$

则有
$$S = \frac{v_0^2}{(1+\mu\sqrt{3})g} = 0.269 \text{m}$$

(2) 同理有
$$W_P + W_f + W_N = \frac{1}{2}mv^2 - \frac{1}{2}mv_0^2$$

即
$$mgS\cos 60° - \mu(mg\cos 30°)S + 0 = \frac{1}{2}mv^2 - 0$$

则有
$$v = \sqrt{gS(1-\mu\sqrt{3})} = 1.12 \text{m/s}$$

2. **选题目的**:牛顿定律与动能定理的综合应用计算。

解 滑块作圆周运动,根据牛顿定律:

第 1 章 　力 　学

法向
$$N = m\frac{v^2}{R} \qquad ①$$

切向
$$f = -\mu N = m\frac{\mathrm{d}v}{\mathrm{d}t} = m\frac{\mathrm{d}v}{\mathrm{d}\theta}\frac{\mathrm{d}\theta}{\mathrm{d}t} = \frac{mv}{R}\frac{\mathrm{d}v}{\mathrm{d}\theta} \qquad ②$$

由以上二式可得
$$\frac{\mathrm{d}v}{v} = -\mu\mathrm{d}\theta$$

两边积分有
$$\int_{v_0}^{v}\frac{\mathrm{d}v}{v} = -\mu\int_{0}^{\pi}\mathrm{d}\theta$$

可得
$$v = v_0\mathrm{e}^{-\mu\pi}$$

由动能定理可得摩擦力的功 W_f 为
$$W_f = \frac{1}{2}mv^2 - \frac{1}{2}mv_0^2 = \frac{1}{2}mv_0^2(\mathrm{e}^{-2\mu\pi} - 1)$$

3. **选题目的**：动量定理的应用计算。

解 （1）根据动量定理有
$$\int_{t_0}^{t_1}(F - \mu mg)\mathrm{d}t = mv_1 - 0$$

由已知 $t_1 = 4\mathrm{s}, t_0 = 0$，可得
$$v_1 = \frac{F - \mu mg}{m}(t_1 - t_0) = 4.00\mathrm{m/s}$$

（2）根据题意有
$$F = 70 - 10t \quad (4 \leqslant t \leqslant 7)$$

由动量定理可知
$$\int_{t_1}^{t_2}(F - \mu mg)\mathrm{d}t = mv_2 - mv_1$$

由已知 $t_2 = 7\mathrm{s}$，可得

$$v_2 = \frac{50(t_2-t_1) - 5(t_2^2-t_1^2)}{m} + v_1 = 2.50 \text{m/s}$$

(3) 设 $t_2' = 6\text{s}$，同理有

$$v_2' = \frac{50(t_2'-t_1) - 5(t_2'^2-t_1^2)}{m} + v_1 = 4.00 \text{m/s}$$

4. 选题目的：正确理解动量定理。

解 受力图如附图 1.10 所示，吊车底板对物体 m 的支持力为 $\boldsymbol{N}$，m 受重力 $m\boldsymbol{g}$，则对 m 有

$$N - mg = ma$$

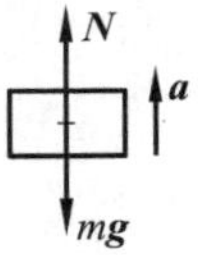

故吊车底板对物体 m 的冲量大小为

$$I_N = \int_0^2 N \mathrm{d}t = \int_0^2 m(g+a)\mathrm{d}t$$
$$= 10 \times \left(12.8 \times 2 + \frac{5}{2} \times 2^2\right)$$
$$= 356 \text{N} \cdot \text{s} \qquad ①$$

附图 1.10

根据动量定理，物体 m 动量的增量等于它所受合外力的冲量，有

$$\Delta p = \int_0^2 (N-mg)\mathrm{d}t = \int_0^2 ma\,\mathrm{d}t = \int_0^2 10(3+5t)\mathrm{d}t$$
$$= 10 \times \left(3 \times 2 + \frac{5}{2} \times 2^2\right) = 160 \text{N} \cdot \text{s} \qquad ②$$

由上述结果可知式①和式②不相等，即 $I_N \neq \Delta p$，这是因为底板对 m 的支持力 N 并不是物体所受合外力。必须通过受力分析求出物体所受合外力，再用动量定理解题。

*5. 选题目的：牛顿定律与动量定理对变质量物体的综合应用计算。

解 设在时刻 t 已有长 x 的细绳落至桌面，在以后的 $\mathrm{d}t$ 时间内将有质量 $\rho\mathrm{d}x$（设 ρ 为绳质量密度）的绳以 $v = \frac{\mathrm{d}x}{\mathrm{d}t}$ 的速率落到桌面。现以 $\rho\mathrm{d}x$ 为研究对象，它受桌上绳子给予的冲力 F'（忽略其

重力），设竖直向下为正方向，根据动量定理有

$$F'\mathrm{d}t = 0 - \rho\mathrm{d}x\frac{\mathrm{d}x}{\mathrm{d}t}$$

$$F' = -\rho v^2$$

而

$$v^2 = 2gx$$

则有

$$F' = -2\rho gx$$

方向向上。

再以桌面上的细绳为研究对象，它受支持力 N'、重力 $W = \rho gx$，及冲力 $F = 2\rho gx$（因 $F' = -F$），则有

$$W + F + N' = 0$$

$$N' = -3\rho gx$$

根据牛顿第三定律（$N' = -N$），则细绳给桌面的力为

$$N = 3\rho gx \quad (\rho gx \text{ 为绳的重量})$$

6. **选题目的**：质点组角动量的计算。

解 以 O 为参考点的质点组的角动量为

$$\boldsymbol{L} = \boldsymbol{r}_1 \times m\boldsymbol{v}_1 + \boldsymbol{r}_2 \times m\boldsymbol{v}_2$$

$$\boldsymbol{L} = 2\boldsymbol{r}_1 \times m\boldsymbol{v}_1$$

$$L = 2ma^2\omega\sin\theta$$

$\boldsymbol{L}$ 的方向由 $\boldsymbol{r}_1 \times \boldsymbol{v}_1$ 的方向决定，位于 xOz 平面内与 z 轴夹角为 $\left(\dfrac{\pi}{2} - \theta\right)$。

1.4 动量守恒定律、角动量守恒定律、机械能守恒定律及其综合应用

1. **选题目的**：动量、动能、机械能守恒条件的判断。

解 设系统在水平面的运动方向为 x 轴，与水平面垂直方向

为 y 轴。系统在 y 方向受重力和支持力,但均不做功且合外力为零,只需考虑 x 方向的受力。系统在 x 方向无外力作用,故动量不变;由于所受弹簧力在运动过程中做功,故系统动能变化;由于无外力和无非保守内力,且内力为保守力,所以系统机械能不变。

2. **选题目的**:含有相对运动的动量守恒定律应用计算。

解 炮弹水平方向动量守恒,设 v_x 为 M 对地的水平速度,则有
$$(M+m)v_0\cos\alpha = m(-u+v_x) + Mv_x$$
$$v_x = \left(v_0\cos\alpha + \frac{m}{m+M}u\right)$$

则落地距离
$$x = v_x t = \left(v_0\cos\alpha + \frac{m}{m+M}u\right)\frac{v_0\sin\alpha}{g}$$

3. **选题目的**:动量守恒定律与机械能守恒定律的综合应用计算。

解 m 环下落的末速度为
$$v = \sqrt{2gH}$$

m 与 M 环系统动量守恒,则有
$$mv = (m+M)V$$

式中,V 为 m 与 M 共同运动的初速度。

m, M 环与地球系统机械能守恒,设 A 为 m 与 M 共同振动的振幅,最低点为势能零点。设 x 坐标原点在弹簧自然长度下端,x 轴方向向下,则有
$$\frac{1}{2}(m+M)V^2 + (m+M)(A+x_2)g + \frac{1}{2}kx_1^2$$
$$= \frac{1}{2}k(x_1+x_2+A)^2$$

其中 x_1, x_2 与 M, m 的关系为
$$Mg = kx_1$$

$$(m+M)g = k(x_1+x_2)$$

联立以上各式,可解得

$$A = \sqrt{\frac{m^2 g^2}{k^2} + \frac{2m^2 gH}{k(m+M)}}$$

4. 选题目的：动量守恒定律与机械能守恒定律的综合应用计算。

解 如附图 1.11 所示,O 点为弹簧自然长度上端,a 为 m_A 与 m_B 反弹后恰能提起 C 的弹簧伸长量,图中 x_0, a 与 m_B, m_C 的关系为

$$kx_0 = m_B g$$
$$ka = m_C g$$

A 下落的末速度

$$v = \sqrt{2gh}$$

A 与 B 碰撞过程动量守恒,则有

$$m_A v = (m_A + m_B)V$$

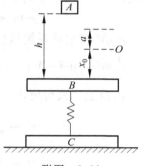

附图 1.11

A,B,C 三物体与地球系统机械能守恒,以 B 的初始位置为势能零点,则有

$$\frac{1}{2}(m_A+m_B)V^2 + \frac{1}{2}kx_0^2$$
$$= \frac{1}{2}ka^2 + (m_A+m_B)g(x_0+a)$$

联立以上各式,可解出

$$h = \frac{g}{2km_A^2}[(m_A+m_B)(m_B+m_C)(m_B+m_C+2m_A)]$$

5. 选题目的：明确动能定理与参照系的关系。

解 方程式①是错误的,它是以木块为参照系列出的方程,而木块此时为非惯性系,对于它动能定理不成立。

正确的方法应以地面为参照系对子弹用动能定理,则有

$$-F(S+d) = \frac{1}{2}mv_1^2 - \frac{1}{2}mv_0^2$$

6. **选题目的**:含有相对运动的动量守恒定律与机械能守恒定律的综合应用。

解 (1) 以物体 m 与槽 M 为系统,水平方向动量守恒,分别设 v' 表示 m 相对 M 的速度,方向沿槽表面斜向下;V 表示 M 相对地的速度,方向水平向右。则

$$m(v'\sin\theta - V) - MV = 0$$

m,M 与地球系统机械能守恒,选最低点 B 为势能零点,则有

$$\frac{1}{2}m(v'\sin\theta - V)^2 + \frac{1}{2}m(v'\cos\theta)^2 + \frac{1}{2}MV^2 = mgR\sin\theta$$

由以上二式可解出

$$v' = \sqrt{\frac{(M+m)2gR\sin\theta}{(M+m) - m\sin^2\theta}}$$

$$V = \frac{m\sin\theta}{M+m}\sqrt{\frac{(M+m)2gR\sin\theta}{(M+m) - m\sin^2\theta}}$$

(2) 设 v_x 为物体 m 相对地面速度的水平分量,m 与 M 系统水平方向动量守恒,则有

$$mv_x - MV = 0$$

即

$$m\frac{dS_2}{dt} - M\frac{dS_1}{dt} = 0$$

m 从 A 到 B 的过程中有

$$\int dS_1 = \frac{m}{M}\int dS_2$$

$$S_1 = \frac{m}{M}S_2$$

由于

$$S_2 = R - S_1$$

因此有

$$S_1 = \frac{m}{M+m}R$$

1.5 刚体的定轴转动

1. **选题目的**：刚体定轴转动时，角量与线量的计算。

解 设电枢作匀角加速转动。

(1)

$$\alpha = \frac{\omega - \omega_0}{t} = -3\pi/s^2$$

$$\theta = \omega_0 t + \frac{1}{2}\alpha t^2 = 600\pi$$

$$n = \frac{600\pi}{2\pi} = 300 \text{ 圈，} 20\text{s 内电枢转了 } 300 \text{ 圈。}$$

(2)

$$\omega = \omega_0 + \alpha t = 30\pi/s$$
$$v = \omega r = 3\pi \text{ m/s}$$
$$a_t = \alpha r = -0.3\pi \text{ m/s}^2$$
$$a_n = \omega^2 r = 90\pi^2 \text{ m/s}^2$$

2. **选题目的**：刚体定轴转动定律及动能定理综合应用计算。

解 (1) 撤去外力后，盘在摩擦力矩 M_f 作用下停止转动。设盘的质量面密度 $\sigma = \frac{m}{\pi R^2}$，则有

$$M_f = \int_0^R \mu g 2\pi \sigma r^2 \, dr = \frac{2}{3}\mu mgR$$

根据转动定律有

$$\alpha = \frac{-M_f}{J}, \quad J = \frac{1}{2}mR^2$$

$$\alpha = \frac{-4\mu g}{3R}$$

$$t = \frac{-\omega_0}{\alpha} = \frac{3R\omega_0}{4\mu g}$$

（2）根据动能定理，摩擦力的功

$$W_f = 0 - \frac{1}{2}J\omega_0^2 = -\frac{1}{4}mR^2\omega_0^2$$

3. 选题目的：刚体机械能守恒定律的应用计算。

解 以环、地球为系统，设 O 点为势能零点，根据机械能守恒定律有

$$\frac{1}{2}J\omega^2 - MgR = 0$$

$$J = J_C + MR^2 = 2MR^2$$

则

$$\omega = \sqrt{\frac{g}{R}}$$

$$v_A = 2R\omega = 2\sqrt{gR}$$

4. 选题目的：刚体机械能守恒定律与角动量守恒定律综合应用计算。

解 棒与地球系统机械能守恒，以地面为势能零点，设 ω 为棒在竖直位置的角速度，则有

$$mgL = \frac{1}{2}J\omega^2 + \frac{1}{2}mgL$$

棒与球碰撞前后，棒、球系统对轴 O 的角动量守恒，设 ω' 为棒碰撞后的角速度，则有

$$J\omega = J\omega' + mvL$$

此过程中系统机械能守恒，则有

$$\frac{1}{2}J\omega^2 = \frac{1}{2}J\omega'^2 + \frac{1}{2}mv^2$$

第 1 章 力 学

由以上三式可解出 $v=\dfrac{1}{2}\sqrt{3gL}$，v 方向水平向左。

5. **选题目的**：明确系统角动量守恒的条件。

解 原解②式是认为系统的总角动量为二圆柱各自对自己的轴的角动量之和，这样的计算是错误的，因为系统的总角动量只能对同一个轴进行计算。此外，二圆柱在各自的轴处均受到外力，因此不论对哪一个轴来说，这一系统的合外力矩均不为零，所以系统的角动量是不守恒的。正确的解法是对二圆柱分别用角动量定理。设二圆柱接触处的一对切向摩擦力为 $f_1=-f_2$，则有

$$\int R_1 f_1 \mathrm{d}t = J_1\omega_1 - J_1\omega_{10}$$

$$\int R_2 f_2 \mathrm{d}t = -J_2\omega_2 - J_2\omega_{20}$$

且有

$$\omega_1 R_1 = \omega_2 R_2$$

$$J_1 = \frac{1}{2}M_1 R_1^2 \quad J_2 = \frac{1}{2}M_2 R_2^2$$

联立以上各式可求出正确的解。

6. **选题目的**：质点系角动量定理的应用。

解 选人、滑轮与重物为系统，所受的外力矩（对滑轮轴）为

$$M' = \frac{1}{2}MgR$$

设 u 为人相对绳的匀速度，v 为重物上升的速度，则该系统对轴的角动量为

$$L = \frac{M}{2}vR - M(u-v)R + \left(\frac{1}{2}\frac{M}{4}R^2\right)\omega$$

$$= \frac{13}{8}MRv - MRu$$

根据角动量定理有

即
$$M = \frac{dL}{dt}$$

$$\frac{1}{2}MgR = \frac{d}{dt}\left(\frac{13}{8}MRv - MRu\right)$$

因
$$\frac{du}{dt} = 0$$

故有
$$a = \frac{dv}{dt} = \frac{4}{13}g$$

7. 选题目的：刚体定轴转动的机械能守恒定律、角动量守恒定律、转动定理和质心运动定律的综合应用。

解 （1）求 ω：将过程分段

第一段：m 与 M 在圆盘顶端 P 的碰撞过程，由于碰撞过程时间很短，碰后 m 与 M 获得角速度 ω_0，但尚未转动。

对 $M+m$ 系统：在此过程中外力 $M\mathbf{g}$ 和 $m\mathbf{g}$ 对盘中心 O 轴的力矩为零，故系统对 O 轴的角动量守恒，有

$$\frac{1}{2}MR^2\omega_0 + mR^2\omega_0 = Rmv_0\cos\theta \qquad ①$$

第二段：$M+m$ 系统转动过程，只有保守力做功，系统机械能守恒，有

$$\frac{1}{2}\left(\frac{1}{2}MR^2 + mR^2\right)\omega^2 = \frac{1}{2}\left(\frac{1}{2}MR^2 + mR^2\right)\omega_0^2 + mgR \qquad ②$$

将 $M=2m$，$\theta=60°$ 代入式①，②并联立解方程，得

$$\omega = \frac{1}{4R}\sqrt{v_0^2 + 16gR}$$

（2）求圆盘受轴的作用力 $\mathbf{N}$

设圆盘受轴的作用力 $\mathbf{N} = \mathbf{N}_x + \mathbf{N}_y$，如附图 1.12 所示，由转动定理有

$$Rmg = \left(\frac{1}{2}MR^2 + mR^2\right)\alpha \quad ③$$

已知 $M=2m$，则 $M+m$ 系统的质心 C 位置在 $\overline{OP}$ 线上距 O 点 $\frac{R}{3}$ 处。当圆盘转动时，质心 C 作半径为 $\frac{R}{3}$ 的圆周运动，当 P 点转到与 x 轴重合时，C 亦与 x 轴重合，此时有

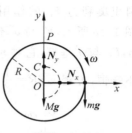

附图 1.12

质心切向加速度 $\qquad a_t = \frac{R}{3}\alpha \qquad$ ④

质心法向加速度 $\qquad a_n = \frac{R}{3}\omega^2 \qquad$ ⑤

由质心运动定理，有

x 向：$N_x = -(m+M)a_n$ （法向加速度 a_n 指向 O） ⑥

y 向：$(m+M)g - N_y = (m+M)a_t$ ⑦

上述五式联立解得：$N_x = -m\left(\frac{v_0^2}{16R} + g\right)$

$$N_y = \frac{5}{2}mg$$

轴 O 对圆盘的作用力为

$$N = \sqrt{N_x^2 + N_y^2} = m\sqrt{\left(\frac{v_0^2}{16R} + g\right)^2 + \left(\frac{5}{2}g\right)^2}$$

$N_x < 0$ 说明轴 O 对圆盘的水平力 N_x 实际与假设方向相反。

8. 选题目的：非惯性系中力与功的分析。

解 选圆环参考系时，功能原理可以用，但所列方程 $mgR = \frac{1}{2}mv^2$ 是错的。因为圆环是转动的非惯性系，在此非惯性系中 m 除了受以前分析的力作用以外，还受到惯性离心力 $\boldsymbol{F}_1$ 和

科里奥利力 F_C 的作用。在 m 下落过程中 $F_I = m\omega^2 r$,方向如附图 1.13 所示,F_I 与 v'' 不垂直,对 m 要做功。科氏力 $F_C = 2m v'' \times \omega$,$F_C$ 与 v'' 垂直,它对 m 不做功。所以小球 m 与地球系统机械能不守恒,方程 $mgR = \frac{1}{2}mv'^2$ 不成立。

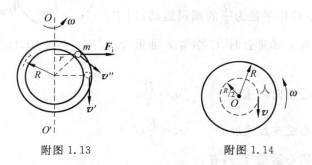

附图 1.13 　　　　　　附图 1.14

9. **选题目的**:有相对运动时角动量守恒定律的应用。

解 (1) 以人+盘为系统,对中心轴 O 系统所受合外力矩为零,系统角动量守恒。设盘对地的角速度为 ω,如附图 1.14 所示,人对地的角速度为 $\omega_人$,由角速度变换有

$$\omega_人 = -\frac{v}{\frac{R}{2}} + \omega \qquad ①$$

人+盘系统角动量守恒,则

$$(J + J_人)\omega_0 = J\omega + J_人\omega_人 \qquad ②$$

圆盘对 O 轴的转动惯量 $J = \frac{1}{2}MR^2$,人对 O 轴的转动惯量 $J_人 = \frac{M}{10}\left(\frac{R}{2}\right)^2$。将 $J, J_人$ 代入式②并与式①联立解得盘的角速度为

$$\omega = \omega_0 + \frac{2v}{21R}$$

(2) 欲使盘对地静止,为求 v_1 令 $\omega = 0$,即

$$\omega_0 + \frac{2v_1}{21R} = 0$$

可解得

$$v_1 = -\frac{21R\omega_0}{2}$$

求出 v_1 的负号表明欲使盘对地静止,则人相对盘的速度方向与原来人相对盘的速度 v 的方向相反,即人应相对盘逆时针方向运动。

1.6 狭义相对论运动学

1. **选题目的**：明确相对论时空观。

解 (1) ②正确。因对于火箭上的观察者,地面沿 $-v$ 方向运动,B 事件为运动后方的事件,应先发生。

(2) ②正确。因 A,B 两事件有因果关系,故时序不能颠倒。

2. **选题目的**：明确原时的概念。

解 宇航员测出的时间 $\Delta t'$ 为原时,则在地面上测出的时间 Δt 为

$$\Delta t = \frac{\Delta t'}{\sqrt{1 - \frac{u^2}{c^2}}} \approx \Delta t'\left(1 + \frac{u^2}{2c^2}\right)$$

$$\Delta t - \Delta t' = \frac{u^2}{2c^2}\Delta t' = 0.8\text{s} < 1\text{s}$$

3. **选题目的**：洛伦兹变换的应用,明确相对论时空观。

解 (1) 设在地面参照系 S 中,A,B 两事件发生的地点与时刻分别为 x_1,x_2,t_1,t_2。在另一 S' 系(S' 相对 S 系以 $\boldsymbol{u} = u\hat{\boldsymbol{x}}$ 运动)中分别为 x_1',x_2',t_1',t_2'。由洛伦兹变换可知

$$x_1' = \frac{x_1 - ut_1}{\sqrt{1 - \left(\frac{u}{c}\right)^2}} \quad x_2' = \frac{x_2 - ut_2}{\sqrt{1 - \left(\frac{u}{c}\right)^2}}$$

根据题意有
$$x'_1 = x'_2$$
则
$$u = \frac{x_2 - x_1}{t_2 - t_1} = 2.00 \times 10^8 \text{m/s}$$

(2) 由洛伦兹变换可知
$$t'_1 = \frac{t_1 - \frac{u}{c^2}x_1}{\sqrt{1 - \left(\frac{u}{c}\right)^2}} \qquad t'_2 = \frac{t_2 - \frac{u}{c^2}x_2}{\sqrt{1 - \left(\frac{u}{c}\right)^2}}$$

根据题意有
$$t'_1 = t'_2$$
则
$$u = \frac{c^2(t_2 - t_1)}{x_2 - x_1} = 4.50 \times 10^8 \text{m/s}$$

因 $u > c$,故找不到这样的参照系。

4. 选题目的：明确原长与运动长度的关系。

解 (1) 设米尺在 S' 系与 S 系中分别长为 l' 与 l,并位于 $x'O'y'$ 与 xOy 平面内,S' 系相对于 S 系的运动速度为 $\boldsymbol{u} = u\hat{\boldsymbol{x}}$,根据题意有
$$l'_x = l'\cos\theta', \quad l'_y = l'\sin\theta'$$
并有
$$l_y = l'_y = 0.5\text{m}$$
$$l_x = l'_x\sqrt{1 - \frac{u^2}{c^2}} = 0.866\sqrt{1 - \frac{u^2}{c^2}}$$
要求
$$\frac{l_y}{l_x} = \tan 45° = 1$$
$$l_y = l_x = l'_x\sqrt{1 - \frac{u^2}{c^2}}, \quad \text{即} \quad 0.5 = 0.866\sqrt{1 - \frac{u^2}{c^2}}$$

则有
$$u = 0.816c$$

(2)
$$l = \frac{l_y}{\sin 45°} = 0.707 \text{m}$$

5. 选题目的：相对论速度变换公式的应用。

解 设实验室为 S 系，电子 B 为 S' 系。由题意，在 S 系电子 A 的速率 $v_x = 2.9 \times 10^8$ m/s，S' 系相对 S 系的速率 $u = -2.7 \times 10^8$ m/s，A 相对 B 的速率为 v'_x。由相对论速度变换公式可知

$$v'_x = \frac{v_x - u}{1 - \dfrac{u v_x}{c^2}} = 2.99 \times 10^8 \text{m/s}$$

*6. **选题目的**：时间量度相对性的分析与计算（本题有一定的难度）。

解 （1）首先要明确，一个钟在某一时刻的示值在任何参照系中看都是相同的，故从 S 系中是可以看 B' 的示值的。

在 S 系中观察，B 与 A 同步，故 B 示值为零。根据洛伦兹变换有

$$\Delta t' = \frac{\Delta t - \dfrac{u}{c^2} \Delta x}{\sqrt{1 - \left(\dfrac{u}{c}\right)^2}}$$

因
$$\Delta t = 0$$

故有
$$t'_{B'} - t'_{A'} = \frac{-\dfrac{u}{c^2} \Delta x}{\sqrt{1 - \left(\dfrac{u}{c}\right)^2}} = -7.50 \times 10^{-2} \text{s}$$

B' 钟的示值为 $t'_{B'} = -7.50 \times 10^{-2}$ s，即认为 A'，B' 不同步。

(2) 在 S' 系中观察，B' 与 A' 同步，故 B' 示值为零。因

$$\Delta t' = \frac{\Delta t - \frac{u}{c^2}\Delta x}{\sqrt{1 - \left(\frac{u}{c}\right)^2}}$$

其中

$$\Delta t' = 0$$

故有

$$\Delta t = t_B - t_A = \frac{u}{c^2}\Delta x = 6.00 \times 10^{-2}\text{s}$$

B 钟的示值为 $t_B = 6.00 \times 10^{-2}$s，即认为 A, B 不同步。

(3) 在 S 系中观察，A' 移动距离 $\Delta x = 3 \times 10^7$m，B 钟转过的时间为

$$\Delta t_B = t_B - t_{B_0} = \frac{\Delta x}{u} = 0.167\text{s}$$

B 钟的示值为 $t_B = 0.167$s。

在 S' 系中 A' 移动的距离 $\Delta x' = \Delta x \sqrt{1 - \left(\frac{u}{c}\right)^2}$，则 A' 钟转过的时间为

$$\Delta t_{A'} = t_{A'} - t_{A'_0} = \frac{\Delta x'}{u} = 0.133\text{s}$$

即 A' 钟的示值为 $t_{A'} = 0.133$s。

(4) 在 S' 系中观察，B 钟的移动距离为 $\Delta x'$，此过程中 A' 钟转过的时间为

$$\Delta t'_{A'} = \frac{\Delta x'}{u} = \frac{\Delta x \sqrt{1 - \left(\frac{u}{c}\right)^2}}{u} = 0.133\text{s}$$

则 A' 钟的示值为

$$t'_{A'} = 0.133\text{s}$$

在 S' 系中 B' 钟与 A' 钟同步，故 B' 钟的示值也是 0.133s。

在 A' 钟与 B 钟相遇的同时，A,B 两钟示值之差为 $\Delta t = t_A - t_B$，可根据洛伦兹变换求出

$$\Delta t' = \frac{\Delta t - \dfrac{u}{c^2}\Delta x}{\sqrt{1-\left(\dfrac{u}{c}\right)^2}}$$

由于

$$\Delta t' = 0, \quad \Delta x = -3\times 10^7 \text{m}$$

因此

$$\Delta t = \frac{u}{c^2}\Delta x = -6\times 10^{-2}\text{s}$$

$$t_A = t_B - \Delta t = 0.167 - 0.06 = 0.107\text{s}$$

1.7 狭义相对论动力学

1. **选题目的**：明确相对论能量关系。

解 根据相对论能量关系：

$$mc^2 = E_k + m_0 c^2$$

$$E_k = m_0 c^2 \left[\frac{1}{\sqrt{1-\left(\dfrac{v}{c}\right)^2}} - 1\right]$$

由题意，$E_k = \dfrac{1}{4}\text{MeV}, m_0 c^2 = \dfrac{1}{2}\text{MeV}$，代入上式解得

$$v = 0.745c$$

2. **选题目的**：相对论质量与速度关系的应用。

解 原题所给 $\rho_甲 = \dfrac{m}{lS}$ 正确。观察者乙所测 $\rho_乙 = \dfrac{5m}{3lS}$ 错误。

因观察者甲持棒相对观察者乙以 $\dfrac{4}{5}c$ 的速度运动，故观察者乙测得棒的质量不是 m，而应是

$$m' = \frac{m}{\sqrt{1-\left(\frac{0.8c}{c}\right)^2}} = \frac{5}{3}m$$

正确的计算是:

$$\rho_\text{乙} = \frac{m'}{l'S} = \frac{\frac{5}{3}m}{\frac{3}{5}lS} = \frac{25}{9}\frac{m}{lS} = \frac{25}{9}\rho_\text{甲}$$

3. **选题目的**: 相对论动量能量关系式及其守恒定律的综合应用计算。

解 设衰变后两个粒子的速度、动量、能量分别为 v_1 与 v_2, $\boldsymbol{p}_1$ 与 $\boldsymbol{p}_2$, E_1 与 E_2。

根据相对论动量能量关系有

$$\left(\frac{E_1}{c}\right)^2 - p_1^2 = m_{10}^2 c^2$$

$$\left(\frac{E_2}{c}\right)^2 - p_2^2 = m_{20}^2 c^2$$

根据守恒关系有

$$M_0 c^2 = E_1 + E_2$$
$$\boldsymbol{p}_1 + \boldsymbol{p}_2 = 0$$

由以上各式可求出

$$E_1 = \frac{(M_0^2 + m_{10}^2 - m_{20}^2)c^2}{2M_0}$$

因

$$E_1 = \frac{m_{10}c^2}{\sqrt{1-\left(\frac{v_1}{c}\right)^2}}$$

可得

$$v_1 = \frac{c\sqrt{M_0^4 + m_{10}^4 + m_{20}^4 - 2M_0^2 m_{10}^2 - 2M_0^2 m_{20}^2 - 2m_{10}^2 m_{20}^2}}{M_0^2 + m_{10}^2 - m_{20}^2}$$

第 1 章 力 学

4. 选题目的：相对论能量关系的应用计算。

解 相对论动能公式为

$$E_k = \frac{m_0 c^2}{\sqrt{1-\frac{v^2}{c^2}}} - m_0 c^2$$

根据题意有

$$E_k = E_0 = m_0 c^2$$

则可解出

$$v = \frac{\sqrt{3}}{2}c = 2.60 \times 10^8 \text{ m/s}$$

5. 选题目的：相对论动量的计算。

解 根据题意可知

$$\frac{p}{p_0} = \frac{\dfrac{m_0 v}{\sqrt{1-\dfrac{v^2}{c^2}}}}{m_0 v} = 2$$

可得

$$v = \frac{\sqrt{3}}{2}c = 2.60 \times 10^8 \text{ m/s}$$

6. 选题目的：掌握相对论动量能量关系。

解 (1) 光子与静止的自由电子作弹性碰撞，以光子、电子为系统满足动量守恒、能量守恒。由系统动量守恒，碰后光子沿 θ 角散射，频率为 ν'，动量为 $\dfrac{h\nu'}{c}\hat{e}'$，电子获得动量 $\boldsymbol{p}_e$，如附图 1.15 所示。碰前光子动量为 $\dfrac{h\nu}{c}\hat{e}$，有

$$\frac{h\nu}{c}\hat{e} = \frac{h\nu'}{c}\hat{e}' + \boldsymbol{p}_e \qquad ①$$

由系统能量守恒，碰后电子获得动能，散射光子能量 $h\nu'$ 必低于入射光子能量 $h\nu$，故必有 $\nu' < \nu$。碰撞前后能量守恒，则有

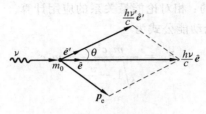

附图 1.15

$$hv + m_0 c^2 = hv' + E \qquad ②$$

(2) 由相对论动量能量关系可得电子的能量 E 为

$$E^2 = c^2 p_e^2 + m_0^2 c^4 \qquad ③$$

由式①有

$$\boldsymbol{p}_e = \left(\frac{hv}{c}\right)\hat{\boldsymbol{e}} - \left(\frac{hv'}{c}\right)\hat{\boldsymbol{e}}'$$

将上式两边平方得

$$p_e^2 = \left(\frac{hv}{c}\right)^2 + \left(\frac{hv'}{c}\right)^2 - 2\frac{h^2 vv'}{c^2}\hat{\boldsymbol{e}} \cdot \hat{\boldsymbol{e}}'$$

因 $\hat{\boldsymbol{e}} \cdot \hat{\boldsymbol{e}}' = \cos\theta$,代入上式并化简得

$$c^2 p_e^2 = h^2 v^2 + h^2 v'^2 - 2h^2 vv' \cos\theta \qquad ④$$

由式②有

$$E = h(v - v') + m_0 c^2$$

将上式两边平方得

$$E^2 = h^2 v^2 + h^2 v'^2 - 2h^2 vv' + 2h(v - v')m_0 c^2 + m_0^2 c^4 \qquad ⑤$$

将式④-⑤得

$$c^2 p_e^2 - E^2 = 2h^2 vv'(1 - \cos\theta) - 2h(v - v')m_0 c^2 - m_0^2 c^4$$

将式③代入上式并化简得

$$hvv'(1 - \cos\theta) + v'm_0 c^2 - vm_0 c^2 = 0$$

可解出

$$v' = \frac{vm_0 c^2}{m_0 c^2 + hv(1 - \cos\theta)} = \frac{v}{1 + \frac{hv}{m_0 c^2}(1 - \cos\theta)}$$

因上式中分母大于 1,所以 $\nu'<\nu$,散射光频率更低。

第 2 章 静 电 学

2.1 电场强度

1. 选题目的:对点电荷场强公式中点电荷概念的正确理解。

解 按点电荷定义(见教材 1.1 节),当 $r\to 0$ 时,此电荷已不能看作点电荷,故不能用点电荷场强公式,而需依电荷的具体分布来求场强。

2. 选题目的:无限大均匀带电平面的场强公式及均匀带电圆盘轴线上的场强公式的应用。

解 无限大均匀带电平面在 P 点的场强

$$E_P = \frac{\sigma}{2\varepsilon_0}$$

均匀带电为 σ 的圆盘轴线上的场强

$$E_x = \frac{\sigma}{2\varepsilon_0}\left[1 - \frac{x}{(R^2+x^2)^{\frac{1}{2}}}\right]$$

由题意知,当 $x=d$ 时有 $E_d = \frac{1}{2}E_P$,即

$$\frac{\sigma}{2\varepsilon_0}\left[1 - \frac{d}{(R^2+d^2)^{\frac{1}{2}}}\right] = \frac{1}{2}\cdot\frac{\sigma}{2\varepsilon_0}$$

由上式解得

$$R = \sqrt{3}d$$

3. 选题目的:用积分法求 $\boldsymbol{E}$。

解 如附图 2.1 所示,根据电荷分布的对称性可知,该带电细圆环在环心处的场强沿 $-\hat{\boldsymbol{x}}$ 方向。则有

$$\mathrm{d}E_y = 0$$
$$\mathrm{d}E_x = -2\mathrm{d}E'\cos\varphi$$

$$E = E_x = \int_0^\pi -\frac{2\lambda \mathrm{d}l\cos\varphi}{4\pi\varepsilon_0 R^2}$$
$$= \int_0^\pi -\frac{\lambda_0 R\cos^2\varphi}{2\pi\varepsilon_0 R^2}\mathrm{d}\varphi$$
$$= -\frac{\lambda_0}{2\pi\varepsilon_0 R}\cdot\frac{1}{2}(\pi)$$
$$= -\frac{\lambda_0}{4\varepsilon_0 R}$$

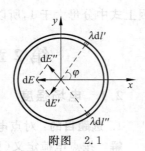

附图 2.1

$\boldsymbol{E}$ 的方向为 $-\hat{\boldsymbol{x}}$ 向。

4. **选题目的**：电通量的计算。

解 以正方形为一面，取一立方体状的闭合面将 Q 包围。通过该闭合面的电通量为

$$\oint_S \boldsymbol{E}\cdot\mathrm{d}\boldsymbol{S} = \frac{Q}{\varepsilon_0}$$

因为立方体六个表面均相等，且对中心对称，所以通过每一面的电通量为 $\dfrac{Q}{6\varepsilon_0}$。

5. **选题目的**：用补缺法求非对称分布电荷的场强。

解 均匀带电球面上挖去一小面积 ΔS 时，它在球心处的场强可以看作一个完整的均匀带电球面与在缺口处有一个带符号相反电荷的电场的叠加：

$$\boldsymbol{E}_0 = \boldsymbol{E}_{\Delta S} + \boldsymbol{E}_{球面}$$

由题意，均匀带电球面的面电荷密度为

$$\sigma = \frac{Q}{4\pi R^2}$$

挖去 ΔS 的电荷是 $\sigma\Delta S$，相应在该处补的电荷是 $-\sigma\Delta S$，因为 ΔS 很小，它在球心处的场强可按点电荷场强公式计算，即

$$E_{\Delta S} = \frac{-\sigma\Delta S}{4\pi\varepsilon_0 R^2} = -\frac{Q\Delta S}{16\pi^2\varepsilon_0 R^4}$$

均匀带电球面在球心处的场强 $\boldsymbol{E}_{球面}=\boldsymbol{0}$，因此

$$E_0 = E_{\Delta S} = -\frac{Q\Delta S}{16\pi^2 \varepsilon_0 R^4}$$

E_0 的方向是沿半径指向球心。

6. 选题目的：电通量的计算、高斯定理的应用。

解　解法一　用电通量定义 $\Phi_e = \iint\limits_S \boldsymbol{E} \cdot d\boldsymbol{S}$ 计算。

如附图 2.2(a) 所示，取面元 $dS = 2\pi r dr$，P 点到面元 dS 边缘的距离为 l，在 dS 上各点场强 $E = \dfrac{q}{4\pi\varepsilon_0 l^2}$，$\boldsymbol{E}$ 与 $d\boldsymbol{S}$ 的夹角为 θ，则

$$d\Phi_e = \boldsymbol{E} \cdot d\boldsymbol{S} = \frac{q}{4\pi\varepsilon_0 l^2}\cos\theta \cdot 2\pi r dr = \frac{q}{2\varepsilon_0 l^2}\cos\theta \cdot r dr$$

$$\Phi_e = \int d\Phi_e = \int \frac{q}{2\varepsilon_0 l^2} \cdot \cos\theta \cdot r dr \qquad ①$$

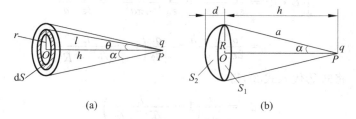

附图　2.2

统一变量：$l = \dfrac{h}{\cos\theta}$，$r = h\tan\theta$，$dr = h\sec^2\theta d\theta$　将以上关系代入式①并化简得

$$\Phi_e = \frac{q}{2\varepsilon_0}\int_0^\alpha \sin\theta d\theta = \frac{q}{2\varepsilon_0}(1 - \cos\alpha) = \frac{q}{2\varepsilon_0}\left(1 - \frac{h}{\sqrt{h^2 + R^2}}\right)$$

解法二　用高斯定理解。

如附图 2.2(b) 所示，设 P 点到圆平面 S_1 边缘点的距离为 a，以 a 为半径、P 点为中心作部分球面（球冠）S_2，S_2 和 S_1 组成一个封闭面 S。S 内无净电荷，由高斯定理有

$$\oiint_S \boldsymbol{E} \cdot \mathrm{d}\boldsymbol{S} = 0$$

又

$$\oiint_S \boldsymbol{E} \cdot \mathrm{d}\boldsymbol{S} = \iint_{S_1} \boldsymbol{E} \cdot \mathrm{d}\boldsymbol{S} + \iint_{S_2} \boldsymbol{E} \cdot \mathrm{d}\boldsymbol{S} = 0$$

所以

$$\Phi_e = -\iint_{S_1} \boldsymbol{E} \cdot \mathrm{d}\boldsymbol{S} = \iint_{S_2} \boldsymbol{E} \cdot \mathrm{d}\boldsymbol{S} \quad \textcircled{2}$$

由高斯定理知,通过以 a 为半径,p 为球心的球面的电通量为 $\dfrac{q}{\varepsilon_0}$,S_2 球冠的面积 $S_2 = 2\pi da$ 是球面的一部分,故通过 S_2 的电通量为

$$\iint_{S_2} \boldsymbol{E} \cdot \mathrm{d}\boldsymbol{S} = \frac{q}{\varepsilon_0} \frac{S_2}{4\pi a^2} = \frac{q}{\varepsilon_0} \frac{2\pi d \cdot a}{4\pi a^2} = \frac{q}{2\varepsilon_0} \frac{d}{a}$$

$$= \frac{q}{2\varepsilon_0} \frac{a-h}{a} = \frac{q}{2\varepsilon_0}\left(1 - \frac{h}{\sqrt{h^2+R^2}}\right) \quad \textcircled{3}$$

将式③代入式②,得

$$\Phi_e = \frac{q}{2\varepsilon_0}\left(1 - \frac{h}{\sqrt{h^2+R^2}}\right)$$

7. 选题目的:用高斯定理求场强。

解 无限长带电圆柱体可以看成由许多半径为 r(r 由 O 到 R)的均匀带电无限长圆筒叠加而成,因此其场强分布是柱对称的,场强方向沿圆柱半径方向,距轴线等距各点的场强大小相等。

对柱体内的场点 $r \leqslant R$,过场点取半径为 r、高为 h 的同轴圆柱面为高斯面 S,利用高斯定理有

$$\oint_S \boldsymbol{E}_{\text{内}} \cdot \mathrm{d}\boldsymbol{S} = \frac{1}{\varepsilon_0}\int_0^r 2\pi r \mathrm{d}r h \rho_0 r$$

$$E_{\text{内}} 2\pi rh = \frac{2\pi \rho_0 h}{3\varepsilon_0} r^3$$

$$E_{内} = \frac{\rho_0 r^2}{3\varepsilon_0} \quad (r \leqslant R)$$

对柱体外的场点 $r > R$，过场点取半径为 r、高为 h 的同轴圆柱面为高斯面 S，由高斯定理有

$$\oint_S \boldsymbol{E}_{外} \cdot \mathrm{d}\boldsymbol{S} = \frac{1}{\varepsilon_0} \int_0^R 2\pi r h \, \mathrm{d}\rho_0 r$$

解得

$$E_{外} = \frac{\rho_0 R^3}{3\varepsilon_0 r} \quad (r \geqslant R)$$

$\boldsymbol{E}_{内}$ 与 $\boldsymbol{E}_{外}$ 的方向均沿 $\hat{r}$ 向。读者试画出 $E\text{-}r$ 曲线。

8. 选题目的：(1)用已知场强分布的带电体组合，求某些带电体的场强。这也是叠加原理的应用。(2)电场力的计算。

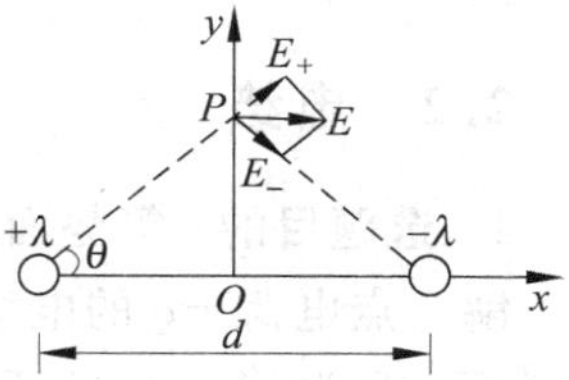

解 (1) 无限长均匀带电直线的场强 $E = \frac{\lambda}{2\pi\varepsilon_0 r}$，可用高斯定理求出。对两条平行的无限长均匀带电直线的场，可以利用叠加原理求场强。取坐标如附图 2.3 所示，P 点的场强

附图 2.3

$$E = E_+ \cos\theta + E_- \cos\theta = 2E_+ \cos\theta$$

$$= 2 \cdot \frac{\lambda}{2\pi\varepsilon_0 \left[\left(\frac{d}{2}\right)^2 + y^2\right]^{\frac{1}{2}}} \cdot \frac{\frac{a}{2}}{\left[\left(\frac{d}{2}\right)^2 + y^2\right]^{\frac{1}{2}}}$$

$$= \frac{\lambda d}{2\pi\varepsilon_0 \left[\frac{d^2}{4} + y^2\right]}$$

$\boldsymbol{E}$ 的方向沿 $\hat{x}$ 向。

(2) 相互作用力即 $+\lambda$ 对 $-\lambda \mathrm{d}l$ 的作用力 F_- 或 $-\lambda$ 对 $+\lambda \mathrm{d}l$ 的作用力 F_+，且 $-F_- = F_+$（为什么）：

$$F_- = -\lambda \mathrm{d}l \cdot E_+ = -\lambda \mathrm{d}l \cdot \frac{\lambda}{2\pi\varepsilon_0 d}$$

单位长度带电直线的相互作用力为

$$\frac{F_-}{\mathrm{d}l} = -\frac{\lambda^2}{2\pi\varepsilon_0 d}$$

力的作用线沿 x 轴,指向 $-\hat{x}$。

试问：求电场力 F_- 时,为什么 $E_+ = \dfrac{\lambda}{2\pi\varepsilon_0 d}$ 而不是 $E_+ = E_{y=0}$? 其中 $E_{y=0}$ 是 $+\lambda$ 与 $-\lambda$ 的合场强。

9. **选题目的**：将常用的、比较典型的电荷分布的场强作小结。

解 略。

2.2 电势

1. **选题目的**：等势面特点的应用。

解 点电荷 $-q$ 的电场中,等势面是以 $-q$ 为中心的一系列同心球面,因为 A,B,C,D 在同一圆周上,故 $\Delta U_{AB} = \Delta U_{AC} = \Delta U_{AD} = 0$。将电荷 q_0 从 A 点移到 B,C,D 各点,电场力不做功。

2. **选题目的**：电荷在外电场的电势能的计算。

解 取坐标如附图 2.4 所示,在距原点为 x 处取线元 $\mathrm{d}x$, $\mathrm{d}x$ 的电荷为 $\mathrm{d}q' = \lambda \mathrm{d}x$。$\mathrm{d}q'$ 在 Q 的电场中具有电势能

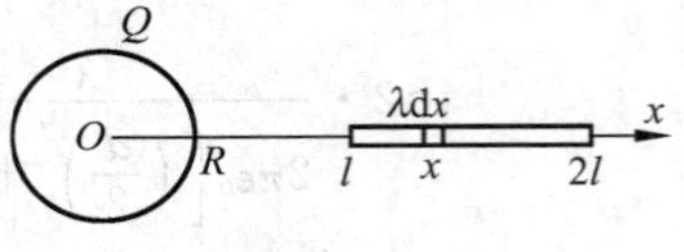

$$\mathrm{d}W = \lambda \mathrm{d}x \cdot \frac{Q}{4\pi\varepsilon_0 x}$$

附图 2.4

则

$$W = \int_l^{2l} \frac{Q\lambda \mathrm{d}x}{4\pi\varepsilon_0 x} = \frac{Q\lambda}{4\pi\varepsilon_0} \ln 2$$

3. **选题目的**：用点电荷电势叠加法求有限大小连续带电体的电势。

解 设无穷远处为电势零点,在圆环上取电荷元 $\lambda \mathrm{d}l$,$\lambda \mathrm{d}l$ 可视为点电荷,它在圆心处的电势

$$\mathrm{d}U_0 = \frac{\lambda \mathrm{d}l}{4\pi\varepsilon_0 R}$$

$$U_0 = \int_0^{2\pi R} \frac{\lambda \mathrm{d}l}{4\pi\varepsilon_0 R} = \frac{\lambda}{2\varepsilon_0}$$

4. **选题目的**:应用 $U = \int_Q \boldsymbol{E} \cdot \mathrm{d}\boldsymbol{l}$ 求连续带电体的电势分布。

解 用高斯定理求出均匀带电球体的场强分布为

$$E = \begin{cases} \dfrac{qr}{4\pi\varepsilon_0 R^3} & (r < R) \\ \dfrac{q}{4\pi\varepsilon_0 R^2} & (r = R) \\ \dfrac{q}{4\pi\varepsilon_0 r^2} & (r > R) \end{cases}$$

$\boldsymbol{E}$ 都是 $\hat{\boldsymbol{r}}$ 向。

选无穷远处为电势零点,则

$r < R$ 时

$$U_{\text{内}} = \int_r^\infty \boldsymbol{E} \cdot \mathrm{d}\boldsymbol{l}$$
$$= \int_r^R \frac{qr}{4\pi\varepsilon_0 R^3} \cdot \mathrm{d}r + \int_R^\infty \frac{q}{4\pi\varepsilon_0 r^2} \mathrm{d}r = \frac{q}{8\pi\varepsilon_0 R}\left(3 - \frac{r^2}{R^2}\right)$$

$r = R$ 时

$$U_{\text{面}} = \int_R^\infty \frac{q}{4\pi\varepsilon_0 r^2} \mathrm{d}r = \frac{q}{4\pi\varepsilon_0 R}$$

$r > R$ 时

$$U_{\text{外}} = \int_r^\infty \frac{q}{4\pi\varepsilon_0 r^2} \mathrm{d}r = \frac{q}{4\pi\varepsilon_0 r}$$

5. **选题目的**:由场强积分求电势分布。

解 取坐标 Ox,$x = 0$ 处为电势零点。两个无限大均匀带电

平面 $+\sigma$ 和 $-\sigma$ 的场强叠加可得场强分布为

$-a < x < a$ 时, $E_内 = -\dfrac{\sigma}{\varepsilon_0}$, 负号表示 $\boldsymbol{E}_内$ 为 $-\hat{\boldsymbol{x}}$ 方向。

$-\infty < x < -a$ 和 $a < x < +\infty$ 时, $E_外 = 0$。

由电势定义求电势分布：

在 $-\infty < x \leqslant -a$ 区间内,电势为

$$U_x = \int_x^0 \boldsymbol{E} \cdot \mathrm{d}\boldsymbol{x} = \int_x^{-a} E_外 \, \mathrm{d}x + \int_{-a}^0 E_内 \, \mathrm{d}x$$

$$= 0 + \int_{-a}^0 -\dfrac{\sigma}{\varepsilon_0} \mathrm{d}x = -\dfrac{\sigma a}{\varepsilon_0}$$

在 $-a \leqslant x \leqslant a$ 区间,电势为

$$U_x = \int_x^0 E_内 \, \mathrm{d}x = \int_x^0 -\dfrac{\sigma}{\varepsilon_0} \mathrm{d}x = \dfrac{\sigma}{\varepsilon_0} x$$

在 $0 \leqslant x \leqslant a$ 时, $U_x \geqslant 0$; $-a \leqslant x \leqslant 0$ 时, $U_x \leqslant 0$。

在 $a \leqslant x \leqslant +\infty$ 区间,电势为

$$U_x = \int_x^a E_外 \, \mathrm{d}x + \int_a^0 E_内 \, \mathrm{d}x = 0 + \int_a^0 -\dfrac{\sigma}{\varepsilon_0} \mathrm{d}x = \dfrac{\sigma a}{\varepsilon_0}$$

按上述解画 U_x-x 关系曲线如附图 2.5。

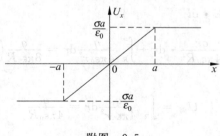

附图 2.5

6. **选题目的**：由电势梯度求场强。

解 由 $\boldsymbol{E} = -\nabla U$,现用于电偶极子电场中,因为电偶极子场是轴对称的,取坐标 r, θ, φ,则有

$$E_r = -\frac{\partial U}{\partial r} = \frac{1}{4\pi\varepsilon_0}\frac{2p\cos\theta}{r^3}$$

$$E_\theta = -\frac{1}{r}\frac{\partial U}{\partial \theta} = \frac{1}{4\pi\varepsilon_0}\frac{p\sin\theta}{r^3}$$

$$E_\varphi = -\frac{1}{r\sin\theta}\frac{\partial U}{\partial \varphi} = 0$$

$$\boldsymbol{E} = E_r\hat{\boldsymbol{r}} + E_\theta\hat{\boldsymbol{\theta}} + E_\varphi\hat{\boldsymbol{\varphi}}$$

$$= \frac{p}{4\pi\varepsilon_0 r^3}(2\cos\theta\hat{\boldsymbol{r}} + \sin\theta\hat{\boldsymbol{\theta}})$$

7. **选题目的**：已知电荷分布求等势面。

解 如附图 2.6，nq 到 $P(x,y,z)$ 点的距离 r_+，$-q$ 到 P 点的距离为 r_-。$r_+ = \sqrt{x^2+y^2+z^2}$，$r_- = \sqrt{x^2+(y-d)^2+z^2}$。

按电势叠加原理，P 点电势为

$$U_P = \frac{nq}{4\pi\varepsilon_0\sqrt{x^2+y^2+z^2}} + \frac{-q}{4\pi\varepsilon_0\sqrt{x^2+(y-d)^2+z^2}}$$

令 $U_P = 0$，解得

$$x^2 + \left(y - \frac{n^2 d}{n^2-1}\right)^2 + z^2 = \left(\frac{nd}{n^2-1}\right)^2$$

这是一个球面方程，所以该电场的电势为零的等势面是一球面。从上述方程可知球面半径

$$R = \frac{nd}{n^2-1}$$

球心坐标是 $\left(0, \dfrac{n^2 d}{n^2-1}, 0\right)$，球心在 y 轴上。

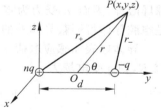

附图 2.6

2.3 静电场中的导体

1. **选题目的**：导体静电感应及静电屏蔽的应用。

解 如附图 2.7 所示，在导体内靠近空腔分别取高斯面 S_1，

S_2,因为导体处于静电平衡,导体内处处场强 $E_{内}=0$,所以有

$$\oint_{S_1} \boldsymbol{E} \cdot \mathrm{d}\boldsymbol{S} = 0, \quad \oint_{S_2} \boldsymbol{E} \cdot \mathrm{d}\boldsymbol{S} = 0$$

因而 S_1 及 S_2 面内包围的电荷代数和均为零,则这两个空腔内表面有感应电荷,分别为 $-q_1$,$-q_2$。对导体球来说,根据电荷守恒定律,在外表面上有感应电荷 q_1+q_2。又点电荷 q 的场对导体球有静电感应,在球表面靠近点电荷一侧有感应电荷 $-q'$,在远离点电荷一侧有感应电荷 $+q'$。

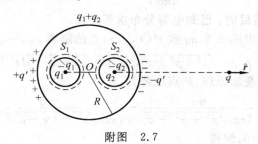

附图 2.7

$-q_1$ 对点电荷 q_1 的电场力合力为零,q_2,$-q_2$ 及导体球表面感应电荷 q_1+q_2,$\pm q'$ 以及导体球外点电荷 q 对 q_1 的作用被导体球屏蔽掉,因而 q_1 受力为零。同理,点电荷 q_2 受力也为零。这就是空腔导体可屏蔽导体外的电场对空腔内的作用。

导体球表面感应电荷 q_1+q_2 对点电荷 q 有电场力作用,由于 $r \gg R$,则 q 受电场力

$$F = \frac{q(q_1+q_2)}{4\pi\varepsilon_0 r^2}$$

F 的方向沿 $\hat{r}$ 向。

2. **选题目的**:静电场环路定理的应用。

解 用反证法,如附图 2.8 所示,设有从 a 点发出的电力线经 b 止于 c 点,再从 c 到 a 连成一闭合曲线 L。求线积分

$$\oint_L \boldsymbol{E} \cdot \mathrm{d}\boldsymbol{l} = \int_{abc} \boldsymbol{E}_{外} \cdot \mathrm{d}\boldsymbol{l} + \int_{ca} \boldsymbol{E}_{内} \cdot \mathrm{d}\boldsymbol{l}$$

由于导体处于静电平衡状态，$E_{内}=0$，因此 $\int_{ca} E_{内} \cdot \mathrm{d}l = 0$。在电力线 abc 上，处处有 $E_{外} \cdot \mathrm{d}l = E_{外}\,\mathrm{d}l > 0$（因为 $E_{外}$ 与 $\mathrm{d}l$ 同向），则

$$\oint_L E \cdot \mathrm{d}l = \int_{abc} E_{外} \cdot \mathrm{d}l \neq 0$$

这一结果违背了静电场的环路定理，原假设不成立，即不可能存在这样的电力线。

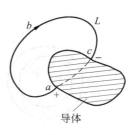

附图 2.8

3. 选题目的：导体电势的计算。

解 点电荷 q 在球心 O 和在球壳腔内任意点 P 时，金属球壳的电势均为

$$U = \frac{q}{4\pi\varepsilon_0 R}$$

（1）由静电感应，球壳内表面上有感应电荷 $-q$ 且均匀分布；外表面上有感应电荷 $+q$ 亦均匀分布。球壳的电势 U 可用以下两种解法求得：

解法一 电势叠加法。

$$U = U_{中心+q} + U_{内表面(-q)} + U_{外表面+q}$$
$$= \frac{q}{4\pi\varepsilon_0 R} + \frac{-q}{4\pi\varepsilon_0 R} + \frac{q}{4\pi\varepsilon_0 R} = \frac{q}{4\pi\varepsilon_0 R}$$

解法二 由电势定义求。取 $U_\infty = 0$，则

$$U = \int_R^\infty E \cdot \mathrm{d}r = \int_R^\infty \frac{q}{4\pi\varepsilon_0 r^2}\,\mathrm{d}r = \frac{q}{4\pi\varepsilon_0 R}$$

（2）点电荷 q 在球壳腔内任意点 P 时，静电感应后球壳内表面上感应电荷 $-q$ 分布不均匀，如附图 2.9 所示；外表面上电荷 q 均匀分布。此时宜用电势定义法计算金属球的电势 U。因球壳外表面以外的场强分布与(1)相同，故电势 $U = \frac{q}{4\pi\varepsilon_0 R}$。

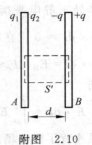

附图 2.9　　　　　　　　　附图 2.10

4. 选题目的：静电场中导体的感应电荷及场强计算。

解 （1）设静电平衡时，B 板上感应电荷 $+q$，$-q$，A 板电荷 Q 重新分布，内表面为 q_2，外表面为 q_1，如附图 2.10 所示。作高斯面 S' 如附图 2.10，由高斯定理得

$$\oint_{S'} \boldsymbol{E} \cdot \mathrm{d}\boldsymbol{S} = \frac{1}{\varepsilon_0}(q_2 - q)\frac{\Delta S}{S}$$

$$0 = \frac{1}{\varepsilon_0}(q_2 - q)\frac{\Delta S}{S}$$

则

$$q_2 - q = 0, \quad 即 \quad q_2 = q$$

又 q_1, q_2, q 及 $-q$ 各电荷在金属板 B 内的合场强应为零，则有

$$\frac{q_1}{2\varepsilon_0 S} + \frac{q_2}{2\varepsilon_0 S} + \frac{-q}{2\varepsilon_0 S} - \frac{q}{2\varepsilon_0 S} = 0$$

由电荷守恒，有

$$q_1 + q_2 = Q$$

解以上两式得

$$q = \frac{Q}{2}$$

$$q_1 = q_2 = \frac{Q}{2}$$

A, B 板间场强

$$E = \frac{Q}{2\varepsilon_0 S}$$

两板间电势差

$$\Delta U = Ed = \frac{Qd}{2\varepsilon_0 S}$$

（2）若 B 板接地后，A, B 板再达到静电平衡状态，两板上的电荷重新分布。在 A 板电荷 Q 的电场中，地内的负电荷通过接地线与 B 板外侧的正电荷中和。设 A, B 上的电荷为 q_1', q_2' 及 $-q'$，可用高斯定理、导体内场强 $E_内 = 0$ 及电荷守恒定律求出（方程略）

$-q' = -(q_1' + q_2') = -Q$ （B 板内表面电荷）

$q_1' = 0$ （A 板外表面无电荷）

$q_2' = Q$ （A 板内表面电荷）

两板间电势差

$$\Delta U = Ed = \frac{Qd}{\varepsilon_0 S}$$

5. 选题目的：静电场中导体上感应电荷的计算。

解 取坐标如附图 2.11 所示，板面上 O 为原点，x 轴沿带电直线。设 O 点的感应电荷面密度为 σ_O，导体板内与 O 点相邻点 O' 的场强 $E_{O'} = 0$，而

$$E_{O'} = E_\lambda + E_感 = \int_d^\infty \frac{-\lambda \mathrm{d}x}{4\pi\varepsilon_0 x^2} + \frac{-\sigma_O}{2\varepsilon_0} = \frac{-\lambda}{4\pi\varepsilon_0 d} - \frac{\sigma_O}{2\varepsilon_0} = 0$$

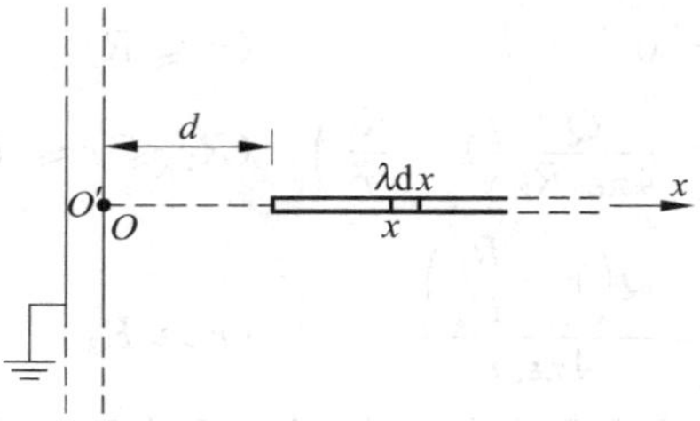

附图 2.11

可解得
$$\sigma_O = -\frac{\lambda}{2\pi d}$$

6. 选题目的：有导体的静电场场强及电势的计算。

解 导体球 R_1 接地后，电荷重新分布，设导体球电荷为 q，其电势为零。选无穷远为电势零点，有如下关系式：

$$\int_{R_1}^{R_2} \frac{q}{4\pi\varepsilon_0 r^2} dr + \int_{R_2}^{\infty} \frac{q+Q}{4\pi\varepsilon_0 r^2} dr = 0$$

$$\frac{q}{4\pi\varepsilon_0}\left(\frac{1}{R_1} - \frac{1}{R_2}\right) + \frac{q+Q}{4\pi\varepsilon_0 R_2} = 0$$

可得
$$q = -\frac{R_1}{R_2}Q$$

用高斯定理可容易地求出场强分布：

$$E = 0 \qquad (r < R_1)$$

$$\boldsymbol{E} = \frac{-R_1 Q}{4\pi\varepsilon_0 R_2 r^2}\hat{\boldsymbol{r}} \quad (R_1 < r < R_2)$$

$$\boldsymbol{E} = \frac{Q\left(1 - \dfrac{R_1}{R_2}\right)}{4\pi\varepsilon_0 r^2}\hat{\boldsymbol{r}} \quad (r > R_2)$$

再用均匀带电球（q）的电势与均匀带电球壳（Q）的电势叠加可求出电势分布：

$$U = 0 \qquad (r \leqslant R_1)$$

$$U = \frac{Q}{4\pi\varepsilon_0 R_2}\left(1 - \frac{R_1}{r}\right) \quad (R_1 \leqslant r \leqslant R_2)$$

$$U = \frac{Q\left(1 - \dfrac{R_1}{R_2}\right)}{4\pi\varepsilon_0 r} \qquad (r \geqslant R_2)$$

也可用场强的线积分求电势，读者可自己解答。

7. 选题目的：静电场中的导体电势及电势叠加原理。

解 这种说法是错误的。首先他认为电荷 Q 在 P 点产生的电势为 U_0 是错的。因题中所述球壳的电势 U_0 不仅是电荷 Q 单独产生的,而是电荷 q 与 Q 共同在球壳上产生的电势。若薄球壳平均半径为 R,如附图 2.12 所示,则应有球壳电势

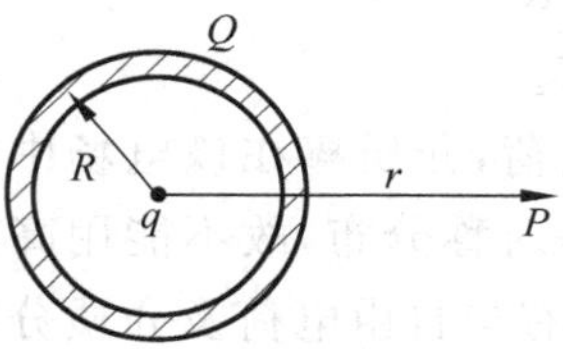

$$U_0 = \frac{q}{4\pi\varepsilon_0 R} + \frac{Q}{4\pi\varepsilon_0 R}$$

另外电荷 Q 在 P 点产生的电势也不是 U_0,而是 $\frac{Q}{4\pi\varepsilon_0 r}$。

附图 2.12

因此 P 点的电势应等于电荷 q 与 Q 在 P 点产生电势的叠加,即

$$U_P = \frac{q}{4\pi\varepsilon_0 r} + \frac{Q}{4\pi\varepsilon_0 r}$$

2.4 静电场中的电介质和电容

1. 选题目的:有电介质的静电场的计算。

解 电荷分布及电介质都是球对称的,可用 $\boldsymbol{D}$ 的高斯定理求场强。以 q 为中心、r 为半径作球面为高斯面 S 如附图 2.13,则

$$\oint_S \boldsymbol{D} \cdot \mathrm{d}\boldsymbol{S} = q$$

$$D \cdot 4\pi r^2 = q$$

$$D = \frac{q}{4\pi r^2}$$

$$E = \frac{D}{\varepsilon_0 \varepsilon_{r_1}} = \frac{q}{4\pi\varepsilon_0 \varepsilon_{r_1} r^2}$$

$$(r < R)$$

同理,介质 ε_{r_2} 内的场强为

$$E = \frac{q}{4\pi\varepsilon_0 \varepsilon_{r_2} r^2}$$

附图 2.13

$$U = \int_r^\infty \boldsymbol{E} \cdot \mathrm{d}\boldsymbol{l} = \int_r^R \frac{q}{4\pi\varepsilon_0\varepsilon_{r_1} r^2}\mathrm{d}r + \int_R^\infty \frac{q}{4\pi\varepsilon_0\varepsilon_{r_2} r^2}\mathrm{d}r$$

$$= \frac{q}{4\pi\varepsilon_0\varepsilon_{r_1}}\left(\frac{1}{r} - \frac{1}{R}\right) + \frac{q}{4\pi\varepsilon_0\varepsilon_{r_2} R} \quad (r < R)$$

2. **选题目的**:有介质时电场的计算。

解 不正确。因为自由电荷是点电荷,介质棒在该电场中极化,极化电荷分布在棒的两端面上,不是对称分布,故不能用高斯定理求出 D,也求不出 E。由此可知,只有当自由电荷及介质分布有一定的对称性,对于选定的高斯面,能使高斯面上的 D 都相等,且 $\boldsymbol{D} \cdot \mathrm{d}\boldsymbol{S} = D\mathrm{d}S$;或部分 D 不相等但 $\boldsymbol{D} \cdot \mathrm{d}\boldsymbol{S} = 0$,从而有 $\oint_S \boldsymbol{D} \cdot \mathrm{d}\boldsymbol{S} = D \cdot \Delta S$,才能求出 D。再由 $\boldsymbol{D} = \varepsilon_0\varepsilon_r \boldsymbol{E}$ 求出 E。

3. **选题目的**:已知场强 E 求电荷分布。

解 因为电介质充满导体球外空间,电荷分布在导体球表面,是球对称的。在电介质中紧邻导体球表面取同心球面 S 为高斯面。设导体球表面面电荷密度为 σ_0,则

$$\oint_S \boldsymbol{D} \cdot \mathrm{d}\boldsymbol{S} = \sum q_0$$

$$D \cdot 4\pi R^2 = \sigma_0 \cdot 4\pi R^2$$

因此

$$D = \sigma_0$$

又

$$D = \varepsilon_0\varepsilon_r E$$

则

$$\sigma_0 = \varepsilon_0\varepsilon_r E$$

4. **选题目的**:电容器能量计算。

解 并联前

$$W_{前} = \frac{Q^2}{2C} + \frac{(2Q)^2}{2C} = \frac{5Q^2}{2C}$$

并联后,电容为 $2C$,带电量为 $3Q$,则

$$W_{后} = \frac{1}{2}\frac{(3Q)^2}{2C} = \frac{9Q^2}{4C}$$

$$\Delta W = W_{前} - W_{后} = \frac{5Q^2}{2C} - \frac{9Q^2}{4C} = \frac{Q^2}{4C}$$

5. 选题目的：电容的计算。

解 设无限长导线各带线电荷密度为 $\pm\lambda$ 的电荷,取坐标如附图 2.14 所示。由叠加原理求出 x 点的场强

$$E = \frac{\lambda}{2\pi\varepsilon_0 x} + \frac{\lambda}{2\pi\varepsilon_0 (d-x)},$$

$\boldsymbol{E}$ 沿 $\hat{\boldsymbol{x}}$ 向

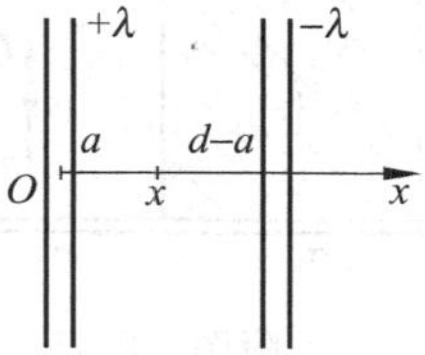

$$\Delta U = \frac{\lambda}{2\pi\varepsilon_0}\int_a^{d-a}\left(\frac{1}{x} + \frac{1}{d-x}\right)\cdot \mathrm{d}x$$

$$= \frac{\lambda}{2\pi\varepsilon_0}\left(\ln\frac{d-a}{a} + \ln\frac{d-a}{a}\right)$$

$$= \frac{\lambda}{\pi\varepsilon_0}\ln\frac{d-a}{a} \approx \frac{\lambda}{\pi\varepsilon_0}\ln\frac{d}{a}$$

$$\frac{C}{L} = \frac{Q}{L\cdot \Delta U} = \frac{\lambda}{\Delta U} = \frac{\pi\varepsilon_0}{\ln\frac{d}{a}}$$

附图 2.14

6. 选题目的：极板间充有电介质或导体板的电容器的计算。

解 (1) 可将此电容器看成是板间距为 $\frac{d}{3}$、充满相对介电常数为 ε_r 的电介质的电容器 C_1 与板间距为 $\frac{2d}{3}$ 的空气电容器 C_2 串联。则

$$C = \frac{C_1 C_2}{C_1 + C_2} = \frac{\dfrac{\varepsilon_0\varepsilon_r S}{d/3}\cdot \dfrac{\varepsilon_0 S}{2d/3}}{\dfrac{\varepsilon_0\varepsilon_r S}{d/3} + \dfrac{\varepsilon_0 S}{2d/3}} = \frac{3\varepsilon_0\varepsilon_r S}{(2\varepsilon_r + 1)d}$$

(2) 因为导体在静电场中处于静电平衡状态，$E_内=0$，在电容器极板间放置导体板，相当于将极板间距减小，这时电容为

$$C = \frac{\varepsilon_0 S}{2d/3} = \frac{3\varepsilon_0 S}{2d}$$

(3) 无影响。

7. 选题目的：电介质对电场的影响。

解 极板间一半空间内充有介质 ε_r 时，设极板上的电荷面密

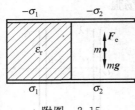

附图 2.15

度在左、右两半分别为 σ_1, σ_2，如附图 2.15 所示。带电质点 m 受电场力 F_e 和重力 mg，当 m 处于平衡时，有

$$mg = F_e = q\frac{\sigma_2}{\varepsilon_0} \qquad ①$$

介质内场强为 $E_1 = \frac{\sigma_1}{\varepsilon_0 \varepsilon_r}$，空气区域内场强为 $E_2 = \frac{\sigma_2}{\varepsilon_0}$。若板间距为 d，则 $E_1 d = E_2 d$，即

$$\frac{\sigma_1}{\varepsilon_0 \varepsilon_r} = \frac{\sigma_2}{\varepsilon_0}$$

可见

$$\sigma_2 < \sigma_1 \qquad ②$$

抽去介质 ε_r 后，极板上的电荷重新分布均匀，设电荷面密度为 σ，此时带电质点 m 受到的电场力为

$$F'_e = q\frac{\sigma}{\varepsilon_0} \qquad ③$$

若极板面积为 S，应有

$$\sigma_1 \frac{S}{2} + \sigma_2 \frac{S}{2} = \sigma S$$

即

$$\frac{\sigma_1}{2}+\frac{\sigma_2}{2}=\sigma \qquad ④$$

由式②和式④有

$$\frac{\sigma_2}{2}+\frac{\sigma_2}{2}<\frac{\sigma_1}{2}+\frac{\sigma_2}{2}=\sigma$$

即

$$\sigma_2<\sigma \qquad ⑤$$

由①,③,⑤三式可知

$$F'_e>F_e=mg \qquad ⑥$$

式⑥说明抽去介质 ε_r 后,电场力 F'_e 比重力 mg 大,则带电质点 m 将向上运动。

8. **选题目的**：静电平衡导体上的电荷及击穿场强的计算。

解 （1）设 A,B 两导体球分别带电为 q_1,q_2,静电平衡时两个导体球壳的内表面带电分别为 $-q_1,-q_2$。因导体球壳接地,其电势为零,则可求出导体球 A,B 的电势为

$$U_A=\frac{q_1}{4\pi\varepsilon_0}\left(\frac{1}{R}-\frac{1}{R_1}\right)$$

$$U_B=\frac{q_2}{4\pi\varepsilon_0}\left(\frac{1}{R}-\frac{1}{R_2}\right)$$

因 A,B 两导体球由导线连接,则 $U_A=U_B$,即

$$q_1\left(\frac{1}{R}-\frac{1}{R_1}\right)=q_2\left(\frac{1}{R}-\frac{1}{R_2}\right)$$

将已知数据代入上式,解出

$$q_2=7q_1 \qquad ①$$

设总带电量为 Q,则

$$q_1+q_2=Q \qquad ②$$

解①,②两式得

$$q_1=\frac{Q}{8},\quad q_2=\frac{7Q}{8} \qquad ③$$

由此求出 A,B 两导体球面处的场强为

$$E_A = \frac{q_1}{4\pi\varepsilon_0 R_1^2} = \frac{\frac{Q}{8}}{4\pi\varepsilon_0(0.5)^2} = \frac{1}{4\pi\varepsilon_0}\frac{Q}{2} = \frac{Q}{8\pi\varepsilon_0}$$

$$E_B = \frac{q_2}{4\pi\varepsilon_0 R_2^2} = \frac{\frac{7Q}{8}}{4\pi\varepsilon_0(1.0)^2} = \frac{1}{4\pi\varepsilon_0}\frac{7Q}{8} = \frac{7Q}{32\pi\varepsilon_0}$$

显然 $E_B > E_A$，则系统必在导体球 B 表面处首先被击穿，场强为 E_B。

(2) 令 $E_B = E_击$，即 $\frac{1}{4\pi\varepsilon_0}\frac{7Q}{8} = 3\times 10^6$，可求出

$$Q = 3.8\times 10^{-4}\text{C}$$

第3章 稳恒电流磁场

3.1 磁感应强度 B（毕奥-萨伐尔定律）

1. **选题目的**：磁场叠加原理的应用计算。

解 (3)

2. **选题目的**：磁场叠加原理的灵活应用计算。

解 圆柱中心 O 点的 B_O 可视为通电无限长无缝圆筒的 B 与一宽为 a、通以反向电流的无限长导线的 B' 的叠加，即

$$B_O = B + B'$$

$$B_O = 0 + \frac{\mu_0 ai}{2\pi R} = \frac{\mu_0 ai}{2\pi R}$$

方向如附图 3.1 所示。

因 $a \ll R$，故 B_P 近似等于通电无限

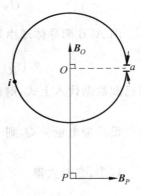

附图 3.1

长无缝圆筒外的磁感应强度,即
$$B_P \approx \frac{\mu_0 2\pi R i}{2\pi(2R)} = \frac{\mu_0 i}{2}$$
方向如附图 3.1 所示。

3. **选题目的**:运动电荷磁场的磁感应强度的计算。

解 当环旋转时,相应的电流为
$$I = 2\pi R \lambda n$$

(1) 在环中心
$$B_O = \frac{\mu_0 \cdot 2\pi R \lambda n}{2R} = \mu_0 \pi \lambda n$$

$\boldsymbol{B}_O$ 垂直于环平面,与环旋转方向成右手螺旋关系。

(2) 在轴上离环心为 x 的 P 点处:
$$B_P = \frac{\mu_0 (2\pi R \lambda n) R^2}{2(R^2 + x^2)^{\frac{3}{2}}}$$
$$= \frac{\mu_0 \pi n \lambda R^3}{(R^2 + x^2)^{\frac{3}{2}}} \quad (\boldsymbol{B}_P \text{ 沿轴向})$$

4. **选题目的**:毕奥-萨伐尔定律的应用与计算。

解 此时带电细棒上元段 $\mathrm{d}q$ 在 O 点产生的 $\mathrm{d}B$ 为
$$\mathrm{d}B = \frac{\mu_0}{4\pi} \frac{\mathrm{d}q v \sin 90°}{y^2}$$
其中
$$\mathrm{d}q = \frac{q}{l} \mathrm{d}y$$
$$B = \int \mathrm{d}B = \int_a^{a+l} \frac{\mu_0 v q}{4\pi l} \frac{\mathrm{d}y}{y^2} = \frac{\mu_0 q v}{4\pi l} \left(\frac{1}{a} - \frac{1}{l+a}\right)$$
$$= 5.00 \times 10^{-16} \text{ T}$$

3.2 安培环路定理

1. **选题目的**:安培环路定理的灵活应用。

解 在磁场中作矩形闭合回路 $abcda$ 如附图 3.2 所示,$\overline{ab}$,$\overline{cd}$

与 B 线平行。该闭合回路未包围电流,根据安培环路定理,应有

$$\oint_L \boldsymbol{B} \cdot \mathrm{d}\boldsymbol{l} = 0$$

而

$$\oint_L \boldsymbol{B} \cdot \mathrm{d}\boldsymbol{l} = \int_{ab} \boldsymbol{B}_1 \cdot \mathrm{d}\boldsymbol{l} + \int_{bf} \boldsymbol{B}_1 \cdot \mathrm{d}\boldsymbol{l} + \int_{fc} \boldsymbol{B}_2 \cdot \mathrm{d}\boldsymbol{l}$$
$$+ \int_{cd} \boldsymbol{B}_2 \cdot \mathrm{d}\boldsymbol{l} + \int_{de} \boldsymbol{B}_2 \cdot \mathrm{d}\boldsymbol{l} + \int_{ea} \boldsymbol{B}_1 \cdot \mathrm{d}\boldsymbol{l}$$
$$= B_1 \cdot \overline{ab} + 0 + 0 + B_2 \cdot \overline{cd} + 0 + 0 > 0$$

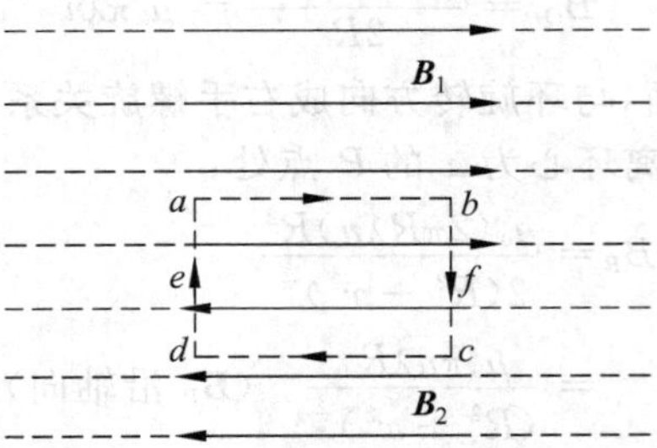

附图 3.2

这违反了安培环路定理,表明这样的磁场不存在。若 B 线平行,必然有 $B_1 = B_2$,即空间是均匀磁场。

2. **选题目的**:典型电流磁场叠加法的应用计算。

解 这是圆电流、无限长直电流磁场的叠加。

(1) $$B = \frac{3}{4}\left(\frac{\mu_0 I}{2R}\right) + \frac{1}{2}\left(\frac{\mu_0 I}{2\pi R}\right)$$
$$= \frac{\mu_0 I}{4\pi R}\left(1 + \frac{3}{2}\pi\right)$$

B 的方向为垂直纸平面向里。

(2) $$B = \frac{1}{2}\left(\frac{\mu_0 I}{2R}\right) + 2\left(\frac{\mu_0 I}{4\pi R}\right) = \frac{\mu_0 I}{4\pi R}(\pi + 2)$$

B 的方向为垂直纸平面向里。

3. **选题目的**：安培环路定理的应用计算。

解 （1）根据对称性分析，$r \leqslant R$ 时，在铜导线内过场点作一圆心在 OO' 上、半径为 r 的圆回路 L，L 平面与 OO' 垂直，L 的方向与电流成右手螺旋关系。由安培环路定理：

$$\oint_L \boldsymbol{B} \cdot \mathrm{d}\boldsymbol{l} = \mu_0 I'$$

其中

$$I' = \frac{\pi r^2}{\pi R^2} I$$

则

$$B \times 2\pi r = \mu_0 \frac{\pi r^2}{\pi R^2} I$$

即

$$B_{内} = \frac{\mu_0 I r}{2\pi R^2}$$

当 $r \geqslant R$ 时，同理解得

$$B_{外} = \frac{\mu_0 I}{2\pi r}$$

其方向与电流 I 成右手螺旋关系。

（2） $$\Phi_S = \int_S \boldsymbol{B} \cdot \mathrm{d}\boldsymbol{S} = \int_0^R \frac{\mu_0 I r}{2\pi R^2} \mathrm{d}r = \frac{\mu_0 I}{4\pi}$$

4. **选题目的**：典型电流磁场叠加法的应用计算。

解 每一个通电面电流密度为 i 的无限大导体平面的磁感应强度大小为

$$B = \frac{\mu_0}{2} i$$

根据叠加原理，在 Ⅰ 区的 B_1 为

$$B_1 = B + B = \mu_0 i$$

B_1 的方向为平行于板面垂直于 i 向左，如附图 3.3 所示。

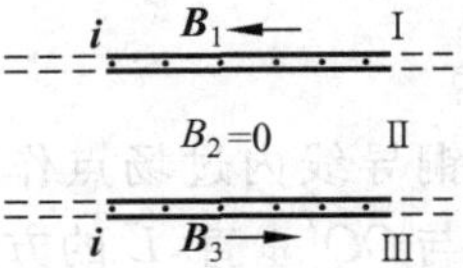

在 II 区的 B_2 为
$$B_2 = B - B = 0$$
在 III 区的 B_3 为
$$B_3 = B + B = \mu_0 i$$

附图 3.3　　B_3 的方向为平行于板面垂直于 i 向右,如附图 3.3 所示。

3.3　磁力

1. 选题目的：洛伦兹力的计算。

解　此时刻质子 a 在 b 处产生的磁感应强度的大小为
$$B = \frac{\mu_0 e}{4\pi r^2} v_a \sin 45°$$
方向垂直纸面向外。

质子 b 所受的洛伦兹力大小为
$$f = ev_b B \sin\frac{\pi}{2} = \frac{\mu_0 e^2 v_a v_b}{4\pi r^2}\sin 45° = 3.61 \times 10^{-23}\,\text{N}$$

f 的方向：位于纸面内垂直于 v_b 斜向上。

2. 选题目的：明确运动电荷在均匀磁场中的运动规律。

解
$$l = v_0 \cos\alpha T$$
运动电子受洛伦兹力使其作圆周运动,则有
$$e(v_0 \sin\alpha)B = \frac{m_e(v_0 \sin\alpha)^2}{R}, \quad R = \frac{m_e v_0 \sin\alpha}{Be}$$
而
$$T = \frac{2\pi R}{v_0 \sin\alpha} = \frac{2\pi m_e}{eB}$$
故有
$$l = \frac{2\pi m_e v_0 \cos\alpha}{eB}$$

3. **选题目的**：安培力的计算。

解 建立如附图 3.4 所示的坐标。电流元 $I_2 \mathrm{d}x$ 受的安培力为

$$\mathrm{d}F = BI_2 \mathrm{d}x \sin\frac{\pi}{2} = \frac{\mu_0 I_1}{2\pi x} I_2 \mathrm{d}x$$

则

$$F = \int_{x_1}^{x_2} \frac{\mu_0 I_1 I_2}{2\pi x} \mathrm{d}x = \frac{\mu_0 I_1 I_2}{2\pi} \ln\frac{x_2}{x_1}$$

$$= 1.84 \times 10^{-4} \mathrm{N}$$

F 的方向：在 I_1, I_2 的平面内，垂直于 AB 向上。

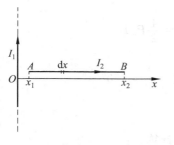

附图 3.4

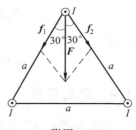

附图 3.5

4. **选题目的**：安培力的计算。

解 如附图 3.5 所示，两根导线之间单位长度所受的安培力为

$$f_1 = f_2 = \frac{\mu_0 I^2}{2\pi a}$$

则任一根通电导线，每米长度上所受的合力为

$$F = f_1 \cos 30° + f_2 \cos 30°$$

$$= \frac{\mu_0 I^2}{\pi a} \cos 30°$$

$$= 3.46 \times 10^{-4} \mathrm{N}$$

每厘米导线所受的力为 $0.01\times F=3.46\times10^{-6}\mathrm{N}$,方向如图。

5. **选题目的**：载流线圈在外磁场中受的磁力矩的计算。

解 (1) 由于线圈横断面 $\ll D$,该线圈仍可视作圆线圈,于是有
$$\boldsymbol{M}=\boldsymbol{P}_\mathrm{m}\times\boldsymbol{B}$$

最大磁力矩为
$$M_{\max}=P_\mathrm{m}B=nISB=nI\frac{\pi D^2}{4}B=0.181\mathrm{N\cdot m}$$

(2) 根据题意有
$$M=\frac{1}{2}M_{\max}$$

即
$$P_\mathrm{m}B\sin\alpha=\frac{1}{2}P_\mathrm{m}B$$

由此可知
$$\alpha=30°\quad\text{或}\quad\alpha=150°$$

3.4 电磁感应

1. **选题目的**：动生电动势的计算。

解 连接半圆导线两端 a,b,直线 $\overline{ba}$ 与半圆导线 $\overset\frown{ab}$ 组成闭合线圈,如附图 3.6 所示。在线圈转动过程中,通过线圈的磁通量不变,由 $\mathscr{E}_\mathrm{i}=-\dfrac{\mathrm{d}\Phi}{\mathrm{d}t}=0$,即线圈中的感应电动势为零。

又
$$\mathscr{E}_\mathrm{i}=\mathscr{E}_{\overset\frown{ab}}+\mathscr{E}_{\overline{ba}}=0$$

则
$$\mathscr{E}_{\overset\frown{ab}}=-\mathscr{E}_{\overline{ba}}$$

半圆的半径为 R,可以求出
$$\mathscr{E}_{\overline{ba}}=-\int_0^{2R}r\omega B\,\mathrm{d}r=-2\omega BR^2$$

附图 3.6

所以
$$\mathscr{E}_{\widehat{ab}} = 2\omega BR^2$$
方向为从 a 到 b。

2. **选题目的**：动生电动势的计算。

解 如附图 3.7 所示，在棒上 l 处取元段 $\mathrm{d}l$，其上的动生电动势 $\mathrm{d}\mathscr{E}$ 为
$$\mathrm{d}\mathscr{E} = (\boldsymbol{v} \times \boldsymbol{B}) \cdot \mathrm{d}\boldsymbol{l}$$
总电动势 $\mathscr{E}$ 为
$$\mathscr{E} = \int_0^L (\boldsymbol{v} \times \boldsymbol{B}) \cdot \mathrm{d}\boldsymbol{l}$$
$$= \int_0^L vB\cos\alpha \, \mathrm{d}l$$
$$= \int_0^L l\omega B \sin^2\theta \, \mathrm{d}l$$
$$\mathscr{E} = \frac{1}{2}\omega BL^2 \sin^2\theta > 0$$

由 $\mathscr{E} > 0$，说明其方向由 O 指向 A。

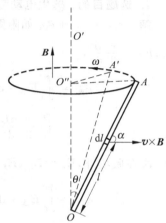

附图 3.7

本题也可以用补偿回路法计算，即 A 运动到 A' 再补一段 OA' 后形成回路 $OAA'O$，用法拉第电磁感应定律可以求得 OA' 上的感应电动势。（提示：可通过 $AA'O''A$ 的 $\dfrac{\mathrm{d}\Phi}{\mathrm{d}t}$ 求 $OAA'O$ 的 $\dfrac{\mathrm{d}\Phi}{\mathrm{d}t}$）

3. **选题目的**：动生电动势的计算。

解 ab 段未切割磁力线，其电动势
$$\mathscr{E}_{ab} = 0$$
bc 段切割磁力线，其电动势
$$\mathscr{E}_{bc} = \int (\boldsymbol{v} \times \boldsymbol{B}) \cdot \mathrm{d}\boldsymbol{l} = \int_0^l \omega l \sin 60° \, B \cos 30° \, \mathrm{d}l = \frac{3}{8}\omega Bl^2$$

同理 ca 段上的电动势

$$\mathscr{E}_{ca} = -\frac{3}{8}\omega Bl^2$$

$abca$ 的总电动势

$$\mathscr{E} = \mathscr{E}_{ab} + \mathscr{E}_{bc} + \mathscr{E}_{ca} = 0$$

4. 选题目的：感生电动势的计算。

解 $\mathscr{E}_{AC} = \mathscr{E}_{AC'} + \mathscr{E}_{C'C}$ 如附图 3.8 所示。AC' 段在磁场内，$\boldsymbol{E}_{感} = \boldsymbol{E}_{内}$，$E_{内} = \dfrac{r}{2}\dfrac{\mathrm{d}B}{\mathrm{d}t}$，

$$\begin{aligned}\mathscr{E}_{AC'} &= \int_A^C \boldsymbol{E}_{感} \cdot \mathrm{d}\boldsymbol{l} = \int_A^C \frac{r}{2}\frac{\mathrm{d}B}{\mathrm{d}t}\cos\alpha\,\mathrm{d}l \\ &= \int_0^R \frac{r}{2}\frac{\mathrm{d}B}{\mathrm{d}t}\left(\frac{h}{r}\right)\mathrm{d}l = \frac{\sqrt{3}}{4}R^2\frac{\mathrm{d}B}{\mathrm{d}t}\end{aligned}$$

$C'C$ 段在磁场外，$\boldsymbol{E}_{感} = \boldsymbol{E}_{外}$，$E_{外} = \dfrac{R^2}{2r}\dfrac{\mathrm{d}B}{\mathrm{d}t}$，

$$\begin{aligned}\mathscr{E}_{C'C} &= \int_{C'}^C \boldsymbol{E}_{感} \cdot \mathrm{d}\boldsymbol{l} = \int_{C'}^C \frac{R^2}{2r}\frac{\mathrm{d}B}{\mathrm{d}t}\cos\alpha'\,\mathrm{d}l \\ &= \int_{\pi/6}^{\pi/3} \frac{R^2}{2}\frac{\cos\alpha'}{h}\frac{\mathrm{d}B}{\mathrm{d}t}\cos\alpha'\,h\,\frac{\mathrm{d}\alpha'}{\cos^2\alpha'} \\ &= \frac{\pi}{12}R^2\frac{\mathrm{d}B}{\mathrm{d}t}\end{aligned}$$

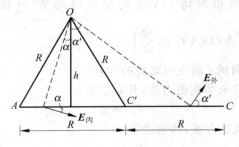

附图 3.8

故
$$\mathscr{E}_{AC} = \left(\frac{\sqrt{3}}{4} + \frac{\pi}{12}\right)R^2 \frac{dB}{dt} = 2.08 \times 10^{-5}\,\text{V}$$

方向由 A 指向 C。

本题也可以对 OAC' 与 $C'OC$ 回路用法拉第电磁感应定律计算。（提示：在 OA,OC',OC 各段上 $\boldsymbol{E}_{感} \cdot d\boldsymbol{l} = 0$）

5. 选题目的：法拉第电磁感应定律的应用，计算动生电动势。

解 设想用直导线 $\overline{dc}$ 与半圆导线 $\overset{\frown}{cd}$ 构成闭合回路 L，因该回路以速度 $\boldsymbol{v}$ 平行于电流 I 运动时，通过该回路的磁通量始终不变，由法拉第电磁感应定律，有

$$\mathscr{E}_L = -\frac{d\varPhi}{dt} = 0$$

而
$$\mathscr{E}_L = \mathscr{E}_{\overset{\frown}{cd}} + \mathscr{E}_{\overline{dc}} = 0$$

所以
$$\mathscr{E}_{\overset{\frown}{cd}} = -\mathscr{E}_{\overline{dc}} = \mathscr{E}_{\overline{cd}}$$

直导线 $\overline{cd}$ 在电流 I 的磁场中以速度 $\boldsymbol{v}$ 运动，则动生电动势为

$$\mathscr{E}_{\overline{cd}} = \int_{\overline{cd}} \boldsymbol{v} \times \boldsymbol{B} \cdot d\boldsymbol{l}$$

电流 I 的磁感应强度 $\boldsymbol{B}$ 的方向与 $\overline{cd}$ 垂直，$\boldsymbol{B}$ 与 $\boldsymbol{v}$ 垂直，$B = \dfrac{\mu_0 I}{2\pi r}$。$r$ 坐标以 O 为原点，沿 $\overline{cd}$ 延长线，如附图 3.9 所示。将 B 代

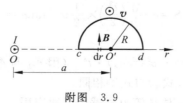

附图 3.9

入得

$$\mathscr{E}_{\overline{cd}} = \int_{a-R}^{a+R} v\frac{\mu_0 I}{2\pi r}\cos\pi dr = -\frac{\mu_0 vI}{2\pi}\ln\frac{a+R}{a-R} = \mathscr{E}_{\overline{cd}}$$

负号说明 $\mathscr{E}_{\overline{cd}}$ 的方向为从 d 到 c。

6. 选题目的：在时变磁场中有导线运动时,感应电动势的计算。

解　见题图,某时刻线框 $OMNO$ 的面积 $S = \frac{1}{2}v^2t^2\tan\alpha$, 穿过它的磁通量 $\Phi = \boldsymbol{B}\cdot\boldsymbol{S} = BS = \frac{t^2}{2}\cdot\frac{1}{2}v^2t^2\tan\alpha = \frac{1}{4}v^2(\tan\alpha)t^4$, 由法拉第电磁感应定律 $\mathscr{E} = -\frac{d\Phi}{dt}$ 可求出 $OMNO$ 中的感应电动势为

$$\mathscr{E} = -v^2(\tan\alpha)\cdot t^3 \qquad ①$$

负号表明 $\mathscr{E}$ 的方向为逆时针方向。

有人认为还应加上动生电动势 $\mathscr{E}_{动}$:

$$\mathscr{E}_{动} = \int_{NM}\boldsymbol{v}\times\boldsymbol{B}\cdot d\boldsymbol{l} = vBl = v\cdot\frac{t^2}{2}\cdot vt\tan\alpha = \frac{1}{2}v^2(\tan\alpha)t^3$$

方向由 N 到 M。则总的感应电动势为

$$\mathscr{E}_{总} = \mathscr{E} + \mathscr{E}_{动} = -\frac{1}{2}v^2(\tan\alpha)t^3 \qquad ②$$

应注意式①的计算中已经同时考虑到时变磁场产生的感生电动势与导线 MN 运动的动生电动势,所以式①即是 $OMNO$ 的总感应电动势。

若按 $\mathscr{E}_{动}$ 与 $\mathscr{E}_{感生}$ 分别计算,应为

$$\mathscr{E}_{感生} = -\frac{dB}{dt}\cdot S = -\frac{d}{dt}\left(\frac{t^2}{2}\right)\times\frac{1}{2}v^2t^2\tan\alpha = -\frac{1}{2}v^2(\tan\alpha)t^3$$

则

$$\mathscr{E}_{总} = \mathscr{E}_{动} + \mathscr{E}_{感生} = -v^2(\tan\alpha)\cdot t^3 \quad (因 \mathscr{E}_{动} 与 \mathscr{E}_{感} 为同方向) \qquad ③$$

所以式②是错的。式③与式①相同。

7. 选题目的：法拉第电磁感应定律应用。

解 如附图 3.10 所示，取坐标 Ox，求 $\Phi(t)$：

$$\Phi(t) = -\iint_S \boldsymbol{B} \cdot d\boldsymbol{S} = \int_a^{a+b} \frac{\mu_0 I}{2\pi x} vt\, dx$$

$$= \frac{\mu_0 I_0 e^{-\lambda t} vt}{2\pi} \ln \frac{a+b}{a}$$

感应电动势为

$$\mathscr{E}_i = -\frac{d\Phi}{dt}$$

$$= -\frac{\mu_0 I_0 v}{2\pi}(e^{-\lambda t} - \lambda t e^{-\lambda t})\ln \frac{a+b}{a}$$

$$= \frac{\mu_0 I_0 v e^{-\lambda t}}{2\pi}(\lambda t - 1)\ln \frac{a+b}{a}$$

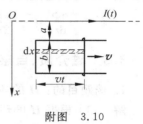

附图 3.10

当 $\lambda t > 1$ 时，$\mathscr{E}_i > 0$ 为顺时针方向；$\lambda t < 1$ 时，$\mathscr{E}_i < 0$ 为逆时针方向。

8. **选题目的**：动生电动势及含源电路电势差的计算。

解 （1）

$$\mathscr{E}_{BA} = v_1 Bl = 8.00 \text{V} \quad \text{方向由 } B \to A$$

$$\mathscr{E}_{DC} = v_2 Bl = 4.00 \text{V} \quad \text{方向由 } D \to C$$

（2）根据欧姆定律：

$$I = \frac{\mathscr{E}_{BA} - \mathscr{E}_{DC}}{R_{AB} + R_{CD}} = 0.500 \text{A}$$

I 方向为逆时针。由含源电路欧姆定律：

$$U_{AB} = \mathscr{E}_{BA} - IR_{AB} = 6.00 \text{V}$$

$$U_{CD} = \mathscr{E}_{DC} + IR_{CD} = 6.00 \text{V}$$

（3）
$$U_{O_1 O_2} = U_{O_1 B} + U_{DO_2} = U_{O_1 B} - U_{O_2 D}$$

$$= \left(\mathscr{E}_{BO_1} - I\frac{R_{AB}}{2}\right) - \left(\mathscr{E}_{DO_2} + I\frac{R_{CD}}{2}\right) = 0$$

9. **选题目的**：法拉第电磁感应定律的应用计算。

解 见题图以左边导线为原点，设 x 轴垂直长直导线与导线框共面，则通过导线框的磁通量 Φ 为

$$\Phi = \int B dS = \int_{r_1}^{r_1+b} \frac{\mu_0}{2\pi}\left[\frac{I}{x} + \frac{I}{x-(r_1-r_2)}\right]a\,dx$$

$$= \frac{\mu_0 Ia}{2\pi}\ln\left[\frac{(r_1+b)(r_2+b)}{r_1 r_2}\right]$$

根据法拉第电磁感应定律：

$$\mathscr{E} = -\frac{d\Phi}{dt} = \frac{-\mu_0 I_0 a\omega}{2\pi}\left[\ln\frac{(r_1+b)(r_2+b)}{r_1 r_2}\right]\cos\omega t$$

3.5 磁介质、自感、互感

1. 选题目的：H 的环路定理的应用。

解 （1）根据 H 的环路定理有

$$\oint_L \boldsymbol{H} \cdot d\boldsymbol{l} = \sum I$$

$$H = \frac{NI}{2\pi r} = 200 \text{A/m}$$

$$B = \mu_0 \mu_r H = 1.06 \text{T}$$

(2) $\quad B_0 = \mu_0 nI = 2.5 \times 10^{-4} \text{T}$

$$B' = B - B_0 \approx 1.06 \text{T}$$

2. 选题目的：自感系数的计算。

解 （1）可将铜片卷成的细圆筒看作密绕的细长直螺线管，则筒内的磁感应强度 B 为

$$B = \mu_0 \frac{I}{l}$$

(2) $$\Phi = BS = \frac{\mu_0 I}{l}\pi R^2$$

根据自感系数定义

$$L = \frac{\Phi}{I} = \frac{\mu_0 \pi R^2}{l}$$

本题也可用磁场能量求解。

3. 选题目的：H 的环路定理的应用计算。

解 建立如附图 3.11 所示的坐标，根据对称性分析可知无限大载流平板的磁场是以其中间平面（x-z 平面）为对称面而对称分布的。作相对 x-z 平面对称的矩形回路 $abcd(L_1)$ 与 $efgh(L_2)$。

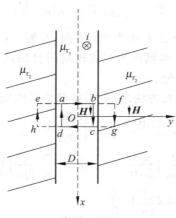

附图 3.11

当 $|y| < \dfrac{D}{2}$ 时，对回路 L_1 用 $\boldsymbol{H}$ 的环路定理，则有

$$\oint_{L_1} \boldsymbol{H} \cdot \mathrm{d}\boldsymbol{l} = \sum I$$

$$H \cdot \overline{da} + H\overline{bc} = 2|y|\overline{bc}i$$

$$H = i|y|$$

而

$$B_{内} = \mu_0 \mu_{r_1} H = \mu_0 \mu_{r_1} i|y|$$

$\boldsymbol{B}$ 的方向：x-z 面右侧为 $+\hat{\boldsymbol{x}}$ 方向，左侧 $-\hat{\boldsymbol{x}}$ 方向。

当 $|y| \geqslant \dfrac{D}{2}$ 时，同理，对 L_2 有

$$\oint_{L_2} \boldsymbol{H} \cdot \mathrm{d}\boldsymbol{l} = \sum I$$

$$H\overline{he} + H\overline{fg} = \overline{fg}i$$

$$H = \frac{D}{2}i$$

而

$$B_{\text{外}} = \mu_0 \mu_{r_2} H = \mu_0 \mu_{r_2} \frac{D}{2}i$$

B 的方向：x-z 面右侧为 $+\hat{x}$ 方向，左侧 $-\hat{x}$ 方向。

4. **选题目的**：本题虽为难度较高的自感系数计算题，但用能量方法求解甚为简便。

解 用磁场能量方法求解，系统单位长度储磁能为

$$\begin{aligned}W_m &= \int_{V_1} \frac{1}{2} \frac{B_1^2}{\mu_0} dV + \int_{V_2} \frac{1}{2} \frac{B_2^2}{\mu_0} dV \\ &= \int_0^{R_1} \frac{1}{2\mu_0} \left(\frac{\mu_0 Ir}{2\pi R_1^2}\right)^2 2\pi r dr + \int_{R_1}^{R_2} \frac{1}{2\mu_0} \left(\frac{\mu_0 I}{2\pi r}\right)^2 2\pi r dr \\ &= \frac{\mu_0 I^2}{16\pi} + \frac{\mu_0 I^2}{4\pi} \ln \frac{R_2}{R_1}\end{aligned}$$

将 $W_m = \frac{1}{2} L I^2$ 与上式比较可得

$$L = \frac{\mu_0}{8\pi} + \frac{\mu_0}{2\pi} \ln \frac{R_2}{R_1}$$

本题用自感系数定义求解难度较大，可不作要求。

5. **选题目的**：互感系数的计算。

解 设坐标如附图 3.12 所示，并设长直导线中通有电流 I，则通过正方形线框的磁通量为

$$\Phi = \int_b^{b+a} \frac{\mu_0 I}{2\pi r} a \cdot dr = \frac{\mu_0 I a}{2\pi} \ln \frac{a+b}{b}$$

根据互感系数定义：

$$M = \frac{\Phi}{I} = \frac{\mu_0 a}{2\pi} \ln \frac{a+b}{b}$$

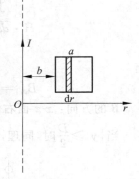

附图 3.12

3.6 位移电流、麦克斯韦方程组

1. 选题目的：位移电流的计算。

解 设极板面积为 S，板间距离为 d，电容为 C，电压为 U，通过极板间 S 面的电通量为

$$\Phi_e = ES = \frac{\sigma}{\varepsilon_0}S = \frac{Q}{\varepsilon_0} = \frac{CU}{\varepsilon_0}$$

根据位移电流的定义：

$$I_d = \varepsilon_0 \frac{\mathrm{d}\Phi_e}{\mathrm{d}t} = C\frac{\mathrm{d}U}{\mathrm{d}t}$$

则

$$I_d = -C\omega U_m \sin\omega t$$
$$I_{\max} = C\omega U_m = C2\pi f U_m = 5.47 \times 10^{-5}\,\mathrm{A}$$

2. 选题目的：位移电流的计算。

解 设电容器的电容为 C，电压为 U，则位移电流为

$$I_d = C\frac{\mathrm{d}U}{\mathrm{d}t}$$

因此

$$\frac{\mathrm{d}U}{\mathrm{d}t} = \frac{I_d}{C} = 1.00 \times 10^6\,\mathrm{V/s}$$

3. 选题目的：对麦克斯韦方程组的深入理解。

解 由

$$\oint_L \boldsymbol{H} \cdot \mathrm{d}\boldsymbol{l} = I + \int_S \frac{\mathrm{d}\boldsymbol{D}}{\mathrm{d}t} \cdot \mathrm{d}\boldsymbol{S}$$

设想闭合曲线缩小为一点，相应地以 L 为边界的曲面 S 将变成一个闭合面，在这一情况下有

$$\oint_L \boldsymbol{H} \cdot \mathrm{d}\boldsymbol{l} = 0$$

即

$$I + \oint_s \frac{\mathrm{d}\boldsymbol{D}}{\mathrm{d}t} \cdot \mathrm{d}\boldsymbol{S} = 0$$

因此有

$$I = -\oint_s \frac{\mathrm{d}\boldsymbol{D}}{\mathrm{d}t} \cdot \mathrm{d}\boldsymbol{S}$$

而

$$\oint_s \frac{\mathrm{d}\boldsymbol{D}}{\mathrm{d}t} \cdot \mathrm{d}\boldsymbol{S} = \frac{\mathrm{d}}{\mathrm{d}t} \oint_s \boldsymbol{D} \cdot \mathrm{d}\boldsymbol{S} = \frac{\mathrm{d}q}{\mathrm{d}t}$$

代入上式得

$$I = -\frac{\mathrm{d}q}{\mathrm{d}t}$$

上式表明，如果一个地方没有电荷量的减小，就不可能从那里流出电荷来，或者说上式就是电荷守恒定律的数学表达式。

*3.7 电磁场的相对性

1. **选题目的**：电场变换及磁感应强度的计算。

解 在 S' 系中平板电容器的静电场为

$$E'_{x'} = E' \sin\theta' = \frac{\sigma_0}{\varepsilon_0} \sin\theta'$$

$$E'_{y'} = -E' \cos\theta' = -\frac{\sigma_0}{\varepsilon_0} \cos\theta'$$

$$E'_{z'} = 0$$

根据电场变换公式有

$$E_x = E'_{x'} = \frac{\sigma_0}{\varepsilon_0} \sin\theta'$$

$$E_y = \gamma E'_{y'} = -\frac{\gamma \sigma_0}{\varepsilon_0} \cos\theta'$$

$$E_z = \gamma E'_{z'} = 0$$

$$\gamma = \frac{1}{\sqrt{1 - \frac{u^2}{c^2}}}$$

第 3 章 稳恒电流磁场

根据运动电荷的磁感强度定义式：
$$B = \frac{1}{c^2} u \times E = \frac{1}{c^2}(-u\hat{x}) \times (E_x \hat{x} + E_y \hat{y} + 0\hat{z})$$

则有
$$B_x = 0$$
$$B_y = 0$$
$$B_z = \gamma \frac{u}{c^2} E'_y = -\gamma \frac{u\sigma_0}{c^2 \varepsilon_0} \cos\theta'$$

2. 选题目的：运动电荷之间电磁力的计算。

解 质子 p_1 受 p_2 的电场力
$$F_{e1} = eE_2 = \frac{e^2}{4\pi\varepsilon_0 a^2 (1-\beta^2)^{\frac{1}{2}}}$$

方向沿连线向上（如附图 3.13 所示）。

磁力
$$F_{m1} = eB_2 v_1 = \frac{e^2 v_1 v_2}{4\pi\varepsilon_0 a^2 (1-\beta^2)^{\frac{1}{2}} c^2}$$

方向垂直 p_1, p_2 的连线向右，如附图 3.13 所示。

合力
$$F_1 = \sqrt{F_{e1}^2 + F_{m1}^2}$$
$$= \frac{e^2}{4\pi\varepsilon_0 a^2 (1-\beta^2)^{\frac{1}{2}}} \sqrt{1 + \frac{v_1^2 v_2^2}{c^4}}$$

其方向与连线的夹角
$$\alpha = \arctan\frac{F_{m1}}{F_{e1}} = \arctan\frac{v_1 v_2}{c^2}$$

质子 p_2 受 p_1 的电场力
$$F_{e2} = eE_1 = \frac{e^2(1-\beta^2)}{4\pi\varepsilon_0 a^2}$$

方向沿 p_1, p_2 的连线向下（见图）。

附图 3.13

磁力
$$F_{m2} = eB_1 v_2 = 0 \quad (因在 p_2 处 B_1 = 0)$$
合力
$$F_2 = F_{e2} = \frac{e^2(1-\beta^2)}{4\pi\varepsilon_0 a^2}$$

方向沿 p_1, p_2 的连线向下（见图）。

可见 F_1 与 F_2 不符合牛顿第三定律。

3. **选题目的**：电场变换及磁场的计算。

解 正离子晶格静止，$\lambda_+ = \lambda_0$，在 A 点的电场强度
$$E_+ = \frac{\lambda_0}{2\pi\varepsilon_0 r}\hat{r}$$

自由电子 $-\lambda_0$ 以速度 u 运动，在 A 点的电场
$$E_- = -\frac{\gamma\lambda_0}{2\pi\varepsilon_0 r}\hat{r}$$

则总场强为
$$E = E_+ + E_- = \frac{-\lambda_0}{2\pi\varepsilon_0 r}(\gamma-1)\hat{r}$$

方向如附图 3.14 所示，E 与 E_- 同向。

附图 3.14

磁场与电子的运动相联系,即

$$B = \frac{1}{c^2}u \times E_- \quad \text{(方向如图 3.14 所示)}$$

$$B = \frac{uE_-}{c^2} = \frac{u\gamma\lambda_0}{2\pi\varepsilon_0 c^2 r}$$

故

$$\frac{B}{E} = \frac{u\gamma\lambda_0}{2\pi\varepsilon_0 c^2 r} \bigg/ \frac{\lambda_0(\gamma-1)}{2\pi\varepsilon_0 r} = \frac{u\gamma}{c^2(\gamma-1)}$$

第4章 热　学

4.1　气体动理论

1. **选题目的**：对气体分子平均速率的理解。

解　力学中的平均速率 $\bar{v} = \frac{\Delta S}{\Delta t}$，$\Delta S$ 是 Δt 时间内质点经过的路程。

分子运动论所指气体分子平均速率是指大量分子热运动速率的统计平均值：

$$\bar{v} = \frac{\sum_i N_i v_i}{\sum_i N_i}$$

用速率分布函数求平均速率：

$$\bar{v} = \int_0^\infty v f(v) \mathrm{d}v$$

2. **选题目的**：理想气体压强公式、温度公式应用及内能计算。

(1) $\sqrt{\overline{v^2}} = \sqrt{\dfrac{3RT}{\mu}} = \sqrt{\dfrac{3p}{\rho}}$

$= \sqrt{\dfrac{3 \times 1.00 \times 10^{-3} \times 1.013 \times 10^5}{1.25 \times 10^{-3}}} = 493 \mathrm{m/s}$

(2) 由 $pV = \dfrac{M}{\mu}RT$ 可得

$$\mu = \frac{\rho RT}{p} = \frac{1.25 \times 10^{-3} \times 8.31 \times 273}{10^{-3} \times 1.013 \times 10^{5}} = 0.028 \text{kg/mol}$$

这是 N_2 或 CO 气体。

(3) $\bar{\varepsilon}_t = \dfrac{3}{2}kT = \dfrac{3}{2} \times 1.38 \times 10^{-23} \times 273 = 5.65 \times 10^{-21}$ J

$\bar{\varepsilon}_r = kT = 1.38 \times 10^{-23} \times 273 = 3.77 \times 10^{-21}$ J

(4) $E_t = \bar{\varepsilon}_t \cdot n = \bar{\varepsilon}_t \cdot \dfrac{p}{kT}$

$\qquad = 5.65 \times 10^{-21} \times \dfrac{1.013 \times 10^{2}}{1.38 \times 10^{-23} \times 273}$

$\qquad = 1.52 \times 10^{2} \text{J/m}^3$

(5) $E = \dfrac{M}{\mu} \dfrac{i}{2} RT = 0.3 \times \dfrac{5}{2} \times 8.31 \times 273$

$\qquad = 1.701 \times 10^{3}$ J

3. 选题目的：理想气体状态方程，内能公式的应用。

解 由 $p = nkT, n = p/kT$，由于 p, T 相同，因此 n 相同。

$\dfrac{E_t}{V} = n\bar{\varepsilon}_t = n \cdot \dfrac{3}{2}kT$，由于 n, T 相同，因此 E_t/V 相同。

由 $\rho = \dfrac{\mu p}{RT}$，由于 p, T 相同，而 μ 不一定相同，因此 ρ 不一定相同。

4. 选题目的：平均自由程 $\bar{\lambda}$ 及平均碰撞频率 $\bar{Z}$ 的计算。温度 T 对 $\bar{\lambda}, \bar{Z}$ 的影响。

解 $\qquad \bar{v}_0 = \sqrt{\dfrac{8RT_0}{\pi\mu}}$

$\qquad\qquad \bar{v} = \sqrt{\dfrac{8RT}{\pi\mu}} = \sqrt{\dfrac{8R \times 4T_0}{\pi\mu}} = 2\bar{v}_0$

第 4 章 热　学

$$\overline{Z}_0 = \sqrt{2}\pi d^2 n \overline{v}_0, \quad \overline{Z} = \sqrt{2}\pi d^2 n \overline{v} = 2\overline{Z}_0$$

$$\overline{\lambda} = \frac{\overline{v}}{\overline{Z}} = \frac{2\overline{v}_0}{2\overline{Z}_0} = \overline{\lambda}_0$$

5. **选题目的**：计算 v_p，理解 v_p 的物理意义。

解　由 $v_p = \sqrt{\dfrac{2RT}{\mu}}$ 及 $pV = \dfrac{M}{\mu}RT$ 可得

$$v_p = \sqrt{\frac{2PV}{M}}$$

平衡态时，按相等的速率间隔 dv 划分，则处于 $v_p \sim v_p + dv$ 间隔内的分子数最多。

6. **选题目的**：利用速率分布函数 $f(v)$ 求平均值。

解

$$\overline{v}_{v>v_p} = \frac{\int_{v_p}^{\infty} v f(v) dv}{\int_{v_p}^{\infty} f(v) dv}$$

7. **选题目的**：重力场中气体分子数密度随高度变化规律的应用。

解　由 $n = n_0 e^{-\mu g h/RT}$，按题意，将 $n = n_0/2$ 代入上式得

$$\frac{n_0}{2} = n_0 e^{-\mu g h/RT}$$

消去 n_0，取对数得

$$\ln \frac{1}{2} = -\mu g h/RT$$

$$h = \frac{RT}{\mu g}\ln 2 = \frac{8.31 \times 300}{29 \times 10^{-3} \times 9.8}\ln 2 = 6080\text{m}$$

8. **选题目的**：气体内摩擦现象的粘滞系数与分子热运动统计平均值 $\overline{\lambda}$ 及状态量间的关系。

解　由 $\eta = \dfrac{1}{3}nm\overline{v}\overline{\lambda} = \dfrac{1}{3}\rho\overline{v}\overline{\lambda}$，将

$$\rho = \frac{\mu p}{RT}, \quad \bar{v} = \sqrt{\frac{8RT}{\pi\mu}}, \quad \bar{\lambda} = \frac{kT}{\sqrt{2}\pi d^2 p}$$

代入 η 的表达式得

$$\eta = \frac{1}{3}\frac{\mu p}{RT}\sqrt{\frac{8RT}{\pi\mu}} \cdot \frac{kT}{\sqrt{2}\pi d^2 p} = \frac{2k}{3\pi d^2}\sqrt{\frac{T}{\pi R \mu}} \propto \sqrt{T}$$

标准状况 p_0, T_0 时为 η_0；温度 $T_1 = 273 + 27 = 300\text{K}$ 时为 η_1，则

$$\eta_0 = \eta_1 \sqrt{\frac{T_0}{T_1}}$$

标准状况下平均自由程 $\bar{\lambda}_0$：

$$\bar{\lambda}_0 = \frac{3\eta_0}{\rho_0 \bar{v}_0} = 3\eta_1 \sqrt{\frac{T_0}{T_1}} \cdot \frac{RT_0}{\mu p_0} \cdot \sqrt{\frac{\pi\mu}{8RT_0}}$$

$$= 3\eta_1 \frac{T_0}{p_0} \sqrt{\frac{\pi R}{8\mu T_1}}$$

$$= 3 \times 8.42 \times 10^{-6} \times \frac{273}{1.013 \times 10^5} \sqrt{\frac{\pi \times 8.31}{8 \times 2 \times 10^{-3} \times 300}}$$

$$= 1.587 \times 10^{-7} \text{m}$$

$$d = \sqrt{\frac{kT_0}{\sqrt{2}\pi \bar{\lambda}_0 p_0}}$$

$$= \sqrt{\frac{1.38 \times 10^{-23} \times 273}{\sqrt{2}\pi \times 1.587 \times 10^{-7} \times 1.013 \times 10^5}}$$

$$= 2.30 \times 10^{-10} \text{m}$$

9. 选题目的：应用麦氏速率分布律的另一种形式计算某一速率范围内的分子数的比率较方便。

解 引入 $u = \dfrac{v}{v_p}$，则

$$du = \frac{dv}{v_p} = \sqrt{\frac{m}{2kT}} dv$$

第 4 章 热　学

$$u^2 = \frac{v^2}{v_p^2} = \frac{mv^2}{2kT}$$

将上述 u 与 v 的关系代入得

$$f(v)\mathrm{d}v = 4\pi\left(\frac{m}{2\pi kT}\right)^{3/2} v^2 \mathrm{e}^{-mv^2/2kT}\mathrm{d}v$$

可得以 u 为变量的麦氏速率分布律为

$$g(u)\mathrm{d}u = \frac{4}{\sqrt{\pi}} u^2 \mathrm{e}^{-u^2}\mathrm{d}u$$

计算 $v<v_p$ 的分子数的比率就是计算 u 从 $0\sim1$ 的分子数的比率。

$$\begin{aligned}
\frac{\Delta N}{N} &= \int_0^1 g(u)\mathrm{d}u \\
&= \frac{4}{\sqrt{\pi}}\int_0^1 u^2 \mathrm{e}^{-u^2}\mathrm{d}u \quad \text{用分部积分} \\
&= \frac{4}{\sqrt{\pi}}\left[-\frac{1}{2}\int_0^1 u\mathrm{d}\mathrm{e}^{-u^2}\right] \\
&= -\frac{2}{\sqrt{\pi}}\left[u\mathrm{e}^{-u^2}\Big|_0^1 - \int_0^1 \mathrm{e}^{-u^2}\mathrm{d}u\right] \\
&= -\frac{2}{\sqrt{\pi}}\frac{1}{\mathrm{e}} + 0.8427 \\
&= 0.4276
\end{aligned}$$

与温度无关。

10. 选题目的：由速率分布律求三种速率。

解

（1）按已知条件画速率分布函数曲线如附图 4.1 所示。

（2）由 $\int_0^\infty f(v)\mathrm{d}v = 1$

$$\int_0^\infty f(v)\mathrm{d}v = \int_0^{v_F} Av^2 \mathrm{d}v = \frac{A}{3}v_F^3 = 1$$

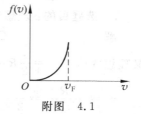

附图　4.1

则 $A = 3/v_F^3$。

（3）由图知，$v_p = v_F$，则

$$\bar{v} = \int_0^\infty v f(v) \mathrm{d}v = \int_0^{v_F} v \cdot \frac{3}{v_F^3} v^2 \mathrm{d}v = \frac{3}{4} v_F$$

$$\sqrt{\overline{v^2}} = \left[\int_0^{v_F} v^2 f(v) \mathrm{d}v\right]^{1/2} = \left[\int_0^{v_F} v^2 \frac{3}{v_F^3} v^2 \mathrm{d}v\right]^{1/2} = \sqrt{\frac{3}{5}} v_F$$

4.2 热力学第一定律

1. 选题目的：理想气体等值过程计算。

解 等压过程 $W_p = p\Delta V = \nu R \Delta T = 200 \mathrm{J}$

$$Q_p = \frac{i+2}{2}\nu R \Delta T = \frac{i+2}{2} W_p = \frac{3+2}{2} \times 200 = 500 \mathrm{J}$$

2. 选题目的：理想气体等值过程计算。

解 （1）V 不变：

$$\Delta E = \nu \frac{i}{2} R \Delta T = \frac{20}{4} \times \frac{3}{2} \times 8.31 \times (27-17) = 623 \mathrm{J}$$

$$W = 0$$

$$Q_V = \Delta E = 623 \mathrm{J}$$

（2）p 不变

$$\Delta E = \nu \frac{i}{2} R \Delta T = 623 \mathrm{J}$$

$$W = p\Delta V = \nu R \Delta T = \frac{20}{4} \times 8.31 \times 10 = 416 \mathrm{J}$$

$$Q_p = W + \Delta E = 416 + 623 = 1039 \mathrm{J}$$

3. 选题目的：理想气体热容量的计算。

解 $$C_{V,m} = \mu c_V = N_A m c_V$$

又理想气体 $C_{V,m} = \frac{i}{2}R = N_A m c_V$，则

$$m = \frac{iR}{2N_A c_V} = \frac{3 \times 8.31}{2 \times 6.02 \times 10^{23} \times 314} = 6.59 \times 10^{-26} \mathrm{kg}$$

4. 选题目的：理想气体等值过程计算、热力学第一定律的应用。

解 附图 4.2 是过程曲线。

(1) 气体从 T_1 经 T_2，T_3 又回到 T_1，因此 $\Delta E = 0$。

(2) $Q_p = \nu \dfrac{i+2}{2} R (\Delta T)_p$
$= \dfrac{i+2}{2} p_1 (2V_1 - V_1)$
$= \dfrac{i+2}{2} p_1 V_1$

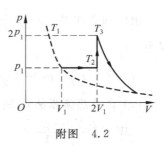

附图 4.2

由

$$p_1 \cdot 2V_1 = \nu R T_2 \qquad T_2 = \dfrac{2 p_1 V_1}{\nu R}$$

$$2 p_1 \cdot 2V_1 = \nu R T_3 \qquad T_3 = \dfrac{4 p_1 V_1}{\nu R}$$

$$Q_V = \dfrac{i}{2} \nu R (T_3 - T_2) = \dfrac{i}{2} \cdot 2 p_1 V_1 = i p_1 V_1$$

$$Q = Q_p + Q_V = \dfrac{i+2}{2} p_1 V_1 + i p_1 V_1 = \dfrac{3i+2}{2} p_1 V_1$$

$$= \dfrac{3 \times 3 + 2}{2} \times 1 \times 10^5 \times 0.1 = 5.5 \times 10^4 \text{ J}$$

(3) 由热力学第一定律 $Q = \Delta E + W$，$\Delta E = 0$，则
$$W = Q = 5.5 \times 10^4 \text{ J}$$

5. 选题目的：绝热过程的计算。

解 (1) 由绝热过程方程

$$p_2 = \left(\dfrac{V_1}{V_2} \right)^\gamma p_1 \qquad ①$$

在 p-V 图上任一点 A 处，绝热线斜率和等温线斜率分别为

$$\left(\dfrac{\mathrm{d}p}{\mathrm{d}V} \right)_Q = -\gamma \dfrac{p}{V}, \quad \left(\dfrac{\mathrm{d}p}{\mathrm{d}V} \right)_T = -\dfrac{p}{V}$$

这两个曲线在交点处的斜率之比为

$$\left(\frac{dp}{dV}\right)_Q : \left(\frac{dp}{dV}\right)_T = \gamma$$

由已知条件得 $\gamma = \dfrac{1}{0.714} = 1.40$，代入式①可求出 B 点的压强为

$$p_2 = \left(\frac{V_1}{V_2}\right)^{1.4} p_1 = \left(\frac{1}{2}\right)^{1.4} \times 2 \times 10^5 = 3.79 \times 10^4 \, \text{Pa}$$

（2）在绝热膨胀从 A 到 B 的过程中，气体对外做功为

$$W = \frac{p_1 V_1 - p_2 V_2}{\gamma - 1}$$
$$= \frac{2 \times 10^5 \times 0.5 \times 10^{-3} - 3.79 \times 10^4 \times 1 \times 10^{-3}}{1.4 - 1}$$
$$= 1.55 \times 10^2 \, \text{J}$$

6. 选题目的：应用热力学第一定律、范德瓦耳斯方程及内能公式推导范氏气体绝热过程方程。

解 由 $\left(p + \dfrac{a}{v^2}\right)(v - b) = RT$ 得

$$p = \frac{RT}{v-b} - \frac{a}{v^2} \qquad ①$$

由热力学第一定律，对元过程 $đQ = dE + p dv$，绝热过程：$đQ = 0$，则

$$dE + p dv = 0 \qquad ②$$

又由范氏气体内能公式：$E = C_{V,m} T - \dfrac{a}{v} + E_0$，元过程：

$$dE = C_{V,m} dT + \frac{a}{v^2} dv \qquad ③$$

将式①，③代入式②得

$$C_{V,m} dT + \frac{a}{v^2} dv + \frac{RT}{v-b} dv - \frac{a}{v^2} dv = 0$$

$$\frac{R}{C_{V,m}}\frac{\mathrm{d}v}{v-b}=-\frac{\mathrm{d}T}{T}, \quad \frac{R}{C_{V,m}}\int\frac{\mathrm{d}v}{v-b}=\int-\frac{\mathrm{d}T}{T}$$

$$\frac{R}{C_{V,m}}\ln(v-b)=-\ln T+C'$$

$$T(v-b)^{R/C_{V,m}}=\text{常数}$$

7. 选题目的：计算热循环效率。

解 如题图，bc 和 da 为绝热过程，

ab 过程吸热 $Q_1=\nu C_{p,m}(T_b-T_a)$

cd 过程放热 $Q_2=\nu C_{p,m}(T_c-T_d)$

$$\eta=1-\frac{Q_2}{Q_1}=1-\frac{T_c-T_d}{T_b-T_a}=1-\frac{T_c\left(1-\dfrac{T_d}{T_c}\right)}{T_b\left(1-\dfrac{T_a}{T_b}\right)}$$

bc 过程：$\quad p_b^{\gamma-1}T_b^{-\gamma}=p_c^{\gamma-1}T_c^{-\gamma}$

da 过程：$\quad p_a^{\gamma-1}T_a^{-\gamma}=p_d^{\gamma-1}T_d^{-\gamma}$

而 $p_b=p_a, p_c=p_d$，代入上两式，并将两式相除得

$$\frac{T_a}{T_b}=\frac{T_d}{T_c}$$

因此

$$\eta=\left(1-\frac{T_c}{T_b}\right)\times 100\%=\left(1-\frac{300}{400}\right)\times 100\%=25\%$$

8. 选题目的：理想气体绝热过程计算。

解 绝热膨胀从 $T_1, p_1 \to T_2, p_2$

$$T_1^{-\gamma}p_1^{\gamma-1}=T_2^{-\gamma}p_2^{\gamma-1}$$

$$\frac{T_1}{T_2}=\left(\frac{p_2}{p_1}\right)^{\frac{\gamma-1}{-\gamma}}$$

$$\frac{E_1}{E_2}=\frac{\nu\dfrac{i}{2}RT_1}{\nu\dfrac{i}{2}RT_2}$$

$$= \frac{T_1}{T_2} = \left(\frac{p_2}{p_1}\right)^{\frac{\gamma-1}{\gamma}} = \left(\frac{1}{2}\right)^{-\frac{\frac{4}{3}-1}{\frac{4}{3}}} = 1.19$$

9. 选题目的：理想气体过程分析计算。

解 设右侧气体终态 p_1, V_1, T_1，左侧气体终态 p_1', T_1', V_1'。$p_1' = p_1, V_1' = 2V_0 - V_1$。

右侧为绝热过程：$p_0 V_0^\gamma = p_1 V_1^\gamma$

$$V_1 = \left(\frac{p_0}{p_1}\right)^{1/\gamma} V_0 = \left[\frac{p_0}{\frac{27}{8}p_0}\right]^{1/\gamma} V_0$$

$$= \left(\frac{8}{27}\right)^{1/1.5} V_0 = \frac{4}{9} V_0$$

（1）左侧气体对右侧做功

$$W = \frac{1}{\gamma - 1}(p_1 V_1 - p_0 V_0)$$

$$= \frac{1}{1.5 - 1}\left(\frac{27}{8}p_0 \cdot \frac{4}{9}V_0 - p_0 V_0\right) = p_0 V_0$$

（2）$p_1 V_1 = \nu R T_1$，$p_0 V_0 = \nu R T_0$

$$T_1 = \frac{p_1 V_1}{\nu R} = \frac{\frac{27}{8}p_0 \cdot \frac{4}{9}V_0}{\nu R} = \frac{3}{2}T_0$$

（3）左侧气体终态

$$p_1' = p_1 = \frac{27}{8}p_0$$

$$V_1' = 2V_0 - V_1 = 2V_0 - \frac{4}{9}V_0 = \frac{14}{9}V_0$$

$$T_1' = \frac{p_1' V_1'}{\nu R} = \frac{\frac{27}{8}p_0 \cdot \frac{14}{9}V_0}{\nu R} = \frac{21}{4}T_0。$$

（4）由于 $\dfrac{C_{V,m} + R}{C_{V,m}} = \gamma = 1.5$，则

$$C_{V,m} = 2R$$

$$\Delta E = \nu C_{V,m}(T_1' - T_0) = \nu \cdot 2R \cdot \left(\frac{21}{4} - 1\right)T_0$$

$$= 8.5\nu RT_0 = 8.5 p_0 V_0$$

$$Q = \Delta E + W = 8.5 p_0 V_0 + p_0 V_0 = 9.5 p_0 V_0$$

10. **选题目的**：准静态过程功的计算、热力学第一定律的应用。

解 由题知，气体膨胀过程可看作准静态过程，气体对外做功为

$$W = \int p \mathrm{d}V = \int_0^{h-h_0} \left(p_0 + \frac{kx}{S}\right) \cdot S \mathrm{d}x$$

式中，h_0 为活塞开始时离气缸底部的距离，$h_0 = \dfrac{V_1}{S}$，h 为气体膨胀后活塞离气缸底部的距离，$h = \dfrac{V_2}{S}$。则

$$W = p_0 S(h - h_0) + \frac{1}{2}k(h - h_0)^2$$

$$= p_0(V_2 - V_1) + \frac{1}{2}k\left(\frac{V_2 - V_1}{S}\right)^2$$

$$= 1.0 \times 10^5 \times (0.02 - 0.015)$$

$$+ \frac{1}{2} \times 5 \times 10^4 \times \left(\frac{0.02 - 0.015}{0.05}\right)^2$$

$$= 750 \mathrm{J}$$

气体膨胀过程中的内能增量为

$$\Delta E = \frac{M}{\mu} \frac{i}{2} R(T_2 - T_1) = \frac{i}{2}(p_2 V_2 - p_1 V_1)$$

$$p_2 = p_0 + \frac{k(h - h_0)}{S} = p_0 + \frac{k}{S^2}(V_2 - V_1)$$

$$= 1 \times 10^5 + \frac{5 \times 10^4}{0.05^2} \times (0.02 - 0.015) = 2 \times 10^5 \mathrm{Pa}$$

代入 ΔE 的表达式得

$$\Delta E = \frac{5}{2}(2 \times 10^5 \times 0.02 - 1 \times 10^5 \times 0.015) = 6250\text{J}$$

由热力学第一定律,在膨胀过程中气体从外界吸收的热量为

$$Q = \Delta E + W = 750 + 6250 = 7000\text{J}$$

11. 选题目的:理想气体两室问题的过程分析与计算。

解 左室气体与恒温热源接触,气体经历等温压缩过程,吸热为

$$Q = W_左 = \frac{M}{\mu}RT\ln\frac{V_2}{V_1} = 2 \times 8.31 \times 300 \times \ln\frac{1}{2}$$

$$= -3.46 \times 10^3 \text{J} \qquad ①$$

上述结果表明左室气体向恒温热源放热 3.46×10^3 J,外界即活塞对左室气体做功为 3.46×10^3 J。

右室气体为绝热膨胀,末态温度为

$$T_右 = \left(\frac{V_0}{V_右}\right)^{\gamma-1} T_0 = \left(\frac{2}{3}\right)^{0.4} \times 300 = 255\text{K} \qquad ②$$

计算外力做功 $W_外$,有以下两种方法:

方法一 右室气体绝热膨胀对活塞做功 $W_右$ 为

$$W_右 = -\Delta E_右 = -\frac{M}{\mu}\frac{i}{2}R(T_右 - T_0)$$

$$= -2 \times \frac{5}{2} \times 8.31 \times (255 - 300)$$

$$= 1.87 \times 10^3 \text{J} \qquad ③$$

因容器体积不变:

$$W_外 + W_右 = -W_左$$

则外力做的功为

$$W_外 = -(W_左 + W_右)$$

$$= -(-3.46 \times 10^3 + 1.87 \times 10^3) = 1.59 \times 10^3 \text{J}$$

方法二 将左室气体和右室气体看成是一个系统,系统从恒

温热源吸热 Q；推动活塞的外力对系统做功 $W_外$。由热力学第一定律：

$$Q = \Delta E + W = \Delta E - W_外$$
$$W_外 = \Delta E - Q \qquad ④$$

系统内能增量
$$\Delta E = \Delta E_左 + \Delta E_右 = \Delta E_右 = -1.87 \times 10^3 \text{J} \qquad ⑤$$

将式①和式⑤代入式④得
$$W_外 = -1.87 \times 10^3 - (-3.46 \times 10^3) = 1.59 \times 10^3 \text{J}$$

4.3 热力学第二定律

1. 选题目的：逻辑论证方法。

解 用反证法：设一条等温线 1—4—2 与一条绝热线 1—3—2 相交于 1,2 两点，如附图 4.3 所示，则构成一循环过程 14231，而这一循环只有一个热源 T，并能对外做功。这种单热源的热机是违背热力学第二定律的，因此假设不成立，即一条等温线与一条绝热线不可能有两个交点。（读者想一想，用熵的概念来论证是如何证明的?）

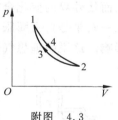

附图 4.3

2. 选题目的：理想气体等值过程熵变的计算。

解 (1) 可逆等温过程由 $V_1 \to V_2$
$$\Delta S_T = \int_{V_1}^{V_2} \frac{dQ}{T} = \int_{V_1}^{V_2} \frac{p dV}{T} = \int_{V_1}^{V_2} \frac{\nu R dV}{V} = \nu R \ln \frac{V_2}{V_1}$$

(2) 可逆等压过程由 $T_1 \to T_2$
$$\Delta S_p = \int_{T_1}^{T_2} \frac{dQ}{T} = \int_{T_1}^{T_2} \frac{C_{p,m} dT}{T} = \nu C_{p,m} \ln \frac{T_2}{T_1}$$

(3) 可逆等容过程由 $T_1 \to T_2$
$$\Delta S_V = \int_{T_1}^{T_2} \frac{dQ}{T} = \int_{T_1}^{T_2} \frac{\nu C_{V,m} dT}{T} = \nu C_{V,m} \ln \frac{T_2}{T_1}$$

(4) 可逆绝热过程
$$\Delta S_Q = 0$$

3. 选题目的：逻辑论证方法。

解 如附图 4.4(a)所示，温度为 T 的理想气体处于气缸的一侧，另一侧为真空。附图 4.4(b)所示为气体向真空自由膨胀，因为 $Q=0,W=0$，则气体内能未变，温度仍为 T。

根据题设，功变热的不可逆性消失了，那么就可以做成如附图 4.4(c)所示的假想装置，它从热源 T 吸收的热量 Q 可以全部用来对外做功 $W=Q$，而不引起其他变化。现让这功 W 用于将气缸内已经膨胀了的气体(附图 4.4(b)所示)缓慢地等温压缩至原来的体积(如图(a)状态)，在压缩过程中，由于理想气体的内能不变，外界对它所做的功 W 全部转变为热量 $Q=W$，放回到热源中去，从而使外界的变化全被消除。这样在图(c)的联合循环中，过程的惟一效果是自由膨胀了的气体又收缩到原来的状态，而没有其他影响。这说明理想气体自由膨胀也是可逆的。证毕。

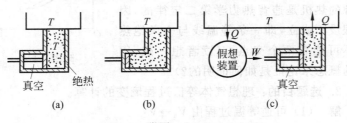

附图 4.4

4. 选题目的：理想气体等值过程熵变计算。

解 (1) 由题设知：
$$p_a V_a = 4 \times 10^5 \times 2 = 8 \times 10^5 \text{J}$$
$$p_b V_b = 1 \times 10^5 \times 8 = 8 \times 10^5 \text{J}$$

根据 $pV=\nu RT$ 可知 $T_a=T_b$，则在 $acdb$ 过程中系统 $\Delta E=0$。由热力学第一定律，系统吸热 Q 等于系统对外做功 W：

$$Q = W = p_a(V_c - V_a) + p_b(V_b - V_d)$$
$$= 4 \times 10^5 \times (5-2) + 1 \times 10^5 \times (8-5)$$
$$= 1.5 \times 10^6 \text{J}$$

（2）按上述过程的始末态,可取一可逆等温膨胀过程计算 ΔS：

$$\Delta S = \int_1^2 \frac{\mathrm{d}Q}{T} = \int_{V_a}^{V_b} \frac{\nu R \mathrm{d}V}{V} = \nu R \ln \frac{V_b}{V_a}$$

$$= 1 \times 8.31 \times \ln \frac{8}{2} = 11.6 \text{J/K}$$

5. **选题目的**：熵增加原理的应用。

解 令卡诺热机带动一机械将重物提高消耗 1000J 的功。现将高温热源 T_1、低温热源 T_2、卡诺热机及附属机械、重物看成一系统,此系统为孤立系。一次循环中系统的总熵变 ΔS 为

$$\Delta S = \Delta S_{T_1} + \Delta S_{T_2} + \Delta S_卡 + \Delta S_{机,重}$$

$$= \frac{-Q_1}{T_1} + \frac{Q_2}{T_2} + 0 + 0 = \frac{-1800}{400} + \frac{800}{300} = -1.83 < 0$$

这个结果是违背熵增加原理的,因此这一设计不合理。

6. **选题目的**：确切理解热力学第一定律及热力学第二定律。

解 三种说法都不对,理由如下：

（1）热力学第一定律只能说明热机效率不大于 1,而效率等于 1 符合热力学第一定律,不违背能量守恒定律,但违反热力学第二定律。

（2）用热力学第一定律及理想气体状态方程可以证明理想气体为工质的卡诺循环的效率等于 $1 - \frac{T_2}{T_1}$。但要证明 $\eta_c = 1 - \frac{T_2}{T_1}$ 与工质无关,还要依据热力学第二定律。

（3）热机可将热量转变为机械功,这就是无规则运动的能量变为有规则运动的能量。

7. **选题目的**：热机、冷机的判断。

解 方法一 直接由热力学第二定律判断。

假设该循环机为热机,可计算热源和工质的熵变。

热源：$\Delta S_1 = \dfrac{-|Q_1|}{T_1} = \dfrac{-2000}{1000} = -2\text{kJ/K}$

$\Delta S_2 = \dfrac{Q_2}{T_2} = \dfrac{|Q_1| - W}{T_2} = \dfrac{2000 - 1500}{300} = 1.67\text{kJ/K}$

工质：经历一个循环,则 $\Delta S_{工质} = 0$。

对热源和工质这个绝热系统的总熵变为

$\Delta S = \Delta S_1 + \Delta S_2 + \Delta S_{工质} = -2 + 1.67 + 0$
$= -0.33\text{kJ/K} < 0$

由熵增原理判断 $\Delta S < 0$ 是不可能的,故该循环机不可能是热机。

若是致冷机,上述计算各量反号,即 $\Delta S_总 > 0$,这符合热力学第二定律,说明该循环机为致冷机,且不可逆。

方法二 用卡诺定理判断。

若为热机,其效率

$$\eta_热 = \dfrac{W}{|Q_1|} = \dfrac{1500}{2000} = 0.75$$

而由卡诺定理,应有

$$\eta \leqslant 1 - \dfrac{T_2}{T_1} = 1 - \dfrac{300}{1000} = 0.7$$

由上述知,$\eta_热 \geqslant 1 - \dfrac{T_2}{T_1}$,这违背了卡诺定理,故该循环机不可能是热机。它应是不可逆的致冷机。

*8. **选题目的**：了解范德瓦耳斯气体的熵公式。

解 热力学基本方程

$$T\text{d}S = \text{d}E + p\text{d}V \qquad ①$$

范德瓦耳斯气体内能

$$E = C_{V,m}T - \frac{a}{V}$$

元过程内能增量

$$dE = C_{V,m}dT + \frac{a}{V^2}dV \qquad ②$$

由范德瓦耳斯气体状态方程有

$$p = \frac{RT}{V-b} - \frac{a}{V^2} \qquad ③$$

将式②,式③代入式①可得

$$dS = C_{V,m}\frac{dT}{T} + R\frac{dV}{V-b}$$

上式积分得

$$\int dS = \int C_{V,m}\frac{dT}{T} + \int R\frac{dV}{V-b}$$

则

$$S - S_0 = C_{V,m}\ln T + R\ln(V-b) + C$$

式中,C 为积分常量,令 $S_0 + C = S_0'$,可写成

$$S = C_{V,m}\ln T + R\ln(V-b) + S_0'$$

即范德瓦耳斯气体熵公式。

第 5 章 振 动 与 波

5.1 简谐振动及其合成

1. **选题目的**:竖直振子的谐振动方程。

解 竖直振子受重力 mg 和弹簧恢复力共同作用,在平衡位置时弹簧已有伸长 l_0,设平衡位置为坐标原点 O,如附图 5.1 所示。当振子位移为 y 时,弹簧恢复力为 $k(y+l_0)$,同时振子受重力 mg。

(1) 对 m 列出牛顿微分方程

$$mg - k(y+l_0) = m\frac{d^2y}{dt^2} \quad ①$$

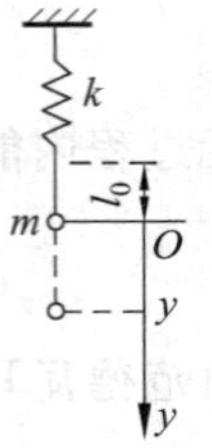

在平衡位置有

$$kl_0 = mg \quad ②$$

将式②代入式①得

$$\frac{d^2y}{dt^2} = \frac{-k}{m}y \quad ③$$

附图 5.1

方程③是竖直振子的谐振动方程。

(2) 因振子系统只受保守力作用，故系统机械能守恒，选平衡位置为弹性势能和重力势能零点，则有

$$-mgy + \left[\frac{1}{2}k(y+l_0)^2 - \frac{1}{2}kl_0^2\right] + \frac{1}{2}mv^2 = 常量 \quad ④$$

将方程④对时间求导，并将 $v = \dfrac{dy}{dt}$ 代入，化简后得

$$mg - k(y+l_0) = m\frac{d^2y}{dt^2}$$

这与方程①相同，是简谐振动方程。

思考：若选弹簧自然长度处为弹性势能和重力势能零点，写出系统机械能守恒方程，并比较之。

2. **选题目的**：由振动曲线求简谐振动的频率、振幅、初相位等物理量。

解 频率不同的两个简谐振动，初相位相等，不能说它们是同相的，因为相位由 $(\omega t + \phi)$ 决定。按题图 5.9 分别回答如下：

图号	频率	振幅	初相位
(a)	相等	相等	不等
(b)	不等	相等	相等
(c)	相等	不等	相等
(d)	不等	不等	相等

| (e) | 相等 | 不等 | 不等 |
| (f) | 不等 | 相等 | 不等 |

3. 选题目的：已知振动曲线求 A,ω,ϕ，写出振动表达式，画出振幅矢量图。

解 （1）由题图知，$t=1\text{s},x=0,A=10\text{cm}$，则
$$x = 10\cos(\omega \cdot 1 + \phi) = 0$$
即
$$\cos(\omega + \phi) = 0$$
则
$$\omega + \phi = \pm \frac{\pi}{2} \qquad ①$$

由题图知 $t=4\text{s}$, $x=-10\text{cm}$，则
$$x = 10\cos(\omega \cdot 4 + \phi) = -10$$
即
$$\cos(4\omega + \phi) = -1$$
则
$$4\omega + \phi = \pi \qquad ②$$

由①，②两式求得

$\omega = \pi/6 \left(\text{另解 } \omega = \dfrac{\pi}{2} \text{ 即 } T = 4\text{s},\text{这与图不符},\text{应舍去}\right)$

$\phi = \pi/3$

（2） $x = 10\cos\left(\dfrac{\pi}{6}t + \dfrac{\pi}{3}\right)\text{cm}$。

（3）振幅矢量图如附图 5.2 所示。

4. 选题目的：简谐振动相位、初相位的计算。

解

（1）由 $x = A\cos(\omega t + \phi)$，当 $t=0, x=0$ 时，$\cos\phi = 0$，且 $v<0$，可得 $\phi = \pi/2$。

用旋转矢量图求 ϕ 较方便、直观，如附图 5.3(a)所示。

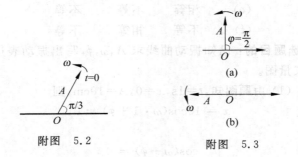

附图 5.2　　　　　附图 5.3

(2) 由附图 5.3(b)可求出 $t=0, x=-3.0\text{cm}$ 时, $\phi_2=\pi$。则振动表达式为

$$x_2 = 3.0\cos(12\pi t + \pi)\text{cm}$$

(3) 取 $\phi_1 = \dfrac{\pi}{2}$ 时, $x_1 = 3.0\cos\left(12\pi t + \dfrac{\pi}{2}\right)$

当 $t=1\text{s}$ 时：

$$(\omega t + \phi)_{x_1} = 12\pi \times 1 + \dfrac{\pi}{2} = 12.5\pi$$

$$(\omega t + \phi)_{x_2} = 12\pi \times 1 + \pi = 13\pi$$

由于时间零点选取不同, 初相位 $\phi_1 \neq \phi_2$, 而二者 ν 相同, 故某时刻二者相位 $(\omega t + \phi)$ 是不同的。

当 $x_1 = x_2 = 3.0\text{cm}$ 时, 对 x_1 有

$$3.0 = 3.0\cos\left(12\pi t + \dfrac{\pi}{2}\right)$$

解得

$$\cos\left(12\pi t + \dfrac{\pi}{2}\right) = 1$$

$$12\pi t + \dfrac{\pi}{2} = 0 \quad \text{或} \quad 2\pi$$

对 x_2 有

$$3.0 = 3.0\cos(12\pi t + \pi)$$

解得
$$12\pi t + \pi = 0 \quad \text{或} \quad 2\pi$$
以上说明当质点达到正向最大位移时,二者相位是相同的,因为这个运动状态是相同的。

5. **选题目的**:振幅矢量法求合振动。

解 作图如附图 5.4,由图可知 $\phi_2 - \phi_1 = -\dfrac{\pi}{2}$。

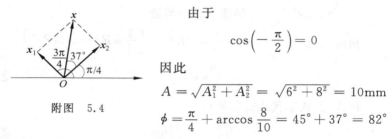

附图 5.4

由于
$$\cos\left(-\frac{\pi}{2}\right) = 0$$

因此
$$A = \sqrt{A_1^2 + A_2^2} = \sqrt{6^2 + 8^2} = 10\,\text{mm}$$
$$\phi = \frac{\pi}{4} + \arccos\frac{8}{10} = 45° + 37° = 82°$$

可得合振动方程为
$$x = 10\cos(100\pi t + 82°)\,\text{mm}$$

6. **选题目的**:应用竖直弹簧振子测重力加速度。

解 由题设可知弹簧的 $k = 1\text{N/cm}$,弹簧秤挂上月球岩石,弹簧伸长 $x_0 = 4/k = 4\text{cm}$,平衡时:
$$mg = kx_0$$
$$x_0 = \frac{m}{k} \cdot g$$

由于
$$T = \frac{2\pi}{\omega}, \quad \omega = \frac{2\pi}{T} = \sqrt{\frac{k}{m}}$$

则
$$x_0 = \frac{T^2}{4\pi^2} g$$
$$g = x_0 \frac{4\pi^2}{T^2} = 4 \times \frac{4\pi^2}{0.98^2} = 1.64\,\text{m/s}^2$$

7. 选题目的：用振动方程求复摆的周期。

解 由题给钟摆的条件可求出其质心 C 位于距杆端 O 为 $2.75R$ 处,据刚体定轴转动定律,有

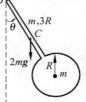

附图 5.5

$$-2mg \times 2.75R \cdot \sin\theta = J\frac{d^2\theta}{dt^2} \quad \text{①}$$

钟摆作小幅度摆动,则
$$\sin\theta \approx \theta \quad \text{②}$$

钟摆的转动惯量：
$$J = \frac{1}{3}m(3R)^2 + \left[\frac{1}{2}mR^2 + m(4R)^2\right]$$
$$= \frac{39}{2}mR^2 \quad \text{③}$$

将式②,式③代入式①解得
$$\frac{d^2\theta}{dt^2} = -\frac{11g}{39R}\theta \quad \text{④}$$

式④为谐振动方程,且圆频率 $\omega = \sqrt{\dfrac{11g}{39R}}$。所以复摆周期为

$$T = \frac{2\pi}{\omega} = 2\pi\sqrt{\frac{39R}{11g}}$$

8. 选题目的：简谐振动周期、能量计算。

解 $k_1 = k_2 = k, m_1 : m_2 = 4 : 1, A_1 = A_2 = A$

(1) $T = 2\pi\sqrt{\dfrac{m}{k}}$

$$\frac{T_1}{T_2} = \sqrt{\frac{m_1}{m_2}} = \frac{2}{1}, \quad 即 T_1 : T_2 = 2 : 1$$

(2) $E = \dfrac{1}{2}kA^2$

则
$$E_1 : E_2 = 1 : 1$$

9. 选题目的：由单摆的振动周期求重力加速度。

解 由

$$T = 2\pi\sqrt{\frac{l}{g}}$$

$$T^2 = 4\pi^2 \frac{l}{g}$$

$$2T\Delta T = 4\pi^2 l\left(-\frac{\Delta g}{g^2}\right)$$

解得

$$\Delta g = -\frac{2T\Delta T}{4\pi^2 l}g^2$$

$$= -\frac{T\Delta T}{2\pi^2}g \cdot \frac{4\pi^2}{T^2}$$

$$= -\frac{2g}{T}\Delta T$$

由已知：$T=1\text{s}, g=980.00\text{cm/s}^2, \dfrac{\Delta T}{T}=10.00/86400$，可得

$$\Delta g = -2\times 980.00 \times \frac{10.00}{86400} = -0.23\text{cm/s}^2$$

因此高处的重力加速度

$$g' = g + \Delta g$$

$$= 980.00 - 0.23 = 979.77\text{cm/s}^2$$

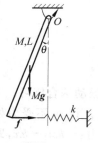

附图 5.6

10. 选题目的：用振动方程求杆的振动周期。

解 设任意时刻杆与竖直线间的夹角为 θ，以顺时针方向为正，杆在重力 $M\mathbf{g}$ 和弹簧恢复力 f 作用下绕轴摆动，如附图 5.6 所示。据刚体转动定律，有

$$J\frac{\mathrm{d}^2\theta}{\mathrm{d}t^2} = -Mg\frac{L}{2}\sin\theta - kL\sin\theta \cdot L\cos\theta \quad \text{①}$$

杆作微小摆动时，$\sin\theta \approx \theta$，$\cos\theta \approx 1$，杆对 O 的转动惯量 $J = \frac{1}{3}ML^2$，代入式①并化简，得

$$\frac{\mathrm{d}^2\theta}{\mathrm{d}t^2} + \frac{3}{2ML}(Mg + 2kL)\theta = 0 \qquad ②$$

式②为简谐振动方程，杆作简谐振动的圆频率可由式②得出为

$$\omega = \sqrt{\frac{3(Mg + 2kL)}{2ML}}$$

杆作微小振动的周期为

$$T = \frac{2\pi}{\omega} = 2\pi\sqrt{\frac{2ML}{3(Mg + 2kL)}}$$

11. **选题目的**：谐振动概念及谐振动微分方程。

解 设弹簧振子放在斜面上滑块静止时，弹簧被压缩了 x_0，则

$$kx_0 = mg\sin\theta \qquad ①$$

取斜面方向为 $\hat{x}$，原点为 O，若将 m 拉至 x 处放手，则滑块 m 的运动微分方程为

$$-k(x - x_0) - mg\sin\theta = m\frac{\mathrm{d}^2 x}{\mathrm{d}t^2} \qquad ②$$

将式①代入式②得

$$m\frac{\mathrm{d}^2 x}{\mathrm{d}t^2} + kx = 0$$

由此可知 m 的运动是简谐振动，且 $\omega = \sqrt{\frac{k}{m}}$。

12. **选题目的**：简谐振动微分方程、力学与振动综合练习。

解 先求 M 粘上以前振动系统的圆频率 ω_1。设 m 不受力处为原点 O，当 m 偏离 O 点为 x 处时，将受到两个力：$-kx$，$-kx$，即

$$f = -2kx$$

由牛顿第二定律

$$m\frac{d^2x}{dt^2} = -2kx$$

$$m\frac{d^2x}{dt^2} + 2kx = 0$$

$$\omega_1 = \sqrt{2k/m}$$

M 粘上以后,振动系统的圆频率为 ω_2,这时弹簧振子质量为 $M+m$,其他条件未变。振动方程为

$$(M+m)\frac{d^2x}{dt^2} + 2kx = 0$$

$$\omega_2 = \sqrt{\frac{2k}{M+m}}$$

$$\frac{\omega_1}{\omega_2} = \sqrt{\frac{M+m}{m}}$$

上述结论说明振动系统的圆频率取决于系统本身的力学性质:k,m,M。

求振幅比 $\dfrac{A_1}{A_2} = ?$

M 粘上前系统振幅为 A_1,设 m 越过平衡位置时,速度为 v_1,则

$$v_1 = \omega_1 A_1$$

$$A_1 = v_1/\omega_1$$

在 M 与 m 粘接过程中,$M+m$ 系统水平方向动量守恒,以 v_2 表示粘上后二者的速度,则

$$mv_1 = (M+m)v_2$$

$$v_2 = \frac{m}{M+m}v_1$$

因为

$$A_2 = v_2/\omega_2 = \frac{mv_1}{M+m}\Big/\omega_2$$

则
$$\frac{A_1}{A_2} = \frac{v_1/\omega_1}{\dfrac{mv_1}{M+m}\Big/\omega_2} = \frac{M+m}{m}\cdot\sqrt{\frac{m}{M+m}} = \sqrt{\frac{M+m}{m}}$$

13. 选题目的：简谐振动微分方程。

解 如附图 5.7 所示，比重计平衡时，重力等于浮力，比重计与液面相交于 O 点。此时有
$$mg = F_{浮} = \rho g V$$
V 为排开液体的体积。

将比重计压下距离 x 时，它受的浮力为 $(V+xS)\rho g$。比重计所受合力为
$$mg - (V+xS)\rho g = -S\rho g x$$
由牛顿第二定律写出简谐振动微分方程
$$m\frac{d^2 x}{dt^2} = -S\rho g x$$
并可得
$$T = \frac{2\pi}{\omega} = 2\pi\sqrt{\frac{m}{S\rho g}}$$

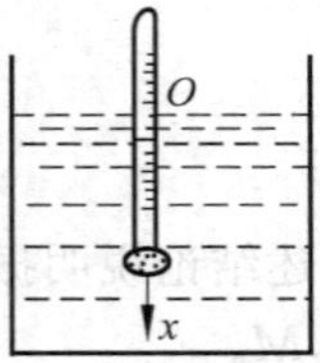

附图 5.7

14. 选题目的：复摆的计算。

解 当不加质点时，杆长 $l=1\text{m}$，质量为 m，其小角度摆动时微分方程为
$$\frac{1}{3}ml^2\frac{d^2\theta}{dt^2} = -mg\cdot\frac{l}{2}\sin\theta \approx -mg\frac{l}{2}\cdot\theta$$
可求出
$$T_0 = 2\pi\sqrt{\frac{2l}{3g}} = 2\pi\sqrt{\frac{2}{3g}}$$

在距轴为 h 处加质点 m，微分方程为
$$\left(\frac{1}{3}ml^2 + mh^2\right)\frac{d^2\theta}{dt^2} = -mg\left(\frac{l}{2}+h\right)\sin\theta$$

第 5 章　振　动　与　波

$$\approx -mg\left(\frac{l}{2}+h\right)\theta$$

可求出

$$T=2\pi\sqrt{\frac{\frac{1}{3}l^2+h^2}{\left(\frac{l}{2}+h\right)g}}$$

$$\frac{T}{T_0}=\sqrt{\frac{l^2+3h^2}{l^2+2lh}}$$

(1) $h=0.50\text{m}, l=1.00\text{m}$ 时，上式给出为

$$\frac{T}{T_0}=\sqrt{\frac{7}{8}}$$

$h=1.00\text{m}, l=1.00\text{m}$ 时，上式给出为

$$\frac{T}{T_0}=\sqrt{\frac{4}{3}}$$

(2) 令 $\dfrac{T}{T_0}=\sqrt{\dfrac{1+3h^2}{1+2h}}=1$，解得

$$h=0 \quad \text{或} \quad h=\frac{2}{3}\text{m}$$

15. 选题目的：振幅矢量作图法求同频率垂直振动的合振动轨迹。

解
$$x=A\sin(\omega t+\phi)$$
$$=A\cos\left[\frac{\pi}{2}-(\omega t+\phi)\right]$$
$$=A\cos\left(\omega t+\phi-\frac{\pi}{2}\right)$$

为简化起见画图时设 $\phi=0$，如附图 5.8 所示。

由图可知合振动的轨迹是运动方向为右旋的位于二、四象限内的椭圆。

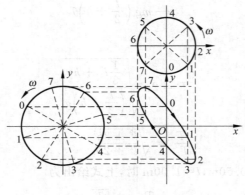

附图 5.8

5.2 机械波的产生与传播

1. **选题目的**：已知波形曲线求波线上某点的振动表达式。

解 由题知 $t=t'$ 时 $\xi_0=0$，且 $\dfrac{d\xi}{dt}\bigg|_{x=0}>0$，则有

$$\cos(\omega t'+\phi)=0$$
$$-\omega a\sin(\omega t'+\phi)>0$$

解得

$$\omega t'+\phi=-\dfrac{\pi}{2}$$

$$\phi=-\omega t'-\dfrac{\pi}{2}=-\dfrac{\pi u}{b}t'-\dfrac{\pi}{2}$$

$x=0$ 点的振动表达式为

$$\xi_0=a\cos(\omega t+\phi)=a\cos\left(\omega t-\dfrac{\pi u}{b}t'-\dfrac{\pi}{2}\right)$$

$$=a\cos\left[\dfrac{\pi u}{b}(t-t')-\dfrac{\pi}{2}\right]$$

2. **选题目的**：已知波动曲线求波函数及某点的振动表达式。

解 (1) 由波形曲线知,$t=0$ 时,原点处的位移
$$\xi_0 = A\cos\phi = 0$$
$$v_0 = \left.\frac{d\xi}{dt}\right|_{x=0} = -A\omega\sin\phi < 0$$

可得
$$\phi = \frac{\pi}{2}$$

波函数为
$$\xi = A\cos\left(\omega t - \frac{\omega}{u}x + \frac{\pi}{2}\right)$$

(2) $x = \frac{3}{8}\lambda$ 处的振动表达式为
$$\xi_x = A\cos\left(\omega t - \frac{2\pi}{\lambda} \cdot \frac{3}{8}\lambda + \frac{\pi}{2}\right) = A\cos\left(\omega t - \frac{\pi}{4}\right)$$

(3) $x' = \frac{\lambda}{8}$ 处的振动表达式为
$$\xi_{x'} = A\cos\left(\omega t - \frac{2\pi}{\lambda} \cdot \frac{\lambda}{8} + \frac{\pi}{2}\right) = A\cos\left(\omega t + \frac{\pi}{4}\right)$$

$t = 0$ 时,$v = \left.\frac{d\xi}{dt}\right|_{t=0} = -\omega A \sin\frac{\pi}{4} = -\frac{\sqrt{2}}{2}\omega A$

3. 选题目的:已知波线上某二点的振动状态求波函数。

解 设波函数 $\xi = A\cos(\omega t - kx + \phi)$,将 $A = 0.1\text{m}, \omega = 7\pi, k = \frac{2\pi}{\lambda}$ 代入得

$$\xi = 0.1\cos\left(7\pi t - \frac{2\pi}{\lambda}x + \phi\right) \text{ (SI)}$$

$t = 1\text{s}, x = 0.1\text{m}$ 处:
$$\xi_1 = 0.1\cos\left(7\pi - \frac{2\pi}{\lambda} \times 0.1 + \phi\right) = 0$$
$$\left(\frac{d\xi}{dt}\right)_1 = -0.7\pi\sin\left(7\pi - \frac{2\pi}{\lambda} \times 0.1 + \phi\right) < 0$$

则
$$7\pi - \frac{2\pi}{\lambda} \times 0.1 + \phi = \frac{\pi}{2} \qquad ①$$

$t=1\text{s}, x=0.2\text{m}$ 处：
$$\xi_2 = 0.1\cos\left(7\pi - \frac{2\pi}{\lambda} \times 0.2 + \phi\right) = 0.05 \text{ (SI)}$$

$$\left(\frac{\text{d}\xi}{\text{d}t}\right)_2 = -0.7\pi\sin\left(7\pi - \frac{2\pi}{\lambda} \times 0.2 + \phi\right) > 0$$

则
$$7\pi - \frac{2\pi}{\lambda} \times 0.2 + \phi = -\frac{\pi}{3} \qquad ②$$

①－②解得
$$\lambda = 0.24\text{m}$$

将 λ 值代入式①得
$$\phi = -6\pi + \frac{\pi}{3}$$

再将 λ, ϕ 值代入 ξ 表达式得
$$\xi = 0.1\cos\left(7\pi t - \frac{\pi}{0.12}x + \frac{\pi}{3}\right)$$

4. 选题目的：由振动曲线求振子、质元的动能、势能。

解 题图(a)是振子的振动曲线，P 点对应振子振动到位移最大状态，速度 $v=0$，故振子的动能 $W_k=0$，该状态振子势能最大，$W_p = \frac{1}{2}m\omega^2 A^2$。

Q 点对应振子的平衡位置。速度 v 最大，则动能最大，$W_k = \frac{1}{2}m\omega^2 A^2$，该状态弹性势能 $W_p = 0$。

题图(b)是波线上某质元的振动曲线，P 点处的质元振动位移最大，速度 $v=0$，故质元的动能 $\Delta W_k = 0$，该处质元无形变，则势能 $\Delta W_p = 0$。

第5章 振动与波

Q 点处的质元对应平衡位置,速度 v 最大,质元的动能最大;该处质元变形最大,故势能最大,且 $\Delta W_k = \Delta W_p = \frac{1}{2}\rho\Delta V\omega^2 A^2$。

5. 选题目的：已知某点振动表达式,求波函数。

解 （1）按题意画图如附图 5.9 所示,任意点 $P(x)$ 的振动相位比 A 点领先 kx, $k = \frac{\omega}{u} = \frac{4\pi}{20} = \frac{\pi}{5}$, 则波的表达式为

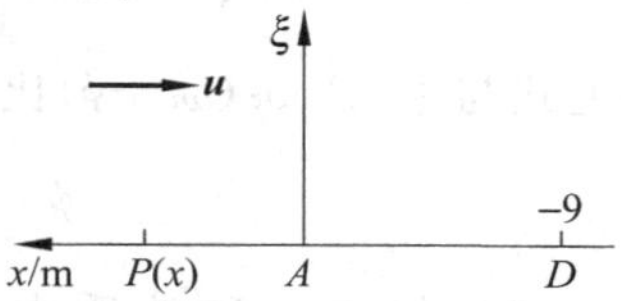

$$\xi = 3\cos\left(4\pi t - \pi + \frac{\pi}{5}x\right)$$

D 点坐标为 $x = -9\,\mathrm{m}$, 则 D 点振动表达式为

$$\xi_D = 3\cos\left[4\pi t - \pi + \frac{\pi}{5}(-9)\right]$$
$$= 3\cos\left(4\pi t - \frac{4}{5}\pi\right)$$

附图 5.9

（2）按题意画图如附图 5.10 所示,A 点坐标为 $x = 5\,\mathrm{m}$, D 点坐标为 $x = 14\,\mathrm{m}$。任意点 $P(x)$ 的振动相位比 A 点落后 $k(x-5)$, 则波函数为

$$\xi = 3\cos[4\pi t - \pi - k(x-5)] = 3\cos\left(4\pi t - \frac{\pi}{5}x\right)$$

D 点 $x = 14\,\mathrm{m}$, 代入上式,其振动表达式为

$$\xi_D = 3\cos\left(4\pi t - \frac{14}{5}\pi\right) = 3\cos\left(4\pi t - \frac{4}{5}\pi\right)$$

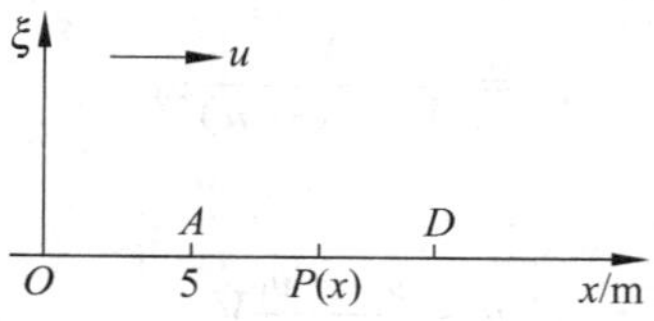

附图 5.10

以上两问所得结果说明了什么?

6. 选题目的: 已知波函数,求某点的振动状态。

解 (1) $x=L$ 处质点振动表达式为

$$\xi = A\cos\left[2\pi\left(\nu t - \frac{L}{\lambda}\right) + \phi_0\right]$$

将上式与 $\xi = A\cos(\omega t + \phi)$ 比较可得初相位

$$\phi = -\frac{2\pi}{\lambda}L + \phi_0$$

(2) 与 $x=L$ 处质点的振动状态相同的各点的坐标为 $x = L \pm m\lambda$,其中 $m = 1, 2, 3, \cdots$

(3) 与 $x=L$ 处质点的振动速度大小相同、振动方向均相反的各点的坐标为 $x = L \pm (2m+1)\frac{\lambda}{2}$,其中 $m = 0, 1, 2, \cdots$

7. 选题目的: 波的传播的计算。

解 (1) $\Delta\phi = \frac{2\pi}{\lambda}(x_2 - x_1)$

$$x_2 - x_1 = \frac{\lambda}{2\pi}\Delta\phi = \frac{u}{\nu}\frac{\Delta\phi}{2\pi} = \frac{350}{500} \times \frac{\frac{\pi}{3}}{2\pi} = 0.12\text{m}$$

(2) $\Delta\phi = 2\pi\nu(t_2 - t_1) = 2\pi \times 500 \times 10^{-3} = \pi$

8. 选题目的: 多普勒效应的计算。

解 火车开来时观测者测出频率

$$\nu_1 = \frac{V}{V-u}\nu_0 \qquad ①$$

火车远离时观测者测出频率

$$\nu_2 = \frac{V}{V-(-u)}\nu_0 \qquad ②$$

解式①,②得

$$u = \frac{\nu_2 - \nu_1}{\nu_2 + \nu_1}V$$

$$= \frac{650-540}{650+540} \times 330 = 30.5 \text{m/s}$$

5.3 波的叠加与干涉

1. 选题目的：波的干涉的计算。

解 S_1 在 P 点引起振动的相位为

$$\phi_1 = \frac{\pi}{2} - \frac{2\pi \nu r_1}{u_1}$$

S_2 在 P 点引起振动的相位为

$$\phi_2 = 0 - \frac{2\pi \nu r_2}{u_2}$$

S_1, S_2 在 P 点引起振动的相位差

$$\Delta \phi = \frac{\pi}{2} - \frac{2\pi \nu r_1}{u_1} + \frac{2\pi \nu r_2}{u_2}$$

$$= \frac{\pi}{2} - 2\pi \nu \left(\frac{r_1}{u_1} - \frac{r_2}{u_2} \right)$$

$$= \frac{\pi}{2} - 2\pi \times 100 \times \left(\frac{4.00}{400} - \frac{3.75}{500} \right)$$

$$= 0$$

由以上分析可知二波在 P 点相干加强，合振幅

$$A = A_1 + A_2 = 2 \times 1.00 \times 10^{-3} = 2.00 \times 10^{-3} \text{m}$$

2. 选题目的：波的叠加，垂直振动合成。

解 质点的运动是由两列波在该处引起的，波叠加的结果是使质点运动轨迹为一圆。那么这两个波在该点引起的振动方向在圆平面内是互相垂直的，两个振动频率相同、振幅也相同，相位差是 $\pi/2$ 或 $3\pi/2$。

3. 选题目的：驻波的计算。

解 （1）反射点为固定端时，该点必是波节，入射波与反射波在此引起的振动是反相的，反射波波函数为

$$\xi_2 = A\cos\left[2\pi\left(\frac{x}{\lambda} - \frac{t}{T}\right) + \pi\right]$$

(2) 入射波与反射波相遇，叠加形成驻波，其表达式为

$$\xi = 2A\cos\left(2\pi\frac{x}{\lambda} + \frac{\pi}{2}\right)\cos\left(2\pi\frac{t}{T} - \frac{\pi}{2}\right)$$

(3) 波腹位置：$2\pi\dfrac{x}{\lambda} + \dfrac{\pi}{2} = n\pi$

$$x = \left(n - \frac{1}{2}\right)\frac{\lambda}{2}, \quad n = 0, 1, 2, \cdots$$

波节位置：$2\pi\dfrac{x}{\lambda} + \dfrac{\pi}{2} = n\pi + \dfrac{\pi}{2}$

$$x = n\frac{\lambda}{2}, \quad n = 0, 1, 2, \cdots$$

4. 选题目的：理解驻波的相位特征。

解 据驻波相位驻定的特征可知，相邻两波节之间各质点的振动同相；一个波节两侧各质点的振动反相。

由题给驻波表达式求出节点的坐标，令$|\cos 2\pi x| = 0$，可得

$$x = \frac{1}{4}(2k+1)\text{m}, k = 0, \pm 1, \pm 2, \cdots，\text{为节点。}$$

取 $k = 0, x = \dfrac{1}{4}\text{m}; k = 1, x = \dfrac{3}{4}\text{m}$，这是两个相邻的节点坐标。

题中所述 $P_1\left(x_1 = \dfrac{3}{8}\text{m}\right)$ 和 $P_2\left(x_2 = \dfrac{5}{8}\text{m}\right)$ 两点均位于上述两个相邻的节点之间，其相位相同，即 P_1 与 P_2 的振动相位差为零。

5. 选题目的：驻波的计算。

解 (1) $x = -\dfrac{\lambda}{2}$ 处

$$\xi = 2A\cos\pi\cos\omega t = 2A\cos(\omega t + \pi)$$

(2) $v = \dfrac{\text{d}\xi}{\text{d}t} = -2A\omega\sin(\omega t + \pi) = 2A\omega\sin\omega t$

6. 选题目的：已知某点的振动表达式求波函数，入射波与反

射波叠加。

解 （1）任意点 $P(x)$ 的振动相位比 a 点落后 $k_1(d+x)$，$k_1 = \dfrac{\omega}{u_1}$，则在 I 区入射波的波函数为

$$\xi_{1\text{入}} = A\cos\omega\left(t - \dfrac{d+x}{u_1}\right)$$

（2）入射波到达 S_1 面引起质点振动的表达式为

$$\xi_{1S_1} = A\cos\omega\left(t - \dfrac{d+l}{u_1}\right)$$

在 S_1 面上反射时有半波损失，反射波波函数为

$$\xi_{1\text{反}} = A_{1\text{反}}\cos\omega\left(t - \dfrac{d+l}{u_1} - \dfrac{\pi}{\omega} - \dfrac{l-x}{u_1}\right)$$

（3）入射波传到 S_2 面处，该质点的振动表达式为

$$\xi_{1S_2} = A\cos\omega\left(t - \dfrac{d+l}{u_1} - \dfrac{D}{u_2}\right)$$

在 S_2 面上反射时无半波损失，反射波经 II 区又回到 I 区，波函数为

$$\xi_{2\text{反}} = A_{2\text{反}}\cos\omega\left(t - \dfrac{d+l}{u_1} - \dfrac{D}{u_2} - \dfrac{D}{u_2} - \dfrac{l-x}{u_1}\right)$$

$$= A_{2\text{反}}\cos\omega\left(t - \dfrac{d+l}{u_1} - \dfrac{2D}{u_2} - \dfrac{l-x}{u_1}\right)$$

（4）$\xi_{1\text{反}}$ 与 $\xi_{2\text{反}}$ 在 I 区相遇叠加后振幅最大的条件是两波的相位差

$$\Delta\phi = \pi - \dfrac{2\omega D}{u_2} = 2m\pi, \quad m = 0, \pm 1, \pm 2, \cdots$$

由上式解得

$$D = \dfrac{u_2}{2\omega}(\pi \mp 2m\pi)$$

则当 $m = 0$ 时 $D = D_{\min}$

$$D_{\min} = \dfrac{u_2 \pi}{2\omega}$$

7. 选题目的：已知入射波波形曲线求反射波波形曲线（有半波损失的情形）。

解 由于 BC 为波密媒质的界面，波在此界面上反射时有半波损失，因而反射波在 P 点的振动与入射波在 P 点的振动会反相。画出反射波的波形曲线如附图 5.11 所示。

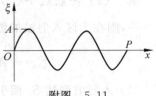

附图 5.11

8. 选题目的：驻波的形成及其能量特性。

解 （1）从题图所给的向 $+\hat{x}$ 传播的波形曲线可预知在 $t+\Delta t$ 时刻 O 点处的质元的振动位移为 $-\xi$，为满足题设的 O 点为波腹，则 $t+\Delta t$ 时刻向 $-\hat{x}$ 传播的波在 O 点的质元振动位移亦应为 $-\xi$，据此可知 t 时刻该 $-\hat{x}$ 向传播的波在 O 点质元振动过平衡位置。从而可画出 $-\hat{x}$ 向传播的波形曲线如附图 5.12 中实曲线所示。图中虚曲线是 $+\hat{x}$ 向传播的波形曲线。

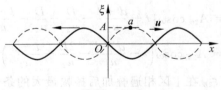

附图 5.12

两曲线在 t 时刻合成后，各质元的振动均正通过平衡位置，即此时刻驻波的波形图为与 x 轴重合的直线。驻波图略。

（2）由题知 O 点为波腹，该时刻两行波在 O 处质元的势能最大、动能最大，故能量密度最大为 $w_O = w_k = 2\rho\omega^2 A^2$。

驻波在 a 点处为波节，该时刻两行波在 a 处质元的动能、势能均为零，故能量密度为零，即

$$w_a = 0$$

第 6 章 光　　学

6.1 光的干涉

1. 选题目的：光程差、相位差的计算。

解 光线在玻璃片内折射如附图 6.1 中 AB 所示,透出后 BE 与入射线平行。若光线未经玻璃片应是 ADF,由图可知,对光线 1,2 来说,从 B 和 D 到屏上的 E 和 F 没有附加光程差。因此对有、无玻璃片的两光线 ABE 与 ADF 的光程差为

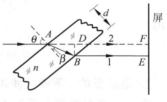

附图 6.1

$$\Delta L = n\overline{AB} - n_0 \overline{AD}$$
$$= n\frac{d}{\cos\beta} - \frac{d}{\cos\beta}\cdot\cos(\theta-\beta)$$
$$= \frac{d}{\cos\beta}(n - \cos\theta\cdot\cos\beta - \sin\theta\sin\beta)$$

又 $n_0\sin\theta = n\sin\beta, n_0 = 1$,代入上式得

$$\Delta L = d(\sqrt{n^2 - \sin^2\theta} - \cos\theta)$$

相位改变

$$\Delta\phi = \frac{2\pi}{\lambda}\Delta L$$
$$= \frac{2\pi d}{\lambda}(\sqrt{n^2 - \sin^2\theta} - \cos\theta)$$

2. 选题目的：双缝干涉的应用。

解 空气中双缝干涉条纹第三级明纹位置

$$x_3 = 3\frac{D}{d}\lambda$$

液体中双缝干涉条纹第四级明纹位置

$$x'_4 = 4\frac{D}{nd}\lambda$$

由题意知

$$x_3 = x'_4$$

即

$$3\frac{D}{d}\lambda = 4\frac{D}{nd}\lambda$$

可得

$$n = \frac{4}{3} = 1.33$$

3. 选题目的：薄膜干涉条纹与波长的关系。

解 薄膜两表面上反射光干涉增强条件为

$$2ne + \frac{\lambda}{2} = k\lambda$$

$$\lambda = \frac{4ne}{2k-1} = \frac{4 \times 1.33 \times 3800}{2k-1}$$

可见光范围内：

$$k=2, \quad \lambda = \frac{4 \times 1.33 \times 3800}{2 \times 2 - 1} = 6739\text{Å} \quad \text{红色}$$

$$k=3, \quad \lambda = \frac{4 \times 1.33 \times 3800}{2 \times 3 - 1} = 4043\text{Å} \quad \text{紫色}$$

透射光干涉增强条件即反射光干涉减弱条件为

$$2ne + \frac{\lambda}{2} = (2k+1)\frac{\lambda}{2}$$

$$\lambda = \frac{2ne}{k}$$

可见光范围内：

$$k=2, \quad \lambda = \frac{2 \times 1.33 \times 3800}{2} = 5054\text{Å} \quad \text{绿色}$$

4. **选题目的**：薄膜等厚干涉的计算。

解 太阳光照射到油膜上可观察到彩色干涉条纹,颜色从红、黄、绿、蓝、紫依次排列,相应的波长则依次减小,对应油膜厚度亦逐渐减小。由题已知在 A,B 两点之间所观察到的干涉条纹颜色依次为黄、绿、蓝,这应是一级干涉条纹。之后又看到红、黄这对应出现了低一级次的干涉条纹。产生这两级干涉条纹相对应的薄膜厚度差所引起的光程之差应等于一个黄光波长 $\lambda_{黄}$,太阳光是垂直入射,则有

$$2n(e_A - e_B) = \lambda_{黄}$$

从上式可以求出 A,B 两点之间油膜的厚度差

$$e_A - e_B = \frac{\lambda_{黄}}{2n} = \frac{580 \times 10^{-9}}{2 \times 1.50} = 193 \text{nm}$$

又当观察到 A,B 两点间干涉条纹颜色从黄、绿、蓝后又出现绿、黄,这表明相应的波长从 $\lambda_{黄}$ 先依次减小后又增大到 $\lambda_{黄}$,则对应的油膜厚度变化是从 A 点先减小后又增大,到 B 点还是原来的厚度,所以 A,B 两点间的厚度差 $e_A - e_B = 0$。

5. **选题目的**：劈尖干涉条纹计算。

解 由劈尖等厚干涉明纹公式：

$$l\sin\theta = \frac{\lambda}{2}, l \text{ 为相邻明纹间隔}$$

$$l = \frac{\lambda}{2\sin\theta} = \frac{6800 \times 10^{-8}}{2 \times \frac{0.048}{120}} = 0.085 \text{cm}$$

明纹条数 $k = \frac{L}{l} = \frac{12}{0.085} = 141$ 条。

6. **选题目的**：光程及双缝干涉条纹计算。

解 未加玻璃片时,第五级亮纹的光程差 $\delta_5 = 5\lambda$,中央亮纹的光程差 $\delta_0 = 0$。

加玻璃片后,第五级亮纹移至中央亮纹处,这说明两束光经玻璃片后到达 O 点已有光程差 5λ,因而有

$$\delta = (n_2 - 1)d - (n_1 - 1)d = 5\lambda$$

解得

$$d = \frac{5\lambda}{n_2 - n_1} = \frac{5 \times 4800}{1.7 - 1.4} = 8 \times 10^4 \text{Å} = 8\mu\text{m}$$

第五级亮纹移至 O 点，说明干涉条纹自上向下移动，即朝折射率大的玻璃片(n_2)方向移动。

7. 选题目的：通过薄膜干涉求膜厚。

解 设膜厚 d，由薄膜干涉加强和减弱的条件有如下关系式：

加强 $2nd + \frac{\lambda_1}{2} = k\lambda_1$

减弱 $2nd + \frac{\lambda_2}{2} = (2k+1)\frac{\lambda_2}{2}$

解上两式得

$$k = \frac{\lambda_1}{2(\lambda_1 - \lambda_2)} = \frac{6300}{2 \times (6300 - 5250)} = 3$$

将 k 代入"减弱"关系式可得

$$d = \frac{1}{2n}k\lambda_2 = \frac{3 \times 5250}{2 \times 1.33} = 5921\text{Å}$$

8. 选题目的：增透膜膜厚计算。

解 如附图 6.2 所示，光线垂直表面入射时，反射光 1,2（为便于分辨反射光未画垂直）的光程差为

$$2n_3 h = (2k+1)\frac{\lambda}{2} \quad k = 0, 1, 2, \cdots$$

这时，反射光为相消干涉。当 $k=0$ 时，$h = h_{\min}$，因此

$$h_{\min} = \frac{\lambda}{4n_3} = \frac{5000}{4 \times 1.38} = 906\text{Å}$$

9. 选题目的：牛顿环干涉条纹计算。

解 设某暗环半径为 r，由附图 6.3 所示几何关系，近似有

$$e \approx \frac{r^2}{2R} \qquad ①$$

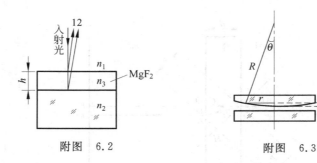

附图 6.2　　　　　　附图 6.3

由空气膜上、下两表面的反射光干涉减弱条件：

$$2e + 2e_0 + \frac{\lambda}{2} = (2k+1)\frac{\lambda}{2} \quad k\text{ 为整数} \qquad ②$$

将式①代入式②可得

$$r = \sqrt{R(k\lambda - 2e_0)}$$

其中 k 为整数，且 $k > 2e_0/\lambda$。

10. **选题目的**：迈克耳逊干涉仪的应用，光程差改变对应干涉条纹移动数的计算。

解　如附图 6.4 所示，补偿板 G 在 $\alpha = 45°$ 时光路为 $SABF$，设补偿板在偏转时以接触点 A 为转动中心，G 转至竖直时光路为 $SACDE$，则由 $\alpha = 45°$ 转至竖直时，光程差为

$$\Delta = nAB + n_0 BF - (nAC + n_0 CE) \qquad ①$$

由图知

$$AH = AC = d, \quad AE = L \qquad ②$$

在直角 $\triangle ABH$ 和 $\triangle ABD$ 中，

$$AB = \frac{AH}{\cos i} = \frac{d}{\cos i} \qquad ③$$

$$AD = AB\cos(\alpha - i) = \frac{d}{\cos i}\cos(\alpha - i) \qquad ④$$

另有

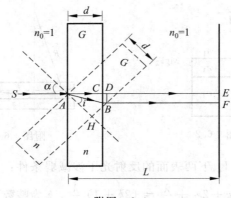

附图 6.4

$$DE = BF \quad ⑤$$

将几何关系及式②,③,④,⑤代入式①有

$$\Delta = nAB + n_0(AE - AD) - [nAC + n_0(AE - AC)]$$
$$= \frac{nd}{\cos i} + n_0\left[L - \frac{d}{\cos i}\cos(\alpha - i)\right] - [nd + n_0(L - d)]$$
$$= \frac{nd}{\cos i} - \frac{n_0 d}{\cos i}(\cos\alpha\cos i - \sin\alpha\sin i) - nd + n_0 d$$
$$= d\sqrt{n^2 - n^2\sin^2 i} - n_0 d\cos\alpha - nd + n_0 d$$

将 $n\sin i = n_0\sin\alpha$ 代入上式得

$$\Delta = d\sqrt{n^2 - n_0^2\sin^2\alpha} - n_0 d\cos\alpha - nd + n_0 d$$

代入已知数据得

$$\Delta = 2 \times \sqrt{1.414^2 - \sin^2 45°} - 2 \cdot \cos 45° - 1.414 \times 2 + 2$$
$$= 0.207 \text{ mm}$$

由此可计算干涉亮条纹移动的条数为

$$N = \frac{\Delta}{\lambda/2} = \frac{2 \times 0.207 \times 10^{-3}}{632.8 \times 10^{-9}} = 654$$

6.2 光的衍射

1. 选题目的:单缝衍射图样与波长的关系。

解 (1) 由单缝衍射公式,对 λ_1 和 λ_2 分别有

$$a\sin\theta_1 = \lambda_1$$
$$a\sin\theta_2 = 2\lambda_2$$

由题意知 $\theta_1 = \theta_2$,从而可得

$$\lambda_1 = 2\lambda_2$$

(2) λ_1 的单缝衍射极小是

$$a\sin\theta_1 = k_1\lambda_1 = 2k_1\lambda_2 \quad k_1 = 1,2,3,\cdots$$

λ_2 的单缝衍射极小是

$$a\sin\theta_2 = k_2\lambda_2, \quad k_2 = 1,2,3,\cdots$$

由此可知,当 $\theta_1 = \theta_2$ 即 $k_2 = 2k_1$ 时的各级暗纹均相重合。

2. 选题目的:光栅衍射方程的应用。

解 由题意,检验仅含红、蓝两种单色成分的光谱,故应先求出在 $\theta = 24.46°$ 处出现的红、蓝谱线的波长 λ_R, λ_B。红、蓝谱线同时出现在 θ 角,应满足光栅衍射方程,即

$$d\sin\theta = k_R\lambda_R = k_B\lambda_B \qquad ①$$

由式①: $k_R = \dfrac{d\sin\theta}{\lambda_R}$ 代入 λ_R 为 $0.63 \sim 0.76\mu m$ 得 k_R 为 $2.2 \sim 1.8$

$k_B = \dfrac{d\sin\theta}{\lambda_B}$ 代入 λ_B 为 $0.43 \sim 0.49\mu m$ 得 k_B 为 $3.2 \sim 2.8$

综上结果,应取 $k_R = 2, k_B = 3$,代入方程①可求出

$$\lambda_R = \frac{\lambda\sin\theta}{k_R} = \frac{\frac{10}{3}\sin24.46°}{2} = 0.69\mu m$$

$$\lambda_B = \frac{d\sin\theta}{k_B} = \frac{\frac{10}{3}\sin24.46°}{3} = 0.46\mu m$$

这是满足题意的两单色光的波长。下面分别解题(1)和(2)。

(1) 当 λ_R, λ_B 谱线同时出现在衍射角 θ，应满足方程①，可得如下关系：

$$\frac{k_B}{k_R} = \frac{\lambda_R}{\lambda_B} = \frac{0.69}{0.46} = \frac{3}{2} = \frac{6}{4} = \frac{9}{6} = \cdots \quad ②$$

但因 $\sin\theta \leqslant 1$，由方程①可求得 λ_R, λ_B 谱线可能出现的最大级次，即

$$k_R \leqslant \frac{d}{\lambda_R} = \frac{10/3}{0.69} \approx 4.8$$

$$k_B \leqslant \frac{d}{\lambda_B} = \frac{10/3}{0.46} \approx 7.2$$

由此，只能取 $\frac{k_B}{k_R} = \frac{3}{2} = \frac{6}{4}$，将 $k_B=6$ 或 $k_R=4$ 代入方程①可求得衍射角

$$\theta = \arcsin\frac{k_B \lambda_B}{d} = \arcsin\frac{6 \times 0.46}{10/3} = 55.9°$$

说明在 $\theta = 55.9°$ 处红光 λ_R、蓝光 λ_B 两单色谱线又同时出现。

(2) 由式②知红光 λ_R 谱线的第一级和第三级未与蓝光 λ_B 谱线相重，是单独出现的，由方程①可求出这两处的衍射角 θ_1 和 θ_3：

$$d\sin\theta_1 = \lambda_R, \quad \theta_1 = \arcsin\frac{\lambda_R}{d} = \arcsin\frac{0.69}{10/3} = 11.9°$$

$$d\sin\theta_3 = 3\lambda_R, \quad \theta_3 = \arcsin\frac{3\lambda_R}{d} = \arcsin\frac{3 \times 0.69}{10/3} = 38.4°$$

3. 选题目的：光栅光谱的计算。

解 (1) 白光第一级光谱满足方程

$$d\sin\theta_1 = \lambda \quad ①$$

将 $\lambda_{\min} = 400 \text{ nm}$ 和 $\lambda_{\max} = 700 \text{ nm}$ 分别代入方程①得

$$\theta_{\min} = \arcsin\frac{\lambda_{\min}}{d} = \arcsin\frac{400 \times 10^{-6}}{1/600} = 13°53'$$

$$\theta_{\max} = \arcsin\frac{\lambda_{\max}}{d} = \arcsin\frac{700\times10^{-6}}{1/600} = 24°50'$$

则白光第一级光谱的角宽度 $\Delta\theta_1 = \theta_{\max} - \theta_{\min} = 24°50' - 13°53' = 10°57'$。

(2) 由光栅光谱方程

$$d\sin\theta = k\lambda \qquad ②$$

可分别求出 θ_{3P} 和 θ_{2R}，即

$$\theta_{3P} = \arcsin\frac{3\lambda_P}{d} = \arcsin\frac{3\times400\times10^{-6}}{1/600} = 46.05°$$

$$\theta_{2R} = \arcsin\frac{2\lambda_R}{d} = \arcsin\frac{2\times700\times10^{-6}}{1/600} = 57.14° > \theta_{3P}$$

此结果说明白光第三级谱线与第二级谱线重叠。

(3) 由于光栅衍射的光强分布受到单缝衍射的调制，因此只有在单缝衍射的中央明纹范围内才能有较强的谱线。又在同一级衍射中波长 λ 越大所对应的衍射角 θ 就越大，欲使白光第二级光谱全部出现在单缝衍射的中央明纹范围内，就必令红光波长 λ_R 同时满足以下两方程，即

$$d\sin\theta_{2R} = 2\lambda_R \qquad ③$$

$$a\sin\theta_{2R} = \lambda_R \qquad ④$$

解式③，④可得

$$a = \frac{d}{2} = \frac{1/600}{2} = 8.34\times10^{-4}\text{ mm}$$

4. **选题目的**：应用光栅方程求光栅常数及光的波长。

解 (1) 由光栅方程，对 λ_1 有

$$d\sin30° = 3\lambda_1$$

$$d = \frac{3\lambda_1}{\sin30°} = \frac{3\times5.6\times10^{-5}}{0.5} = 3.36\times10^{-4}\text{ cm}$$

(2) 对 λ_2 有

$$d\sin30° = 4\lambda_2$$

$$\lambda_2 = \frac{d\sin 30°}{4} = \frac{3.36 \times 10^{-4} \times 0.5}{4} = 4200 \text{Å}$$

5. **选题目的**：光栅衍射图样缺级分析。

解 由题意知，缝宽 a 与不透光部分宽度 b 相等，则 $d=a+b=2a$。可知对此光栅其衍射光谱的 ± 2，± 4 各级谱线缺级，因而中央明纹一侧的第一、二条明纹应是第一、三级谱线。

6. **选题目的**：应用光栅方程求谱线级次，并由谱线位置求光栅常数。

解 (1) 由题意，λ_1 的 k 级谱线与 λ_2 的 $(k+1)$ 级谱线重合，即 $\theta_1 = \theta_2$。由

$$d\sin\theta_1 = k\lambda_1$$
$$d\sin\theta_2 = (k+1)\lambda_2$$

可得

$$k\lambda_1 = (k+1)\lambda_2$$

则

$$k = \frac{\lambda_2}{\lambda_1 - \lambda_2} = \frac{4000}{6000-4000} = 2$$

(2) 由于 $\frac{x}{f} \ll 1$，$\sin\theta_1 \approx \tan\theta_1 = \frac{x}{f}$，则

$$d = \frac{k\lambda_1 f}{x} = \frac{2 \times 6 \times 10^{-5} \times 50}{3} = 2 \times 10^{-3} \text{cm}$$

7. **选题目的**：求望远镜的最小分辨角。

解 由最小分辨角公式可求出

$$\delta\theta = 1.22 \frac{\lambda}{D} = 1.22 \times \frac{5500 \times 10^{-10}}{1.20} = 5.59 \times 10^{-7} \text{rad}$$

8. **选题目的**：光学仪器分辨率计算。

解 设人眼的最小分辨角为 $\delta\theta$，汽车与人的距离为 S，两灯相距为 l，则

第 6 章 光　学

$$\delta\theta = 1.22 \frac{\lambda}{D}$$

又

$$S \cdot \delta\theta \approx l$$

则

$$S = \frac{l}{\delta\theta} = \frac{lD}{1.22\lambda} = \frac{1 \times 3 \times 10^{-3}}{1.22 \times 5.5 \times 10^{-7}} = 4.47 \times 10^3 \text{ m}$$

6.3　光的偏振

1. **选题目的**：马吕斯定律的应用。

解　(1) 自然光 I_1 通过 P_1 后是光强为 $I_1/2$ 的线偏振光，其光振动方向与 P_2 的偏振化方向夹角为 θ，因此这束光透过 P_2 后光强为 $\frac{I_1}{2}\cos^2\theta$。

线偏振光 I_2 透过 P_1，P_2 后光强为 $I_2\cos^2\alpha\cos^2\theta$。

以上两束光为非相干光，叠加后的光强是

$$I = \left(\frac{I_1}{2} + I_2\cos^2\alpha\right)\cos^2\theta$$

(2) 令 $\theta=0$ 或 $\theta=\pi$，有

$$I_{\max} = \frac{I_1}{2} + I_2\cos^2\alpha$$

P_2 与 P_1 的偏振化方向平行。

2. **选题目的**：二分之一波片、四分之一波片对光的偏振态的影响。

解　(1) 线偏振光垂直入射到二分之一波片后，在波片内分为 o 光和 e 光，有相位差 π。o 光与 e 光光振动方向互相垂直，合成后光矢量端点轨迹是直线，即仍是线偏振光，而振动面旋转了 $2\times 45°$ 即 $90°$。

(2) 线偏振光垂直入射到四分之一波片，o 光与 e 光有 π/2 的

相位差,又两光矢量的大小相等,合成后光矢量矢端轨迹是一圆,这就是圆偏振光。

3. **选题目的**:马吕斯定律的应用。

解 设自然光光强为 I_0,通过第一个偏振片光强减半,又因为有吸收,则此线偏振光的光强为 $\dfrac{I_0}{2} \times 90\%$。它再通过第二个偏振片,又考虑到偏振片对光的吸收,光强为

$$I = \frac{I_0}{2} \times 90\% \times \cos^2 60° \times 90\%$$

可得

$$\frac{I}{I_0} = \frac{1}{2} \times 0.9^2 \times \left(\frac{1}{2}\right)^2 = \frac{81}{800} = 0.101$$

4. **选题目的**:判断偏振态和计算光强。

解 (1)分析各区的偏振态

1 区:自然光通过偏振片 P_1 后,出射光为沿 P_1 偏振化方向的线偏振光,振幅为 A_1。

2 区:线偏振光经四分之一波片后,分解为沿光轴方向的 e 光,振幅 $A_{e1} = A_1 \cos 60°$;另一为垂直于光轴方向的 o 光,振幅 $A_{o1} = A_1 \cos 30°$,它们相差 $\Delta\varphi = \pi/2$,合成椭圆偏振光。

3 区:上述 e 光、o 光经偏振片 P_2 后,均为沿 P_2 偏振化方向的线偏振光,二者相差 $\Delta\varphi = \pi/2$,振幅 $A_{e2} = A_{e1}\cos 30° = A_1\cos 60°\cos 30°$,$A_{o2} = A_{o1}\cos 60° = A_1\cos 30°\cos 60°$,$A_{e2} = A_{o2}$。

(2)计算光强

1 区:$I_1 = \dfrac{1}{2} I_0$

2 区:$A_2^2 = A_{e1}^2 + A_{o1}^2 + 2A_{e1}A_{o1}\cos\Delta\varphi$
$= A_1^2 \cos^2 60° + A_1^2 \sin^2 60°$
$= A_1^2$

$$I_2 = I_1 = \frac{1}{2}I_0$$

3 区：$A_3^2 = A_{e2}^2 + A_{o2}^2 + 2A_{e2}A_{o2}\cos\Delta\varphi$

$$= 2A_1^2\cos^2 60° \cdot \cos^2 30° = \frac{3}{8}A_1^2$$

$$I_3 = \frac{3}{8}I_1 = \frac{3}{16}I_0$$

5. 选题目的：布儒斯特定律的应用。

解 当 $r=30°$ 时，反射光为线偏振光，这时 $i_0 + r = \frac{\pi}{2}$，由折射定律

$$n_0\sin i_0 = n\sin r$$

$$n = \frac{\sin i_0}{\sin r} = \frac{\sin\left(\frac{\pi}{2} - 30°\right)}{\sin 30°} = 1.732$$

反射光光矢量振动方向垂直于入射面。

6. 选题目的：光在晶体中双折射的分析。

解 （1）线偏振光在晶体内分为 o 光和 e 光，其波长为

$$\lambda_o = \frac{\lambda}{n_o} = \frac{5890}{1.658} = 3552\text{Å}$$

$$\lambda_e = \frac{\lambda}{n_e} = \frac{5890}{1.486} = 3964\text{Å}$$

（2）方解石是负晶体，垂直于光轴方向 $v_e > v_o$，o 光子波波面为球面，半径为 $v_o\Delta t$，e 光子波波面为旋转椭球面，长半径为 $v_e\Delta t$，如附图 6.5 所示。

7. 选题目的：布儒斯特定律的应用。

解 由题意知全反射临界角 $i_c = 45°$，只当 $n_2 > n_1$ 时才会有全反射，如附图 6.6 所示。由折射定律

$$n_2\sin i_c = n_1\sin\frac{\pi}{2}$$

$$\frac{n_2}{n_1} = \frac{\sin\frac{\pi}{2}}{\sin i_c} = \frac{1}{\sin i_c}$$

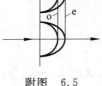

附图 6.5 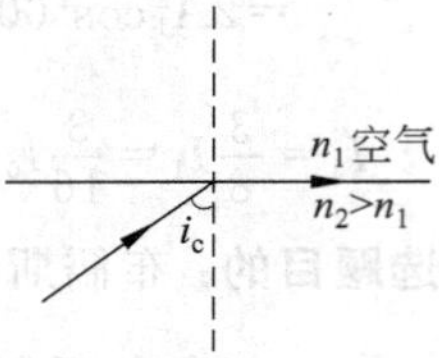   附图 6.6

设布儒斯特角 i_0，由布儒斯特定律：

$$\tan i_0 = \frac{n_2}{n_1} = \frac{1}{\sin i_c}$$

$$i_0 = \arctan\frac{1}{\sin i_c} = \arctan\frac{1}{\sin 45°} = 54.7°$$

8. 选题目的：马吕斯定律的应用。

解 如附图 6.7 所示，t 时刻偏振片 P_3 转过的角度 $\theta = \omega t$，自然光通过这个系统后的光强

$$I = \frac{1}{2}I_0\cos^2\theta\sin^2\theta$$

$$= \frac{I_0}{2}\left(\frac{1}{2}\sin 2\theta\right)^2$$

$$= \frac{I_0}{8}(1-\cos^2 2\theta)$$

$$= \frac{I_0}{8}\left[1-\frac{1}{2}(\cos 4\theta+1)\right]$$

$$= \frac{I_0}{16}(1-\cos 4\theta) = \frac{I_0}{16}(1-\cos 4\omega t)$$

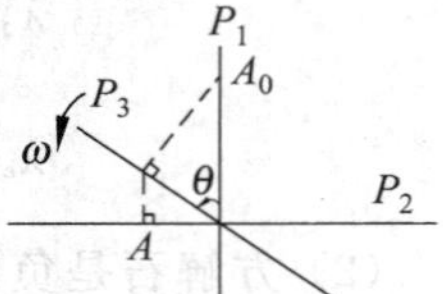

附图 6.7

9. 选题目的：用惠更斯作图法说明晶体双折射。

解 设方解石晶体的光轴方向如附图 6.8 所示。自然光垂直入射到晶体表面 A 处，按惠更斯作图法画出 o 光子波波面即球面和 e 光子波波面即旋转椭球面。两波面与入射面的交线分别为 o 光的半圆和 e 光的部分椭圆，如图所示。

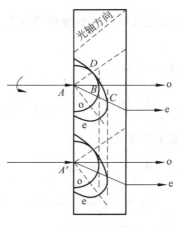

附图 6.8

方解石是负晶体，沿光轴方向 $v_e = v_o$，两波面相切于点 D；在与光轴垂直方向 $v_e > v_o$，e 光波面椭圆长轴大于 o 光波面圆半径。同理在 A' 处画出 o 光、e 光子波波面。作 o 光两个波面的公切线，连接 A 与切点 B，即 o 光其方向未变。再作 e 光两个波面的公切线，连接 A 与切点 C，是 e 光光线，可见 e 光折向一侧。在晶体中分成不同方向的 o 光和 e 光两条光线，即双折射。

从晶体到空气 o 光垂直表面，方向不变；e 光要折射，因晶体两表面平行，故折射线与入射线平行，如附图所示。这是双折射后的两条出射光线。

当晶体以入射线为轴旋转时，o 光方向不变，由于光轴方向随晶体旋转而旋转，e 光亦将随之旋转。例如当晶体从原图方向转 180°，e 光将以原图中 o 光的下方转到上方。

第 7 章 量子物理

1. **选题目的**：光电效应的各种参量的计算。

解 （1）

$$\frac{hc}{\lambda} - A = \frac{1}{2}mv_{\max}^2$$

$$v_{\max} = \sqrt{\frac{2}{m}\left(\frac{hc}{\lambda} - A\right)} = 6.77 \times 10^5 \,\text{m/s}$$

（2）设 V_0 为截止电压，则

$$eV_0 = \frac{1}{2}mv_{\max}^2$$

$$V_0 = \frac{mv_{\max}^2}{2e} = 1.30\,\text{V}$$

2. **选题目的**：康普顿散射的计算。

解 （1）根据康普顿散射公式：

$$\lambda - \lambda_0 = \Delta\lambda = \frac{h}{m_0 c}(1 - \cos\varphi) = 0.0032\,\text{Å}$$

则

$$\lambda = \lambda_0 + \Delta\lambda = 0.027\,\text{Å}$$

（2）同理有

$$\lambda' - \lambda_0 = \Delta\lambda' = \frac{h}{m_0 c}(1 - \cos\varphi') = 0.036 \times 10^{-10}\,\text{m}$$

$$\lambda' = \lambda_0 + \Delta\lambda = 0.06\,\text{Å}$$

3. **选题目的**：理解光电效应和康普顿散射中光子与电子相互作用的异同。

解 光电效应和康普顿散射中，与光子作用的电子是原子的外层电子,外层电子的束缚能数量级是 eV。

光电效应所用的光是可见光,光子能量的数量级也是 eV。电子同时还受到离子的相互作用,此作用与光子的能量同一数量级,在碰撞过程中不能忽略。因此在光电效应中电子不是自由的。

康普顿散射中所用的光是 X 射线,光子的能量在 10^4 eV 以上,远远大于电子束缚能。而电子与离子间的相互作用能远小于光子的能量,在碰撞过程中可以忽略不计。所以在康普顿散射中电子是自由的。

4. **选题目的**:康普顿散射的计算。

解 由康普顿散射公式及 $\lambda_C = 2.43 \times 10^{-3}$ nm 可求散射波波长

$$\lambda = \lambda_0 + \Delta\lambda = \lambda_0 + \lambda_C(1-\cos\varphi)$$
$$= 0.0708 + 2.43 \times 10^{-3}(1-\cos\pi) = 0.0756 \text{nm}$$

据能量守恒,反冲电子获得的能量等于入射光子损失的能量,即

$$\Delta E = h(\nu_0 - \nu) = h\left(\frac{c}{\lambda_0} - \frac{c}{\lambda}\right) = \frac{hc(\lambda - \lambda_0)}{\lambda_0 \lambda} = \frac{2hc\lambda_C}{\lambda_0 \lambda}$$
$$= \frac{2 \times 6.63 \times 10^{-34} \times 3 \times 10^8 \times 2.43 \times 10^{-12}}{0.0708 \times 0.0756}$$
$$= 1.81 \times 10^{-16} \text{J} = 1.13 \times 10^3 \text{eV}$$

5. **选题目的**:氢原子在跃迁辐射过程中反冲速率的计算。

解 以 $p = m_H v$ 表示氢原子的反冲动量,在跃迁辐射过程中氢原子和光子能量守恒和动量守恒,有

$$\frac{p^2}{2m_H} + h\nu = E_3 - E_1 \qquad ①$$

$$p = m_H v = \frac{h\nu}{c} \qquad ②$$

解式①和式②得

$$h\nu\left(\frac{h\nu}{2m_\text{H}c^2}+1\right)=E_3-E_1 \qquad ③$$

又因 $h\nu<|E_1|=13.6\text{eV}$；$m_\text{H}c^2=1.67\times10^{-27}\times9\times10^{16}\text{J}=939\text{MeV}\gg h\nu$，则式③简化为

$$h\nu=E_3-E_1 \qquad ④$$

由式②，氢原子的反冲速率为

$$v=\frac{h\nu}{m_\text{H}c}$$

将式④代入得

$$v=\frac{E_3-E_1}{m_\text{H}c}=\frac{\left(\frac{1}{3^2}-1\right)(-13.6)\times1.6\times10^{-19}}{1.67\times10^{-27}\times3\times10^8}$$
$$=3.86\text{m/s}$$

6. 选题目的：氢原子的能级跃迁。

解 设初始状态能量为 E_i，激发态能量为 E_f。由玻尔频率条件

$$h\nu=E_\text{i}-E_\text{f} \qquad ①$$

由已知

$$\Delta E=E_\text{f}-E_1 \qquad ②$$

解式①，②可求得

$$E_\text{i}=h\nu+\Delta E+E_1=\frac{hc}{\lambda}+\Delta E+E_1$$
$$=\frac{6.63\times10^{-34}\times3\times10^8}{486.0\times10^{-9}\times1.6\times10^{-19}}+10.19+(-13.6)$$
$$=-0.85\text{eV}$$

因 $E_\text{i}=\dfrac{E_1}{n_\text{i}^2}$，则初始状态主量子数

$$n_\text{i}=\sqrt{\frac{E_1}{E_\text{i}}}=\sqrt{\frac{-13.6}{-0.85}}=4$$

7. 选题目的：实物粒子波粒二象性参量的计算。

解 （1）

$$\lambda = \frac{h}{mv}$$

$$v = \frac{h}{m\lambda} = 3.96 \times 10^6 \,\text{m/s}$$

（2）

$$qU = \frac{1}{2}mv^2$$

$$U = \frac{mv^2}{2q} = 8.18 \times 10^4 \,\text{V}$$

8. **选题目的**：氢原子能量的计算。

解 （1）根据氢原子能量公式有

$$E_4 - E_1 = -\frac{me^4}{8\varepsilon_0^2 h^2}\left(\frac{1}{4^2} - \frac{1}{1^2}\right) = 12.8 \,\text{eV}$$

（2） $E = -\dfrac{me^4}{8\varepsilon_0^2 h^2}\dfrac{1}{n^2}$ $(n=1,2,3,\cdots)$

$n=1 \quad E_1 = -13.6\,\text{eV}$

$n=2 \quad E_2 = -3.40\,\text{eV}$

$n=3 \quad E_3 = -1.51\,\text{eV}$

$n=4 \quad E_4 = -0.850\,\text{eV}$

$4 \to 1 \quad E_4 - E_1 = 12.8\,\text{eV}$

$4 \to 2 \quad E_4 - E_2 = 2.55\,\text{eV}$

$4 \to 3 \quad E_4 - E_3 = 0.66\,\text{eV}$

$3 \to 1 \quad E_3 - E_1 = 12.1\,\text{eV}$

$3 \to 2 \quad E_3 - E_2 = 1.89\,\text{eV}$

$2 \to 1 \quad E_2 - E_1 = 10.2\,\text{eV}$

$\cdots n = \infty$

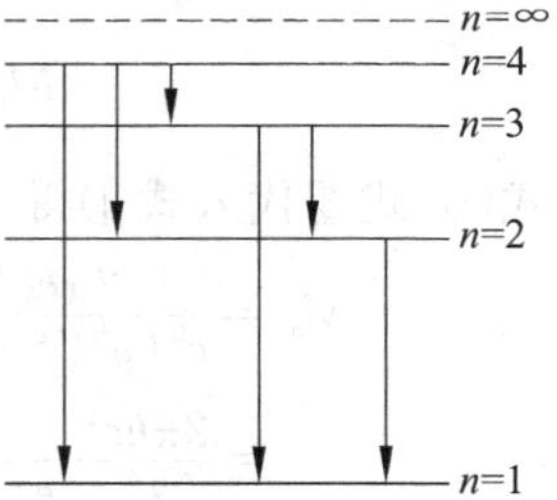

附图 7.1

9. **选题目的**：黑体辐射规律的应用。

解 根据斯特藩-玻耳兹曼定律

$$M = \sigma T^4$$

再由维恩位移定律 $T\lambda_m = b$，联立以上二式有

$$\lambda_m = \frac{b}{\sqrt[4]{\dfrac{M}{\sigma}}} = 2.89 \times 10^{-6}\,\text{m}$$

10. 选题目的：黑体辐射公式的两种形式。

解 设黑体辐射按波长分布的光谱辐射出射度为 M_λ，按频率分布的光谱辐射出射度为 M_ν。由分布函数的意义，应有 $M_\lambda |d\lambda| = M_\nu d\nu$，则

$$M_\lambda = M_\nu \left|\frac{d\nu}{d\lambda}\right| \qquad ①$$

又因 $\nu = \dfrac{c}{\lambda}$，则

$$|d\nu| = \left|\frac{c}{\lambda^2}\right| d\lambda \qquad ②$$

且已知

$$M_\nu = \frac{2\pi h\nu^3}{c^2(e^{h\nu/kT} - 1)} \qquad ③$$

将式②，式③代入式①得

$$M_\lambda = \frac{2\pi h\nu^3}{c^2(e^{h\nu/kT} - 1)} \cdot \frac{c}{\lambda^2} = \frac{2\pi hc^3}{\lambda^3 c^2(e^{hc/\lambda kT} - 1)} \cdot \frac{c}{\lambda^2}$$

$$= \frac{2\pi hc^2}{\lambda^5} \cdot \frac{1}{e^{hc/\lambda kT} - 1}$$

11. 选题目的：不确定关系的应用。

解 电子沿 x 轴方向运动的动量 $p_x = m_e v$，则 $\Delta p_x = m_e \Delta v$，代入坐标和动量的不确定关系，即

$$\Delta x \Delta p_x \geqslant \frac{\hbar}{2}$$

$$\Delta x \cdot m_e \Delta v \geqslant \frac{\hbar}{2}$$

可求出电子坐标的不确定量

$$\Delta x \geqslant \frac{\hbar}{2m_e \Delta v} = \frac{6.63 \times 10^{-34}}{2\pi \times 2 \times 9.11 \times 10^{-31} \times 1 \times 10^{-2}}$$
$$= 5.79 \times 10^{-3} \, \text{m}$$

12. 选题目的：定态波函数的应用。

解　（1）粒子处于基态时 $n=1$。在 $x=0$ 到 $x=\dfrac{a}{3}$ 之间找到粒子的概率为

$$\int_0^{a/3} |\psi_1(x)|^2 \, dx = \int_0^{a/3} \frac{2}{a} \sin^2 \frac{\pi x}{a} \, dx$$
$$= \frac{2}{\pi} \left(\frac{\pi}{6} - \frac{1}{4} \sin \frac{2\pi}{3} \right)$$
$$= \frac{1}{3} - \frac{\sqrt{3}}{4\pi} = 0.19$$

（2）$n=4$ 时，在 $x=0$ 到 $x=\dfrac{a}{3}$ 之间找到粒子的概率为

$$\int_0^{a/3} |\psi_4(x)|^2 \, dx = \int_0^{a/3} \frac{2}{a} \sin^2 \frac{4\pi x}{a} \, dx$$
$$= \frac{1}{2\pi} \left(\frac{2\pi}{3} - \frac{1}{4} \sin \frac{8\pi}{3} \right)$$
$$= \frac{1}{3} - \frac{\sqrt{3}}{16\pi} = 0.30$$

计算题参考答案

第1章 力　学

1.1 运动学

1. $v = a_0 t + \dfrac{a_0}{2\tau} t^2$, $\quad x = \dfrac{a_0}{2} t^2 + \dfrac{a_0}{6\tau} t^3$

2. $\boldsymbol{v} = -\dfrac{\sqrt{x^2 + h^2}}{x} v_0 \hat{\boldsymbol{x}}$, $\quad \boldsymbol{a} = -\dfrac{v_0^2 h^2}{x^3} \hat{\boldsymbol{x}}$

3. 0.705s,　0.715m

5. $v = 2.00\text{m/s}$；$a = 8.25\text{m/s}^2$,　$\boldsymbol{a}$ 与切向夹角为 13.6°

6. $(\cos\theta_0 \tan\theta_1 + \sin\theta_0) : (\cos\theta_0 \tan\theta_2 + \sin\theta_0)$

7. (1) $v_B = 5.00\text{m/s}$,　向南偏东 36.9°

   (2) $v_B = 5.00\text{m/s}$,　向南偏西 36.9°

1.2 牛顿定律

1. $a_{mM} = \dfrac{\left(1 + \dfrac{m}{M}\right)\sin\theta}{1 + \dfrac{m}{M}\sin^2\theta} g$

2. (1) $\omega_{\max} = \sqrt{\dfrac{(\sin\theta + \mu\cos\theta)g}{(\cos\theta - \mu\sin\theta)r}}$

   (2) $\omega_{\max} = 7.00\text{rad/s}$

3. 4.40m/s^2,　1.60N

4. (1) $T = 11.7\text{N}$　(2) $T = 12.1\text{N}$

5. $\dfrac{mgv_0\cos\theta}{mg+Av_0\sin\theta}$

6. $\dfrac{M\omega^2}{2L}(L^2-r^2)$

7. (1) $v=\sqrt{gL}$ (2) $d\geqslant\dfrac{\mu}{1+\mu}L$

8. $m_2\left(g+\dfrac{v_0^2}{l_1}+\dfrac{v_0^2}{l_2}\right)$

1.3 功、动能、动量、角动量定理

1. $I=\dfrac{mg}{\omega}\sqrt{\pi^2+4\tan^2\theta}$, $\alpha=\arctan\left(\dfrac{\pi}{2\tan\theta}\right)$

2. $N=\dfrac{mv_2}{\Delta t}+Mg$, $\Delta v=\dfrac{m}{M}v_1$

3. $v=\sqrt{\dfrac{g}{l}\left[(l^2-a^2)-\mu(l-a)^2\right]}$

*4. (1) $W=\dfrac{1}{2}\dfrac{F^2}{m}\Delta t^2$, $W'=\dfrac{F^2\Delta t^2}{2m}+Fu\Delta t$

5. (1) $-\mu_k Mgl$ (2) $-\dfrac{1}{2}kl^2$ (3) 0

   (4) $-\left(\mu_k Mgl+\dfrac{1}{2}kl^2\right)$

   (5) $\dfrac{\sqrt{\mu_k^2 M^2 g^2+v_0^2 kM}-\mu_k Mg}{k}$

6. (1) $W_1=k(r_b-r_a)$, $W_2=kS$

   (2) f_1 为保守力

1.4 动量守恒定律、角动量守恒定律、机械能守恒定律及其综合应用

1. $W=\dfrac{Mm^2gh\cos^2\theta}{(M+m)(M+m\sin^2\theta)}$, $S=\dfrac{mh\cos\theta}{(M+m)\sin\theta}$

2. $v=\dfrac{u}{2}$ 3. $\dfrac{mg}{k}\left[1+\sqrt{1+\dfrac{2kh}{(M+m)g}}\right]$

4. $\dfrac{m_B v_A^2}{2\mu g(m_A+m_B)}$ 5. 613km, 997km

6. (1) 0   (2) $\dfrac{v^2}{4g}$

1.5 刚体的定轴转动

1. $v=\left(\dfrac{12mgh}{4M+9m}\right)^{\frac{1}{2}}$

2. $\theta=\dfrac{g}{3R}t^2$ 4. $t=\dfrac{2m_2(v_1+v_2)}{\mu m_1 g}$

5. $\omega_B=\dfrac{J\omega_0}{J+mR^2},\quad v_B=\sqrt{2gR+J\omega_0^2 R^2/(mR^2+J)}$

   $\omega_C=\omega_0,\quad v_C=\sqrt{4gR}$

6. (1) $\dfrac{2\pi m}{M+m}$ (2) $\sqrt{\dfrac{2\pi^2 mMR^2}{(M+m)U_0}}$

7. (1) $\dfrac{2mv_0}{(2m+M)R}$ (2) $\dfrac{3mv_0}{2\mu(m+M)g}$

8. $\dfrac{12v_0}{7l}$

1.6 狭义相对论运动学

1. 1.54×10^{-13} s,先击中车头,后击中车尾。

2. (1) $u=\dfrac{3}{5}c$ (2) $-3c$, B 在 A 的 $-\hat{x}$ 方向发生

3. 正确答案为 $\Delta t=\left(\dfrac{1}{v'}+\dfrac{u}{c^2}\right)\dfrac{L'}{\sqrt{1-\left(\dfrac{u}{c}\right)^2}}$

4. 8s

5. (1) $-0.946c$ (2) 4.00s
6. (1) $20c$ m (2) $40c$ m
7. $0.988c$
*8. (1) 2:30 (2) 2:00 (B), 1:36 (B′)

1.7 狭义相对论动力学

1. (1) 1.38×10^{-25} kg (2) $0.9999c$
2. (1) 3.06 倍 (2) 2.42 倍
3. $2.31 m_0$
4. (1) $\Delta m = 1.39 \times 10^{-17}$ kg
   (2) $\Delta m = 4.66 \times 10^{-12}$ kg
5. $5 \times 10^{-3} m_0 c^2$, $4.9 m_0 c^2$
6. $E_{k\mu} = \dfrac{(m_\pi + m_\mu)^2 c^2}{2 m_\pi}$, $E_{k\nu} = \dfrac{(m_\pi^2 - m_\mu^2) c^2}{2 m_\pi}$

*7. $\sqrt{\dfrac{c+u}{c-u}}\,\nu$

第 2 章 静 电 场

2.1 电场强度

1. $\dfrac{\sqrt{2} q}{2 \varepsilon_0}$

2. -0.715 V/m,方向沿半径指向空隙。

3. 厚板内 $\rho x_1 / \varepsilon_0$,厚板外 $\rho d / 2\varepsilon_0$。
   对称面右侧垂直平板指向右方;
   对称面左侧垂直平板指向左方。

4. 0 ($0 \leqslant r \leqslant R_1$);

$\dfrac{Q}{4\pi\varepsilon_0 r^2}\dfrac{r^3-R_1^3}{R_2^3-R_1^3}(R_1\leqslant r\leqslant R_2)$;

$\dfrac{Q}{4\pi\varepsilon_0 r^2}(r>R_2)$

5. $\dfrac{\lambda^2}{4\pi\varepsilon_0}\ln\dfrac{4}{3}$，斥力

6. $\dfrac{\rho}{3\varepsilon_0}\boldsymbol{a}(\boldsymbol{a}$ 由 O_1 指向 $O_2)$

2.2 电势

1. $\dfrac{Q^2}{8\pi\varepsilon_0 a}$　2. 略　3. 45V，-15V

4. 圆柱体内 $-\dfrac{\rho r^2}{4\varepsilon_0}$；

圆柱体外 $-\dfrac{\rho R^2}{4\varepsilon_0}+\dfrac{\rho R^2}{2\varepsilon_0}\ln\dfrac{R}{r}(r=0$ 为电势零点)

5. (1) $\dfrac{\lambda}{4\pi\varepsilon_0}\ln\dfrac{(x-d)^2+y^2}{(x+d)^2+y^2}$ （两轴线连线中垂面为电势零点）

(2) $\dfrac{\lambda}{\pi\varepsilon_0}\ln\dfrac{2d-a}{a}$

6. $\dfrac{Q}{4\pi\varepsilon_0 L}\ln\dfrac{L+\sqrt{L^2+a^2}}{a}$，　$\dfrac{Q}{4\pi\varepsilon_0 z\sqrt{L^2+z^2}}$

2.3 静电场中的导体

1. (1) $\dfrac{-q}{4\pi\varepsilon_0 r^2}\hat{r}$，　$\dfrac{q}{4\pi\varepsilon_0}\left(\dfrac{1}{a}-\dfrac{1}{r}\right)$

(2) $-\dfrac{R}{r}q$

2. (1) $(q_A-q_B)/2$　(2) $\dfrac{q_A-q_B}{2\varepsilon_0 S}d$

3. (1) 内表面 $-q$，外表面 q

$$r \leqslant R_1 \quad U_1 = \frac{q}{4\pi\varepsilon_0}\left(\frac{1}{R_1} - \frac{1}{R_2} + \frac{1}{R_3}\right);$$

$$R_1 \leqslant r \leqslant R_2 \quad U_2 = \frac{q}{4\pi\varepsilon_0}\left(\frac{1}{r} - \frac{1}{R_2} + \frac{1}{R_3}\right);$$

$$R_2 \leqslant r \leqslant R_3 \quad U_3 = \frac{q}{4\pi\varepsilon_0 R_3};$$

$$r \geqslant R_3 \quad U_4 = \frac{q}{4\pi\varepsilon_0 r}$$

(2) 内表面 $-q$，外表面 0

$$r \leqslant R_1 \quad U_1 = \frac{q}{4\pi\varepsilon_0}\left(\frac{1}{R_1} - \frac{1}{R_2}\right);$$

$$R_1 \leqslant r \leqslant R_2 \quad U_2 = \frac{q}{4\pi\varepsilon_0}\left(\frac{1}{r} - \frac{1}{R_2}\right);$$

$$R_2 \leqslant r \leqslant R_3 \quad U_3 = 0;$$

$$r \geqslant R_3 \quad U_4 = 0$$

(3) 内球电荷 $\dfrac{R_1 R_2 q}{R_2 R_3 - R_1 R_3 + R_1 R_2}$

外球 $U = \dfrac{(R_1 - R_2)q}{4\pi\varepsilon_0(R_2 R_3 - R_1 R_3 + R_1 R_2)}$

4. (1) $-\dfrac{qd}{2\pi\varepsilon_0 R^3}$，垂直导体板指向下方

(2) $-q$

2.4 静电场中的电介质和电容

1. (1) 不相等　(2) 不相等

(3) $\dfrac{\varepsilon_0 S}{2d}(\varepsilon_{r_1} + \varepsilon_{r_2})$

2. (1) $0 < r < R_1 \quad D = 0;$

$R_1 < r < R_2 \quad D = \dfrac{Q}{4\pi r^2}$，沿径向。

$r > R_2 \quad D = 0$。

$0 < r < R_1 \quad E = 0$;

$R_1 < r < R \quad E = \dfrac{Q}{4\pi\varepsilon_0 \varepsilon_{r_1} r^2}$;

$R < r < R_2 \quad E = \dfrac{Q}{4\pi\varepsilon_0 \varepsilon_{r_2} r^2}$;

$r > R_2 \quad E = 0$。

$R_1 < r < R \quad P = \dfrac{(\varepsilon_{r_1} - 1)Q}{4\pi\varepsilon_{r_1} r^2}$;

$R < r < R_2 \quad P = \dfrac{(\varepsilon_{r_2} - 1)Q}{4\pi\varepsilon_{r_2} r^2}$;

$r > R_2 \quad P = 0$。

$0 < r \leqslant R_1 \quad U = \dfrac{Q}{4\pi\varepsilon_0}\left[\dfrac{1}{\varepsilon_{r_1}}\left(\dfrac{1}{R_1} - \dfrac{1}{R}\right) + \dfrac{1}{\varepsilon_{r_2}}\left(\dfrac{1}{R} - \dfrac{1}{R_2}\right)\right]$;

$R_1 \leqslant r \leqslant R \quad U = \dfrac{Q}{4\pi\varepsilon_0}\left[\dfrac{1}{\varepsilon_{r_1}}\left(\dfrac{1}{r} - \dfrac{1}{R}\right) + \dfrac{1}{\varepsilon_{r_2}}\left(\dfrac{1}{R} - \dfrac{1}{R_2}\right)\right]$;

$R \leqslant r \leqslant R_2 \quad U = \dfrac{Q}{4\pi\varepsilon_0 \varepsilon_{r_2}}\left(\dfrac{1}{r} - \dfrac{1}{R_2}\right)$;

$r \geqslant R_2 \quad U = 0$。

(2) $R_1 < r < R \quad w_e = \dfrac{Q^2}{32\pi^2 \varepsilon_0 \varepsilon_{r_1} r^4}$;

$R < r < R_2 \quad w_e = \dfrac{Q^2}{32\pi^2 \varepsilon_0 \varepsilon_{r_2} r^4}$。

(3) $\dfrac{-Q}{4\pi R_1^2}\left(1 - \dfrac{1}{\varepsilon_{r_1}}\right)$

3. 18.3kV

4. (1) $\dfrac{Q^2 d}{2\varepsilon_0 S} > 0$ (2) $\dfrac{Q^2 d}{2\varepsilon_0 S}$

(3) 外力对电容器做的功等于电容器能量的增加

5. $\dfrac{\rho_0 R^2}{6\varepsilon_0 \varepsilon_r}(1 + 2\varepsilon_r)$, $\sigma' = \dfrac{\rho_0 R(\varepsilon_r - 1)}{3\varepsilon_r}$ 均匀分布在球面

*6. $\dfrac{3E_0}{\varepsilon_r+2}$, $\sigma'=\dfrac{3\varepsilon_0(\varepsilon_r-1)}{\varepsilon_r+2}E_0\cos\theta$ 非均匀分布

第3章　稳恒电流磁场

3.1　磁感应强度 B（毕奥-萨伐尔定律）

1. (a) $\dfrac{\mu_0 I}{8R}$　(b) $\mu_0 I\left(\dfrac{1}{4\pi R_1}+\dfrac{1}{4R_1}-\dfrac{1}{4R_2}\right)$
   (c) $\dfrac{\sqrt{2}\mu_0 I}{2\pi a}$

2. (3)

3. (1) $B_O=\dfrac{\lambda\mu_0\omega}{4\pi}\ln\dfrac{a+b}{a}$
   (2) $p_m=\dfrac{\lambda\omega}{6}[(a+b)^3-a^3]$
   (3) $B_O\approx\dfrac{\mu_0 I}{2a}$ $\left(I=\dfrac{\omega\lambda b}{2\pi}\right)$,
   $p_m\approx IS$ $(S=\pi a^2)$

4. $\dfrac{\mu_0 I}{\pi^2 R}$

5. $\dfrac{\mu_0\sigma\omega}{2}\left[\dfrac{R^2+2x^2}{\sqrt{R^2+x^2}}-2x\right]$, $\dfrac{1}{4}\pi R^4\sigma\omega$

6. $\dfrac{\mu_0 Q\omega}{8\pi R}$

3.2　安培环路定理

1. (1) $0<r<r_1$　$B=\dfrac{\mu_0 Ir}{2\pi r_1^2}$
   $r_1<r<r_2$　$B=\dfrac{\mu_0 I}{2\pi r}$

$r_2 < r < r_3$ $B = \dfrac{\mu_0 I}{2\pi r}\left(\dfrac{r_3^2 - r^2}{r_3^2 - r_2^2}\right)$

$r > r_3$ $B = 0$

(2) $\dfrac{\mu_0 I L}{2\pi}\ln\dfrac{r_2}{r_1}$

2. (1) $\dfrac{\mu_0 I}{4\pi R}$，垂直纸面向外 （2）$\dfrac{1}{3}\mu_0 I$

3. $\dfrac{\mu_0 \omega_0 q}{2\pi}$

4. 1.10×10^{-7} T

5. $B_{外} = \mu_0 h i$， $B_{内} = \mu_0 y i$

6. 略

3.3 磁力

1. (1) 向东偏转 （2）6.28×10^{14} m/s^2
   (3) 2.98 mm

2. 不服从牛顿第三定律

3. (1) $F = \dfrac{1}{2}\mu_0 I_0 I$，水平向右
   (2) $\mu_0 I_0 I$，   水平向右

4. 7.85×10^{-2} N·m

5. (1) 6.67×10^{-4} m/s （2）2.81×10^{23} 个/cm^3

6. $\dfrac{B_2^2 - B_1^2}{2\mu_0}$， $-\hat{z}$ 向

3.4 电磁感应

1. $\dfrac{3}{2}\dfrac{\mu_0 \pi r^2 R^2 I}{x^4} v$

2. $\mathscr{E}_{AC} = \dfrac{-\mu_0 I v}{2\pi}\ln\dfrac{b}{a}$， 由 C 指向 A

第 3 章 稳恒电流磁场　　343

3. (1) $\mathscr{E}_{\widehat{ab}} = \left(\dfrac{\pi}{8} - \dfrac{1}{4}\right)B\omega r^2$，　$\mathscr{E}_{\widehat{ac}} = \dfrac{\pi}{4}B\omega r^2$

   (2) $U_a = U_c$，　$U_a > U_b$

4. $\dfrac{\mu_0 \omega_0 Q a^2}{2Lt_0 R}$

5. (1) $\dfrac{\mu_0 I l a v}{2\pi x(x+a)}$

   (2) 3.00×10^{-6} V，　ABCDA 方向

6. (1) $\mathscr{E}_{CD} = \dfrac{1}{2}l\sqrt{R^2 - \left(\dfrac{l}{2}\right)^2}\dfrac{dB}{dt}$，　$U_D > U_C$

   $\mathscr{E}_{AM} = 0$

   (2) $\mathscr{E}_{FE} = \dfrac{R^2}{4}\left(\sqrt{3} + \dfrac{\pi}{3}\right)\dfrac{dB}{dt} - BvR$

   (3) $R_2 > R_1$　$U_{A'} > U_{M'}$，　$R_2 < R_1$　$U_{A'} < U_{M'}$

3.5　磁介质、自感、互感

1. $\mu_r = 4.78 \times 10^3$

2. (1) $r < R_1$　　$H = \dfrac{Ir}{2\pi R_1^2}$　　$B = \dfrac{\mu_1 Ir}{2\pi R_1^2}$

   $R_1 < r < R_2$　　$H = \dfrac{I}{2\pi r}$　　$B = \dfrac{\mu_2 I}{2\pi r}$

   (2) $i'_{R_2} = \dfrac{I(\mu_2 - \mu_0)}{\mu_0 2\pi R_2}$

3. $L_1 = \dfrac{\mu_0 \mu_r}{2\pi}\ln\dfrac{R_2}{R_1}$

4. (1) $\dfrac{\mu_0}{\pi}\ln\dfrac{b}{a}$　　(2) $\dfrac{\mu_0 I^2}{2\pi}\ln 2$

   (3) $\dfrac{\mu_0 I^2}{2\pi}\ln\dfrac{2b-a}{b-a}\left(\approx \dfrac{\mu_0 I^2}{2\pi}\ln 2\right)$

5. $2\mu_0 a$

6. $M_{12}=M_{21}=\dfrac{N_1 N_2}{l}\mu_0 \pi R_2^2$

3.6 位移电流、麦克斯韦方程组

1. (1) $\dfrac{q_0\omega}{\pi R^2}\cos\omega t$ (2) $\dfrac{q_0\omega r}{2\pi R^2}\cos\omega t$
2. 略。
3. (1) $720\times 10^5 \pi\varepsilon_0 \cos 10^5\pi t$ A/m^2
   (2) $3.60\times 10^5 \pi\varepsilon_0$ A/m
4. (1) $\dfrac{qR^2 v}{2(x^2+R^2)^{3/2}}$ (2) $\dfrac{\mu_0}{4\pi}\dfrac{qRv}{(x^2+R^2)^{3/2}}$

*3.7 电磁场的相对性

1. 正前方 $E=\dfrac{Q}{4\pi\varepsilon_0 r^2}(1-\beta^2)$；

   正左方 $E=\dfrac{Q}{4\pi\varepsilon_0 r^2 (1-\beta^2)^{1/2}}$

2. (1) $\boldsymbol{E}=\dfrac{\sigma_0}{\varepsilon_0}\hat{x}$， $\boldsymbol{B}=0$

   (2) $\boldsymbol{E}=\gamma\dfrac{\sigma_0}{\varepsilon_0}\hat{x}$， $\boldsymbol{B}=-\dfrac{\gamma\sigma_0 u}{c^2\varepsilon_0}\hat{z}$

3. $\boldsymbol{E}=\dfrac{\gamma\lambda_0 \boldsymbol{r}}{2\pi\varepsilon_0 r^2}$， $\boldsymbol{B}=\dfrac{\gamma\lambda_0 \boldsymbol{u}\times\boldsymbol{r}}{2\pi c^2\varepsilon_0 r^2}$

4. $E_\text{内}=\dfrac{\gamma\rho_0 X'_0}{\varepsilon_0}$， $E_\text{外}=\dfrac{\rho_0 d_0}{2\varepsilon_0}$， $B=0$

第4章 热　　学

4.1 气体动理论

1. 25%
2. (1) 6.15×10^{23}/mol (2) 1.30×10^{-2} m/s

3. $\left(\dfrac{2m}{\pi kT}\right)^{1/2}$

*4. $\dfrac{1}{4}n\bar{v}$

5. (1) $\dfrac{dT}{dr}=-\dfrac{dQ}{dt}\Big/2\pi r\kappa L$ (2) $72.5 \text{J/m} \cdot \text{s}$

6. (1) 略 (2) $\varepsilon_p=\dfrac{1}{2}kT$, $\bar{\varepsilon}=\dfrac{3kT}{2\sqrt{\pi}}$;

$\dfrac{1}{2}mv_p^2=kT$, $\dfrac{1}{2}m\overline{v^2}=\dfrac{3}{2}kT$

7. $5.85\times 10^{-10}\text{Pa}$

4.2 热力学第一定律

1. (1) $W=0, p=1.04\text{atm}$ (2) $W=500\text{J}, V=0.050\text{m}^3$
   (3) $T=281.6\text{K}$, $W=150\text{J}$

2. $C_{p,m}=c+2ap$, $C_{V,m}=c+ap+\dfrac{a^2}{b}T$

3. 略

4. (1) 400K, 636K, 800K, 504K
   (2) 36.59%

5. $\eta=1-\dfrac{5\left(1-\dfrac{V_2}{V_1}\right)}{2\ln\dfrac{V_1}{V_2}+3\left(1-\dfrac{V_2}{V_1}\right)}$

6. (1) 29.41%   (2) 425K

7. (1) A: $\Delta T=6.72\text{K}$, $Q=139\text{J}$
      B: $\Delta T=6.72\text{K}$, $Q=196\text{J}$
   (2) A: $\Delta T=11.5\text{K}$, $Q=335\text{J}$
      B: $\Delta T=0$, $Q=0$

8. (1) $3.22\times 10^4\text{J}$ (2) 32.2W

(3) 16.7min

4.3 热力学第二定律

1. 略
2. (1) 22.0J/K (2) $10^{6.90 \times 10^{23}}$
3. 5.76J/K
4. (1) $\Delta S = \nu R \ln \dfrac{V_2}{V_1}$ (2) $\Delta S' > \nu R \ln \dfrac{V_2}{V_1}$
5. 0.72J/K
6. 0.334J/K
7. (1) 487.5K, 1.08atm
   (2) He: $\Delta S = 9.45$J/K, O_2: $\Delta S = -6.68$J/K
8. (1) $\nu R \ln \dfrac{(p_1+p_2)^2}{4p_1 p_2}$ (2) $\nu R \ln \dfrac{(p_1+p_2)^2}{p_1 p_2}$
*9. (1) 2J/K (2) 800J

第5章 振动与波

5.1 简谐振动及其合成

1. $T = 2\sqrt{\dfrac{2h}{g}}$, $f = \dfrac{1}{2}\sqrt{\dfrac{g}{2h}}$, 不是简谐振动。

2. $\omega = 8\pi$/s, $T = \dfrac{1}{4}$s, $\nu = 4$/s, $A = 0.2$cm, $\phi = \pi/4$

3. (1) -8.66cm (2) 2.14×10^{-3}N
   (3) $t = 2$s (4) $t_2 - t_1 = \dfrac{4}{3}$s

4. $\sqrt{\dfrac{2F_0 l}{k}} \cos\left(\sqrt{\dfrac{k}{m}}t - \arccos\sqrt{\dfrac{kl}{2F_0}}\right)$

5. (1) $\phi = -\dfrac{\pi}{3}$

   (2) a 点：$\omega t + \phi = 0$， b 点：$\omega t + \phi = \dfrac{\pi}{2}$

   (3) $t_a = T/6$, $t_b = \dfrac{5}{12}T$

6. $T = 2\pi\sqrt{\dfrac{J + mR^2}{kR^2}}$

7. $\omega = \sqrt{2g/L}$

8. (1) $\dfrac{d^2 Q}{dt^2} + \dfrac{1}{LC}Q = 0$

   (2)

振子	x	k	m	v
电路	Q	$\dfrac{1}{C}$	L	i

5.2 机械波的产生与传播

1. $\xi_0 = 0.5\cos\left(\dfrac{\pi}{2}t + \dfrac{\pi}{2}\right)$

2. (1) $\xi_{25} = 2 \times 10^{-2}\cos\left(\dfrac{\pi}{2}t - 3\pi\right)$ (SI)，图略

   (2) $\xi = 2 \times 10^{-2}\cos\left(\pi - \dfrac{\pi}{10}x\right)$ (SI)，图略

3. (1) $\xi = A\cos\left(\omega t + \pi - \dfrac{2\pi x}{\lambda}\right)$

   (2) $\xi'_{反} = A'\cos\left(\omega t - \dfrac{4\pi L}{\lambda} + \dfrac{2\pi x}{\lambda}\right)$ $(x \leqslant L)$

4. (1) 8m   (2) $\dfrac{1}{6}$s

5. (1) 略   (2) 如答图 5-1

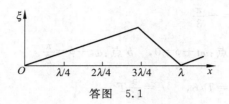

答图 5.1

6. 略

*7. (1) $\sqrt{\dfrac{c-u}{c+u}}\nu_S$ (2) $\sqrt{1-\dfrac{u^2}{c^2}}\nu_S$

5.3 波的叠加与干涉

1. 6m, π

2. (1) $x=\pm(2m+1)\dfrac{\lambda L}{2d}$ $m=0,1,2,\cdots$

   (2) $\Delta x=\dfrac{\lambda L}{d}$

   (3) $I=I_1+I_2+2\sqrt{I_1 I_2}\cos\left(2\pi\dfrac{d\sin\theta}{\lambda}\right)$

3. $\xi=\sqrt{3}A\sin 2\pi\nu t$

4. $\lambda=2(\sqrt{4(H+h)^2+d^2}-\sqrt{4H^2+d^2})$

5. $x=15\pm 2m$, $m=0,1,2,\cdots,7$,共 15 个静止点

6. 3398 Hz

7. (1) $\xi_1=A\cos\left[2\pi\left(\nu t+\dfrac{x}{\lambda}\right)+\pi\right]$

   (2) $\xi=2A\cos\left(2\pi\dfrac{x}{\lambda}+\dfrac{\pi}{2}\right)\cos\left(2\pi\nu t+\dfrac{\pi}{2}\right)$

8. (1) 248.5 Hz (2) 343 m/s

   (3) 图略

第6章 光　　学

6.1 光的干涉

1. (1) 0.11m　(2) 7
2. 6731Å
3. (1) 凹下　(2) 略
4. 略
5. 与圆柱面的轴平行的等厚条纹,共有 8 条暗纹。图略。
6. 13.3%

6.2 光的衍射

1. (1) 0.27cm　(2) 1.8 cm
2. (1) 2.4mm　(2) 9
3. 3.05×10^{-3} mm
4. (1) (a) 双缝　(b) 四缝　(c) 单缝　(d) 三缝
   (2) (c)的缝宽最大　(b)的缝宽最小
   (3) (a) $\frac{d}{a}=2$,　$\pm 2, \pm 4, \pm 6, \cdots$,缺级

   (b) $\frac{d}{a}=4$,　$\pm 4, \pm 8, \pm 12, \cdots$,缺级

   (c) 单缝衍射

   (d) $\frac{d}{a}=3$,　$\pm 3, \pm 6, \pm 9, \cdots$,缺级

   (4) 略　(5) 略
5. (1) 2.4×10^{-4} cm　(2) 0.8×10^{-4} cm
   (3) $0, \pm 1, \pm 2$ 级可出现

6. $-5,-4,-2,-1,0,1,2$,共七条

7. $0.043°$

8. (1) $0.013°$ (2) 不能分辨

6.3 光的偏振

1. $I_{N+1} \approx I_0(1-N\alpha^2) = I_0\left(1-\dfrac{\theta^2}{N}\right)$

2. (1) $\alpha=45°$ (P_1, P_3 的夹角) (2) $\alpha=0$ 或 π

3. 图略

4. $\dfrac{1}{2}$

5. $14.71°$

6. (1) $45°$ (2) $43.5°$

7. (1) 非相干叠加,成椭圆偏振光。
   (2) 满足相干条件,干涉条纹位置、宽度不变,而亮纹中心光强减半为 $2I_0$。
   (3) 干涉条纹与(2)相同。

8. $7200\text{Å}, 6100\text{Å}, 5400\text{Å}, 4800\text{Å}, 4300\text{Å}$ 共五种波长的光干涉相消。

第7章 量子物理

1. (1) 不能 (2) $5.78\times10^{14}\,\text{Hz}$

2. $1.74\,\text{V}$

3. (1) $8.10\times10^{-9}\%$ (2) $4.90\times10^{-4}\%$
   (3) 2.4% (4) 71%

4. 3.50×10^{-7}, 3.38×10^{-32}

6. $\dfrac{1}{\lambda} = (1.097\times10^{-3})\left(\dfrac{1}{4}-\dfrac{1}{n_i^2}\right)$ ($n_i=3,4,5,\cdots,9$)

第 7 章 量子物理

7. -1.5eV, -3.4eV

8. 1.30×10^{15}

9. $7.26 \times 10^9 \text{m}$

10. (1) $2\sqrt{\lambda^3}$ (2) $\dfrac{1}{\lambda}$ (3) $\dfrac{3}{2\lambda}$

11. $\sqrt{\dfrac{2}{a}} \sin \dfrac{n\pi x}{a}$ $n = 1, 2, 3, \cdots$

12. -0.85eV, $\sqrt{12}\hbar$, 图略